层状双氢氧化物在镁合金腐蚀防护中的应用

谢治辉　雍奇文　著

科学出版社
北京

内 容 简 介

本书简述了典型的镁合金腐蚀防护方法及涂层材料，特别是层状双氢氧化物（layered double hydroxide，LDH）的基本特点和在腐蚀防护中的最新进展，重点论述水热、温和条件单一和复合 LDH 膜的原位生长机理和腐蚀防护性能，以及 LDH 纳米容器（片）在镁合金腐蚀防护中的应用。书中涉及镁合金 LDH 防腐材料研究中的基本概念、表征技术、测试方法和研究思路。

本书可为腐蚀与防护以及 LDH 材料相关研究领域的科技工作者提供一定的参考和借鉴，也可供金属防护相关工程技术人员阅读，以及作为材料、化学和化工专业研究生的参考用书。

图书在版编目（CIP）数据

层状双氢氧化物在镁合金腐蚀防护中的应用 / 谢治辉，雍奇文著. -- 北京 ：科学出版社，2025. 8. -- ISBN 978-7-03-082312-0

Ⅰ. TG146.2

中国国家版本馆 CIP 数据核字第 2025NH4011 号

责任编辑：张淑晓　辛天宇 / 责任校对：杜子昂

责任印制：徐晓晨 / 封面设计：东方人华

科学出版社出版

北京东黄城根北街 16 号

邮政编码：100717

http://www.sciencep.com

三河市骏杰印刷有限公司印刷

科学出版社发行　各地新华书店经销

*

2025 年 8 月第　一　版　开本：720×1000　1/16

2026 年 1 月第二次印刷　印张：15

字数：302 000

定价：128.00 元

（如有印装质量问题，我社负责调换）

序

我国镁矿资源非常丰富，储量和产量均位居世界首位。镁合金被誉为“21 世纪绿色工程材料”，是目前最轻的结构金属材料，具有极广阔的应用前景，已经成为我国重点支持和优先发展的研究领域。采用轻量化的镁合金材料是未来实现航空航天和轨道交通等领域节能减排最有效的途径之一，是保障国家能源安全、达成“双碳”目标的重要路径，具有重要的现实和战略意义。

然而，传统镁合金耐腐蚀性能差的固有缺点限制了其更大规模化的工程应用。镁合金的腐蚀防护已成为金属材料领域众所周知的焦点和必须破解的瓶颈。层状双（金属）氢氧化物（LDH）具有良好的物理阻隔和阴离子交换特性，表现出类似传统铬转化膜的自修复功能，有望成为绿色环保的新型镁合金防护材料。但是，LDH 应用于镁合金的腐蚀防护研究仅十余年，还有许多问题亟待解决。比如，LDH 的阴离子交换机理仍待澄清；镁合金表面原位生长 LDH 膜层的成膜机制不够清楚；难以对 LDH 膜层（纳米片）的取向、纯度和厚度进行精准调控；现有原位生长兼具强结合力和优异耐腐蚀能力的 LDH 膜层的制备工艺不利于工业化生产等。

《层状双氢氧化物在镁合金腐蚀防护中的应用》是作者在从事多年镁合金腐蚀与防护研究工作的基础上，梳理、整合课题组近年有关 LDH 在镁合金腐蚀防护中应用的代表性成果，并参考部分国内外文献资料撰写而成。该书涵盖常见的镁合金腐蚀防护材料与方法，LDH 的基本结构、性质、制备及其在腐蚀防护中的最新进展，重点介绍镁合金 LDH 防腐材料研究中涉及的基本概念、表征技术、测试方法和研究思路以及作者在水热反应制备 LDH 膜层、温和条件生长 LDH 膜层、LDH 纳米容器（片）在镁合金腐蚀防护中的应用三大方面取得的新近研究成果。

该书章节、段落编排合理，层次逻辑分明，内容丰富新颖。该书有助于读者更好地理解镁合金腐蚀与防护研究中的基础知识，为科研人员研发长期、高效、多功能的镁合金防腐蚀材料提供理论基础和实践依据，为推动镁合金 LDH 防护材料的工程化应用提供重要参考，为解决制约镁合金发展的腐蚀防护难题提供研究方法和研究思路上的借鉴。

重庆大学教授
中国工程院院士

2024 年 12 月

前　言

镁合金的密度远小于铝、锌和钢等金属，是迄今最轻的结构金属材料。同时，镁合金还具有比强度高、阻尼性能优、电磁屏蔽性能好、易于回收和生物相容性好等优点，在航空航天、交通运输、3C（计算机、通信和消费电子）和军工领域具有极广阔的应用前景。但是，镁合金自身的热力学电位低、化学活性高，而自然氧化形成的薄膜层的保护功能又极为有限，使得耐腐蚀能力差成为制约镁合金广泛应用的关键问题之一。层状双（金属）氢氧化物（layered double hydroxide，LDH）具有热稳定性良好、结构可调和层间阴离子可交换等优点，能够表现出自修复的功能，在腐蚀与防护领域引起了广泛的研究兴趣。

本书主要围绕 LDH 的不同制备条件（包括高温高压的水热反应和常压较低温度的水浴反应）和存在形式（包括膜层、纳米容器和纳米片）在镁合金的腐蚀与防护中的应用研究展开。全书共 6 章，可分为三大部分。第一部分主要针对镁合金及其典型防腐蚀方法和涂层材料（第 1 章）以及 LDH 的结构、性质、制备方法及其在腐蚀防护中的应用（第 2 章）进行综述。第二部分为本专著的重点阐述内容，包括：水热反应条件下镁合金表面 LDH 膜层的制备、改性及其腐蚀防护性能（第 3 章）；温和条件下镁合金表面 LDH 膜层的原位生长机理、改性方法及其腐蚀防护性能（第 4 章）；LDH 以纳米容器或者纳米片的形式存在于其他镁合金涂层中时，对腐蚀防护性能的影响（第 5 章）。第三部分，即第 6 章为结语，简要总结近年来 LDH 在镁合金防腐蚀涂层应用中取得的进步和未来研究中需要注意和需要解决的问题。本专著是作者在从事镁合金腐蚀与防护十余年研究的基础上，重点结合近几年取得的有关 LDH 材料在镁合金腐蚀防护中应用的学术论文成果和研究经验，经过多次梳理、反复修改，最终撰写而成。期望本书能为拟开展镁合金腐蚀与防护研究的初学者提供一些理论基础和基本方法上的指引，也为研究人员在今后的研究中设计和制备利于工程化应用的新型长效耐腐蚀镁合金 LDH 涂层提供借鉴和帮助。

本专著研究工作的顺利开展，得益于多个部门提供的科研经费支持，包括国家自然科学基金（51501157 和 52271073）、中国科协“青年人才托举工程”（2018QNRC001）、中央引导地方科技发展专项（2021ZYD0049）、四川省委组织部“天府青城计划”、四川省科学技术厅杰出青年科学基金（2024NSFJQ0034）和面上项目（2018JY0483）以及西华师范大学校级科研创新团队（KCXTD2024–1）。

特别感谢潘复生院士为本书作序，以及对团队研究工作的指导与支持。书中研究工作的主要贡献者包括李林芯、胡婷、李艳秋、刘润嘉、张文锡、徐丹、欧阳跃军和王娴等。本书第 2 章主要由雍奇文博士撰写，其他章节的撰写和全文的润色、统稿由谢治辉负责。另外，研究生朱凌娇、潘申华、霍云莉和唐培椿参与了书稿的文字整理和修改工作。在此谨向上述提供项目经费支持的相关部门以及为本书顺利出版做出贡献的各位老师、同学和相关人员致以最诚挚的谢意。

受作者自身能力限制，本书中难免有疏漏和不足之处。若有发现，还请赐教。

邮箱：zhxie@cwnu.edu.cn

微信：

谢治辉

2024 年 11 月

目　录

第 1 章　绪　　论

1.1　镁和镁合金的特点

镁是人体必需的重要元素，也是地壳中排名第五多的金属元素（约占地壳元素的 2%），在海水中的含量排第三（约 0.13%），仅次于钠和钾。镁位于元素周期表第 12 位，属于第 3 周期、第ⅡA 族元素，化学符号为 Mg，密度为 1.74 g/cm^3，为一种质量轻、银白色的碱土金属。常温常压下，镁具有良好的导电性、导热性和延展性等典型的金属特性。但是，纯镁质地柔软，室温塑性低，强度不高，抗拉强度仅为 20 MPa。人们一直致力于向镁中添加其他金属或稀土元素以形成不同的镁合金，工程实际应用中的结构材料也多采用镁合金。

镁合金作为迄今为止最轻的商用结构金属，其减重作用有助于显著降低交通运输工具的燃料消耗和尾气排放，是实现“碳中和”和“碳达峰”目标以及缓解能源危机的重要材料[1,2]，在航空航天、汽车和火车制造领域得到了广泛关注[3]。镁合金还因较高的比强度、优越的阻尼和电磁屏蔽性能、良好的生物相容性、易于铸造、可回收利用、较大储氢能力和较高电池理论比容量等特点，在 3C（计算机、通信和消费电子）、生物医学和能源储存与转化等领域同样展现出很强的应用潜力[1,4]。在 2003～2022 年期间，Web of Science 核心库收录的以“镁或镁合金”为主题的论文数量持续增加，年最高发文量达到 14000 篇[1]。不过，镁合金相对较低的强度、较次的塑性和较差的耐腐蚀性等缺点都阻碍了其在结构件上的使用。若要进一步扩大镁合金的应用范围，仍有许多困难需要克服。

镁合金较差的耐腐蚀性能（尤其是在含有氯离子的海洋环境中），源于其很低的热力学电位（纯镁的标准电极电位仅为−2.7 V *vs.* SCE，合金化后可提升到约−1.5 V），非常活泼的化学性质，在潮湿空气或腐蚀介质中极易发生氧化反应[5]。而且，在自然环境中，镁合金表面氧化形成的腐蚀产物薄层（主要成分为氧化镁和氢氧化镁）疏松多孔，其毕林-彼德沃尔斯比（Pilling-Bedworth ratio，PBR）值为 0.81[6]。根据 Pilling-Bedworth 理论，当 PBR 值小于 1.0 时，膜层容易形成较大的张应力，导致薄膜破裂和剥离，使得膜层下的镁合金基体进一步暴露于腐蚀介质中并发生氧化溶解。而且，在张应力作用下，裂纹会不断扩大、破裂[7,8]。同时，镁基体氧化过程中会产生氢气并扩散，当氢气达到一定体积形成气泡后，也会导致氧化物薄膜产生裂纹。裂纹的破裂和基体的氧化过程交替进行，使得镁合金持续发生腐蚀。因此，镁合金自然腐蚀形成的薄膜的防腐蚀能力和附着力都很差，不能对镁合金形成有效防护。另外，由于凝固的不均衡，镁合金会形成多相结构，也容易导致耐腐蚀性能的降低。例如，AZ91 镁合金就主要由 α-镁相和分散在其间的金属间相（如 β-$Mg_{17}Al_{12}$）构成。富镁相（α-镁相）和第二相或杂质之间通常存在电位差，且前者的电位低于后者，α-镁相与第二相（或杂质相）可分别充当阳极和阴极而形成电偶对，易于通过电偶腐蚀加速降解。镁合金常见的型号为含铝系列，包括 AZ91、AM60、AM50 和 AZ31（本研究均采用该型号）。

1.2　镁合金的腐蚀防护

除了向腐蚀环境中引入缓蚀剂和对基体进行合金化外，目前镁合金腐蚀防护最直接高效的方法依然是表面处理。根据近年的报道不难发现，多数的金属表面处理技术都已用于镁合金的腐蚀防护研究。通过表面处理可以在金属基底表面形成一道具有物理屏障功能的涂层，将镁合金基底和腐蚀介质进行隔离，提升镁合金服役寿命。常见的镁合金表面处理方法和涂层材料包括通过电镀和化学镀等方法制备的金属镀层[9-13]、通过喷涂和溶胶-凝胶法等制备的有机涂层[14,15]，通过微弧氧化和水热反应等生长的无机膜层[16-18]。以下仅对常见的镁合金腐蚀防护方法做简要介绍。

1.2.1　基体调控

通过合金化或成形工艺的控制可以调节镁合金基体的成分和组织结构，在一定程度上提升耐腐蚀能力。合金化主要是根据实际应用需求，将 Al、Zn、Fe、Li、Ca、Sn、Si 和不同稀土元素（RE）等通过熔炼铸造的方式加入镁中，实现对镁合金成分和结构的调整，以改善力学和耐蚀性能。例如，在 AZ80 型镁合金中分别添加一定量的 Y 元素可以促进合金的成核，降低晶粒尺寸，提升延展性[19]。通过在镁中添加 Li 元素，并经一系列的挤压、热处理和轧制工艺，可以获得密度仅为 1.4 g/cm^3，兼具良好强度、延展性和耐腐蚀能力的超轻体心立方结构 Mg-Li 合金[20]。需要注意的是，合金化元素的种类和添加量以及相应的成形工艺都会对镁合金的组织结构、力学性能和腐蚀防护能力造成影响。当镁合金中的合金化元素超过一定浓度后则可能降低基体的腐蚀速率。例如，当镁中添加的 Fe 元素含量较低时，基体为单相微结构，具有良好抗腐蚀能力；而当 Fe 元素含量较高或者通过热处理，则可能因有限的固溶度形成有助于阴极析氢反应的富 Fe 沉积物，造成明显的微电偶腐蚀。因而，在合金化时需要严格控制元素的种类和含量以及相应的工艺条件，确保镁合金具有较高的纯度，这正是一些文献中提出的通过降低基体中有害杂质元素实现高纯化、获得低腐蚀速率的方法。

1.2.2 金属镀层

金属保护镀层可分为阴极性镀层和阳极性镀层。因为镁合金自身电位已经很负，应用于镁合金的金属保护层主要为阴极性的惰性金属涂镀层。在镁合金表面制备金属涂镀层的方法很多，包括冷喷涂、电镀、化学镀和等离子喷涂等。冷喷涂是在常温或较低温度下，由超音速的气体和固体两相气流将金属粉末沉积于镁合金表面，获得致密的金属沉积层。等离子喷涂则以等离子体充当热源，先将金属粉末全部熔化或部分熔化后，再快速喷涂到镁合金基体表面，制备出诸如铝合金等金属涂层。相较之下，化学镀和电镀，特别是前者因为具有设备要求不高、工艺简单、适用于异形件、制备镀层厚度均匀、硬度高、可焊接、导热导电性好等优点而受到广泛关注[12]。化学镀和电镀都是通过将金属离子还原为金属态膜层沉积于镁合金工件，区别在于前者的还原过程依靠溶液中的还原剂如次亚磷酸钠和硼氢化钠等氧化时提供的电子，而电镀则依靠与外部电路相连接的电极表面提供的电子。

特别地，对于一些要求具备电磁屏蔽功能的电子装备的壳体，期望镁合金经表面处理后仍保持良好的导电能力。化学或电沉积金属层，如 Ni-P、Ni-B 等镍合金镀层不但可提供良好耐蚀和耐磨性能，同时可以保持良好的导电能力和较低的搭接电阻。采用金属镀覆对镁合金进行表面处理在航空航天领域具有很大的应用潜力。但是，镁合金表面的金属镀层以阴极性惰性金属为主，一旦镀层中存在一个微孔，则可导致强烈的电偶腐蚀反应，致使镀层在很短的时间内快速失效。另外，由于镁合金的高化学活性，在其表面覆盖其他膜层，包括有机涂层前，都需进行适当的前处理，以避免基底和涂层之间形成疏松的中间层，降低镀层最终的结合力。在确保镀层和镁合金间良好结合力的前提下，如何尽量降低镀层间的通孔，避免惰性金属层和镁合金基底间的电偶腐蚀，是采用该方法处理镁合金面临的棘手问题。

1.2.3 有机涂层

有机涂层是镁合金腐蚀防护的重要方法之一，具有耐腐蚀性强、防水、使用方便、适用于较宽的温度和湿度范围以及颜色多样可定制等诸多优点[21]。有机涂层种类很多，成分也比较复杂，通常由主要成分黏结剂或树脂、颜料、填料和添加剂（如硬化剂、稳定剂和分散剂）组成。主要成分树脂包括聚乙烯醇缩丁醛、丙烯酸聚氨酯、酚醛树脂和环氧树脂等。典型的镁合金有机涂层制备或形成技术包括常规涂装、粉末涂料、电泳沉积和溶胶-凝胶涂覆。

常规涂装包括刷涂、浸涂、旋涂、喷涂、辊涂和帘涂等。涂装首先要选择合适的底漆，镁合金涂装的底漆需要耐碱的树脂，如聚乙烯醇缩丁醛、丙烯酸、聚氨酯和乙烯基环氧树脂。用于铝或钢等其他金属的常规聚合物，如丙烯酸酯、聚吡咯和聚苯胺等，在镁和镁合金表面效果多数不理想。原因可能是这些涂层在碱性环境中的稳定性低、抗紫外线能力差、脆性大、在镁表面附着力低等。

粉末涂料可采用静电喷涂、流化床喷涂或火焰喷涂。静电喷涂工艺大多数情况下更为灵活和适用，其工作原理是将夹杂在空气或气体流中的细粉输送到喷枪或喷头，利用粉末和基材带相反电荷而相互吸引的作用，将粉末从喷枪转移到镁合金表面上，经过热处理后形成涂层。粉末涂料最显著的特点是不使用有机溶剂和水，而是以气体为分散介质，具有无溶剂污染和 100%成膜等特点。

电泳沉积是利用悬浮液中的带电粒子在外加电场作用下，朝向与带电粒子具有相反电荷的工作电极上沉积成膜的技术。电泳沉积后通常也需要适当的热处理，以进一步消除孔隙，使膜层致密化，这与上述静电喷涂有类似之处，但是电泳沉积是一种胶体方法，需要使用水性或有机悬浮液在电解池装置中实现。根据粒子的电荷和沉积基材的性质，电泳沉积分为阴极沉积和阳极沉积。电泳沉积方法速度快、成本低、易放大和适用于复杂件。主要缺点体现在必须有稳定的带电粒子悬浮液和热处理后表面可能出现裂纹[22]。将电泳沉积用于镁合金腐蚀防护或表面功能化的报道很多，但真正用于在镁合金表面制备有机涂层的文献则很有限。

溶胶-凝胶法是通过胶体悬浮液（溶胶）凝胶化形成固相的一大类工艺。使用溶胶-凝胶涂层的优势在于：处理温度一般较低，可有效减少有机物的热挥发和降解；使用液态前驱体，可在复杂形状上形成涂层，并且无须机械加工或熔化即可生产薄膜；热稳定性和化学稳定性好。溶胶-凝胶法的缺点体现在：采用机械沉积技术（如浸渍、旋涂和喷涂）时所能达到的厚度较小；存在微孔，利于腐蚀性物质向薄膜/金属界面渗透。因而，部分研究者尝试将无机材料引入溶胶中，以获得更厚、更灵活、无缺陷的有机-无机混合溶胶-凝胶涂层。

需要再次强调的是，镁合金自然腐蚀后表面常呈碱性，而很多有机涂层容易受碱的影响，造成与镁合金基体的附着力较差，在剧烈冲刷作用和高温条件下容易脱落，影响涂层的长期保护性能。而且，有机膜层通常硬度较低，单独使用时可能易出现裂纹，导致局部腐蚀和扩散。

1.2.4 无机膜层

典型的镁合金无机涂层包括金属氧化物膜、化学转化膜、金属氢氧化物和水滑石膜。阳极氧化（anodic oxidation，AO）和微弧氧化（英文中常见 MAO 和 PEO 两种表示，分别为 microarc oxidation 和 plasma electrolytic oxidation 的缩写）是在镁合金表面制备金属氧化物膜层最常见的两种方法[23]。两者均是以镁合金为阳极，通过与电解液之间的电化学反应而在基底表面形成一定厚度的硬质氧化膜（主要成分为 MgO 相）。阳极氧化和微弧氧化工艺基本相同，主要区别在于微弧氧化的电压更高，会发生火花放电[24]。阳极氧化电压通常低于 100 V，而微弧氧化的电压则常介于 300～500 V。在阳极氧化或微弧氧化过程中，通过改变工艺条件，如施加的电压、电流密度、频率、温度、时间、占空比和电解液组成等，可以在很大的范围内调节氧化膜的结构、孔隙率、厚度和形貌，甚至赋予其热防护等功能。阳极氧化或微弧氧化膜层的多孔结构可提供丰富的机械咬合点，为后续膜层获得足够强度的结合力，特别有助于后续的着色。不过，这些可延伸至基底表面的孔隙也为腐蚀介质的扩散提供了便利，易引发腐蚀反应的发生。通常，相较于阳极氧化膜，微弧氧化膜表面更平整。微弧氧化膜含有内侧致密层和外侧多孔层，与基底间结合力更好，硬度更高，表现出更强的耐磨损和耐腐蚀能力[25]。因而，多数的研究集中于微弧氧化而非阳极氧化。镁合金微弧氧化的优点体现在效率高、适用于复杂件（可在复杂件表面获得均匀膜层）、工艺简单、对工件前处理要求不高和电解液相对环保（不含有毒和重金属元素）等；缺点在于设备投入成本高、对基材要求高（不同型号镁合金需要不同工艺方案）、不可避免的微孔隙和工业化生产难度大等。

化学转化膜通常是通过化学或电化学处理使镁合金基底与无机或有机溶液反应而在表面形成一层新的不溶性钝化膜。化学转化膜本质也是一种金属氧化物、氢氧化物或其他复合物，也可分为无机或有机转化膜[26]。转化膜的厚度通常只有几纳米至几微米，因而更多情况下是作为打底层或前处理层，以提高后续涂层的结合力。比如，在镁合金化学镀镍中常使用磷化膜以提高金属镍层与镁合金基底的结合力[27]。铬酸盐转化膜层（含有六价铬 Cr^{6+}）是最为传统，也是最典型、商业最成功的化学转化膜层。然而，六价铬不仅具有致癌性，还对环境有严重的污染。近年，有关无铬的酸和盐且对环境友好的镁合金化学转化膜的报道非常多[28]，包括磷酸盐类（如磷酸钙、磷酸镁和磷酸锌等）、锰酸盐类、植酸盐类、铈植酸类、钒酸盐类、锡酸盐类等。

1.2.5 复合涂层和自修复涂层

根据上文可知，无论是对基体的成分和组织进行调控，还是采用涂覆金属镀层、有机或者无机涂层的方式，每一种方法在表现出突出优点的同时，也都存在一些明显的缺点。在某些应用场景下，单一的方法可能难以满足要求。如果将这些涂层或技术进行组合，形成复合涂层，则有望在提高镁合金腐蚀防护能力的同时，赋予涂层良好的耐磨性、导电导热能力、高硬度、超疏水、自清洁和装饰作用等各种功能。

对于传统的物理屏障涂层，无论是单一膜层，还是复合膜层，在服役过程中都不可避免因自身缺陷或者产生微裂纹和划痕等，使得基底局部暴露于腐蚀环境而快速发生腐蚀，这显著降低了服役寿命，限制了应用范围。在一些严苛环境和维护保养困难的情况下，需要提升涂层的持续防护能力和使用寿命，以降低成本效益，这就要求涂层最好具备自修复能力。近一二十年来，在镁合金腐蚀防护乃至整个涂层领域，自修复涂层都引起了广泛的研究兴趣。顾名思义，涂层自修复是指涂层因机械或化学作用导致损伤和缺陷后，能够自我修复的现象[29]。根据修复机制的差异，通常可将自修复过程分为本征型和外援型两大类。本征型自修复主要是通过可逆非共价键（如氢键和离子键）、可逆共价键（如二硫键、亚胺键和 Diels-Alder 反应）、化学键重组和形状记忆效应来实现涂层形貌和结构的修复。这类修复通常需要借助 pH 变化、光、湿度、热和氧气等特定条件的触发，也能真正实现涂层划痕、微裂纹甚至断裂的修复。外援型自修复则通过在涂层内部分散一些修复剂或者负载有修复剂的载体，利用修复剂之间或者与基体之间的化学反应，形成新的物质以覆盖缺陷，实现修复。

在腐蚀防护领域，外援型自修复涂层中的修复剂通常为缓蚀剂，如 8-羟基喹啉（8HQ）。利用 8HQ 与镁基体氧化生成的镁离子生成稳定疏水的 $Mg(8HQ)_2$ 螯合物并沉积在缺陷部位，可阻止镁的进一步氧化。由于镁停止氧化后，无法供给镁离子，螯合作用没法继续进行，因而此类修复通常无法完全实现缺陷的物理恢复，但确实修复了涂层的耐蚀能力，在腐蚀防护领域具有重要意义和广阔应用前景。层状双氢氧化物（LDH）具有优异的物理阻隔性能和离子交换能力，可以释放缓蚀剂和捕获腐蚀性离子，属于镁合金腐蚀防护中新兴的典型外援型自修复涂层。

1.3 撰写目的和意义

在外援型自修复涂层中，LDH 无论是作为负载缓蚀剂的载体，还是自身以膜层的形式生长于金属特别是镁、铝合金的表面，近年来在腐蚀与防护领域都引起了广大科研工作者的极大兴趣和研究报道。作者围绕LDH在镁合金腐蚀防护中的应用开展了一系列的工作，取得了一定的成果，主要包括水热反应制备镁合金LDH膜层及其改性[30-33]、温和条件制备镁合金LDH膜层[34-36]及其改性和LDH纳米容器（片）[4]在镁合金防护中的应用三大方面。本书拟结合作者课题组近年在该方面取得的主要研究成果，首先简要总结镁合金腐蚀防护的方法，其次综述LDH的结构、性质、制备方法和在腐蚀与防护中的典型应用，再次重点论述缓蚀剂改性水热法制备镁合金LDH膜层的腐蚀防护性能、温和条件下镁合金表面原位生长单一或复合LDH膜层的机理和腐蚀防护性能、LDH纳米容器或纳米片在镁合金外援型自修复防腐蚀涂层中的应用，最后就LDH在镁合金腐蚀与防护中取得的进步和未来研究中需要进一步解决的问题进行简要总结。

作者拟通过本书将课题组近年来在镁合金腐蚀防护中LDH的应用研究成果进行梳理、汇编，以更系统、全面的视角呈现给读者。通过本书，希望能够帮助一些初学者和研究新手建立和加深对镁合金LDH防腐蚀涂层的背景以及研究中的基本概念、方法、问题、进展和趋势的理解，为科研人员设计和开发新型、高效、长久、多功能和适用于多场景的镁合金LDH防护涂层提供研究方法和思路上的参考，更期望能为LDH材料在镁合金腐蚀防护中的工程化应用奠定良好的理论和实验基础。

参考文献

[1] Yang Y, Xiong X, Chen J, Peng X, Chen D, Pan F. Research advances of magnesium and magnesium alloys worldwide in 2022. Journal of Magnesium and Alloys, 2023, 11: 2611-2654.

[2] Esmaily M, Svensson J E, Fajardo S, Birbilis N, Frankel G S, Virtanen S, Arrabal R, Thomas S, Johansson L G. Fundamentals and advances in magnesium alloy corrosion. Progress in Materials Science, 2017, 89: 92-193.

[3] Wu G, Chan K C, Zhu L, Sun L, Lu J. Dual-phase nanostructuring as a route to high-strength magnesium alloys. Nature, 2017, 545: 80-83.

[4] Ouyang Y, Li L X, Xie Z H, Tang L, Wang F, Zhong C J. A self-healing coating based on facile pH-responsive nanocontainers for corrosion protection of magnesium alloy. Journal of Magnesium and Alloys, 2022, 10: 836-849.

[5] Yan C, Xin Y, Chen X B, Xu D, Chu P K, Liu C, Guan B, Huang X, Liu Q. Evading strength-corrosion tradeoff in Mg alloys via dense ultrafine twins. Nature Communications, 2021, 12: 4616.

[6] Gan R, Wang D, Xie Z H, He L. Improving surface characteristic and corrosion inhibition of

coating on Mg alloy by trace stannous (Ⅱ) chloride. Corrosion Science, 2017, 123: 147-157.
[7] Jiang P, Blawert C, Bohlen J, Zheludkevich M L. Corrosion performance, corrosion fatigue behavior and mechanical integrity of an extruded Mg4Zn0.2Sn alloy. Journal of Materials Science & Technology, 2020, 59: 107-116.
[8] Guo L, Wu W, Zhou Y, Zhang F, Zeng R, Zeng J. Layered double hydroxide coatings on magnesium alloys: A review. Journal of Materials Science & Technology, 2018, 34: 1455-1466.
[9] Yang G L, Ouyang Y, Xie Z H, Liu Y, Dai W, Wu L. Nickel interlayer enables indirect corrosion protection of magnesium alloy by photoelectrochemical cathodic protection. Applied Surface Science, 2021, 558: 149840.
[10] Xie Z H, Li D, Skeete Z, Sharma A, Zhong C J. Nanocontainer-enhanced self-healing for corrosion-resistant Ni coating on Mg alloy. ACS Applied Materials & Interfaces, 2017, 9: 36247-36260.
[11] Huang Z, Yong Q, Xie Z H. Stearic acid modified porous nickel-based coating on magnesium alloy AZ31 for high superhydrophobicity and corrosion resistance. Corrosion Communications, 2023, 10: 38-47.
[12] Xie Z H, Shan S. Nanocontainers-enhanced self-healing Ni coating for corrosion protection of Mg alloy. Journal of Materials Science, 2018, 53: 3744-3755.
[13] Fang R, Liu R, Xie Z H, Wu L, Ouyang Y, Li M. Corrosion-resistant and superhydrophobic nickel-phosphorus/nickel/PFDTMS triple-layer coating on magnesium alloy. Surface and Coatings Technology, 2022, 432: 128054.
[14] Yang J, Zhao Y, Dai J, Han L, Dong Q, Zhang L, Bai J, Xue F, Chu P K, Chu C. Fabrication and growth mechanism of multilayered hydroxyapatite/organic composite coatings on the WE43 magnesium alloy. Surface and Coatings Technology, 2023, 452: 129125.
[15] Tarzanagh Y J, Seifzadeh D, Samadianfard R. Combining the 8-hydroxyquinoline intercalated layered double hydroxide film and sol-gel coating for active corrosion protection of the magnesium alloy. International Journal of Minerals, Metallurgy and Materials, 2022, 29: 536-546.
[16] Fattah-alhosseini A, Chaharmahali R. Impressive strides in amelioration of corrosion behavior of Mg-based alloys through the PEO process combined with surface laser process: A review. Journal of Magnesium and Alloys, 2023, 11: 4390-4406.
[17] Zhang C, Chen Y, Yu B, Zhou P, Zhai Y, Chen Y, Zhang X, Zhang T, Wang F. Effects of nucleation pretreatment on corrosion resistance of conversion coating on magnesium alloy Mg-10Gd-3Y-0.4Zr. Corrosion Communications, 2023, 10: 69-79.
[18] Liu R, Xu D, Liu Y, Wu L, Yong Q, Xie Z H. Enhanced corrosion protection for MAO coating

on magnesium alloy by the synergism of LDH doping with deposition of 8HQ inhibitor film. Ceramics International, 2023, 49: 30039-30048.

[19] Ni T, Wang J, Li Z, Zhang W, Tong G, Chen X, Li J, Sun L, Yan R. Enhanced ductility of as-extruded Mg–Al–Zn–*x*Y (*x*=0.4 and 1.4wt%) magnesium alloys. Journal of Materials Research and Technology, 2022, 21: 2203-2214.

[20] Xu W, Birbilis N, Sha G, Wang Y, Daniels J E, Xiao Y, Ferry M. A high-specific-strength and corrosion-resistant magnesium alloy. Nature Materials, 2015, 14: 1229-1235.

[21] Tan J, Liu L, Wang H, Luo J. Advances in anti-corrosion coatings on magnesium alloys and their preparation methods. Journal of Coatings Technology and Research, 2024, 21: 811-825.

[22] Saji V S. Electrophoretic (EPD) coatings for magnesium alloys. Journal of Industrial and Engineering Chemistry, 2021, 103: 358-372.

[23] Zhang D, Peng F, Liu X. Protection of magnesium alloys: From physical barrier coating to smart self-healing coating. Journal of Alloys and Compounds, 2021, 853: 157010.

[24] Johari N A, Alias J, Zanurin A, Mohamed N S, Alang N A, Zain M Z M. Anti-corrosive coatings of magnesium: A review. Materials Today: Proceedings, 2022, 48: 1842-1848.

[25] Chen Y, Wu L, Yao W, Zhong Z, Chen Y, Wu J, Pan F. One-step *in situ* synthesis of graphene oxide/MgAl-layered double hydroxide coating on a micro-arc oxidation coating for enhanced corrosion protection of magnesium alloys. Surface and Coatings Technology, 2021, 413: 127083.

[26] Yang Y, Wang Y, Li M X, Wang T, Wang D, Wang C, Zha M, Wang H Y. Recent progress in self-repairing coatings for corrosion protection on magnesium alloys and perspective of porous solids as novel carrier and barrier. Journal of Magnesium and Alloys, 2023, 11: 3585-3608.

[27] Liu Y, Yao H, Wu L, Xie Z H, Zhong C J. Temperature-controlled and shape-dependent ZnO/TiO_2 heterojunction for photocathodic protection of nickel-coated magnesium alloys. Applied Surface Science, 2023, 614: 156109.

[28] Luo Y, Zhu W, Su Z, Li W, Yi A, Li K, Chen K, Song J, Duan Y, Li Y. Formation and characterization analysis of a chromium-free conversion coating on Mg alloy prepared in a Mo-Mn-V based weak acid solution. Surface and Coatings Technology, 2023, 458: 129313.

[29] 刘丹, 宋影伟, 单大勇, 韩恩厚. 镁合金自修复涂层研究进展. 表面技术, 2016, 45: 28-35.

[30] Wang X, Li L, Xie Z H, Yu G. Duplex coating combining layered double hydroxide and 8-quinolinol layers on Mg alloy for corrosion protection. Electrochimica Acta, 2018, 283: 1845-1857.

[31] Li L X, Xie Z H, Fernandez C, Wu L, Cheng D, Jiang X H, Zhong C J. Development of a thiophene derivative modified LDH coating for Mg alloy corrosion protection. Electrochimica Acta, 2020, 330: 135186.

[32] Li Y, Ouyang Y, Fang R, Jiang X, Xie Z H, Wu L, Long J, Zhong C J. A nickel-underlayer/LDH-midlayer/siloxane-toplayer composite coating for inhibiting galvanic corrosion between Ni layer and Mg alloy. Chemical Engineering Journal, 2022, 430: 132776.
[33] Xie Z H, Zhang W, Li Y, Yong Q, Wu L, Fan X, Zhong C J. Inhibitor-sandwiched polyelectrolyte film for micro/nanopore sealing to enable corrosion-resistant self-healing capability. ACS Applied Polymer Materials, 2024, 6: 4037-4049.
[34] Xu D, Zhuo Z, Xie Z H, Yong Q, Wu L, Zhong C J. Preparing corrosion-resistant layered double hydroxide coating on magnesium alloy under mild condition. Corrosion Science, 2024, 236: 112229.
[35] Zhang W, Zhang R, Xu D, Wu L, Xie Z H, Yu G. Growth mechanism and corrosion resistance of layered double hydroxide film on magnesium alloy without external addition of magnesium and aluminum salts. Colloids and Surfaces A: Physicochemical and Engineering Aspects, 2024, 689: 133677.
[36] Hu T, Ouyang Y, Xie Z H, Wu L. One-pot scalable in situ growth of highly corrosion-resistant MgAl-LDH/MBT composite coating on magnesium alloy under mild conditions. Journal of Materials Science & Technology, 2021, 92: 225-235.

第 2 章　层状双氢氧化物

2.1　层状双氢氧化物的结构

层状双（金属）氢氧化物（layered double hydroxide，LDH）为二维层状结构的无机材料[1]，结构类似于天然存在的水滑石，故也称为水滑石、类水滑石或阴离子黏土，其主要由带正电的主体层板和带负电的层间阴离子构成。主体层板通常由二价和三价阳离子（如 Mg^{2+}和 Al^{3+}）组成，而层间离子则由各种有机或无机阴离子（如 CO_3^{2-}）组成。主体层板的阳离子带有正电荷，通过层间的客体阴离子负电荷进行平衡，最终使得整个 LDH 材料保持电中性。LDH 的典型结构式为 $[M_{1-x}^{2+}M_x^{3+}(OH)_2]^{x+}(A^{m-})_{x/m}\cdot nH_2O$[2]，其中 M^{2+}和 M^{3+}分别表示二价（如 Mg^{2+}、Co^{2+}、Cu^{2+}、Zn^{2+}）和三价（如 Al^{3+}、Fe^{3+}、Mn^{3+}、Cr^{3+}）金属阳离子，A^{m-}为层间客体阴离子（如 NO_3^-、Cl^-、CO_3^{2-}、SO_4^{2-}），m 代表层间阴离子电荷，n 是结构中结晶水分子的数量。在 LDH 的合成过程中，水分子通常嵌入主体层板结构中，并与层间的阴离子共存。M^{3+}与（M^{2+}+M^{3+}）的摩尔比用 x 表示，通常在 0.25～0.33 之间，即 M^{2+}与 M^{3+}的摩尔比在 2.0～4.0 之间[3,4]。

典型阴离子插层 LDH 的结构模型如图 2-1 所示[5]。模型中八面体单元主要由 M^{2+}与 OH^-基团配位形成 $M(OH)_6$ 结构。由于每个—OH 基团被三个相邻的八面体单元共享，因此 $M(OH)_6$ 的八面体单元实际上是 $M(OH)_2$。八面体单元中部分 M^{2+}被 M^{3+}替代，导致正电荷增加。增加的正电荷量与取代比例（x）有关，可通过 LDH 层间空间的阴离子进行平衡。阴离子的数量等于 x/m，表示阳离子层与阴离子之间的电荷比。主体层中的阳离子沿 a 轴和 b 轴无限延伸，形成层状结构，而客层中的阴离子进入层间空间以补偿主层中富余的正电荷。阴离子的大小会影响 LDH 的晶面间距，而层间空间中的阴离子可以通过化学修饰进行交换，从而调节 LDH 的层间距。此外，主层中阳离子的电荷数和离子半径也会影响层间距。因此，可以根据宏观性质的要求来调节 LDH 的微观晶体结构。

LDH 的化学性质和其结构紧密相关，而结构则受到插层阴离子的类型和排列方式、层间距、金属阳离子的种类和价态等因素的影响[6]。尤其层间距对 LDH 的化学性质起着重要作用。例如，当金属氢氧化物的层间距较为狭窄时，其与插层中的阴离子之间会产生较强的相互作用力，这种作用会限制阴离子的迁移能力

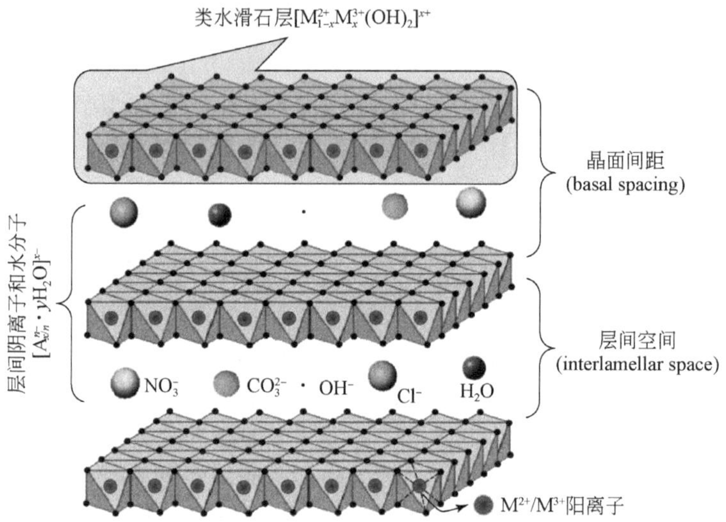

图 2-1　典型阴离子插层 LDH 的结构示意图*[5]

并削弱其反应性能。相反地，若层间距得以拓宽，阴离子便能拥有更大的自由度进行移动，并更易于与其他化学物质发生交互作用，进而提升其反应活性。金属阳离子的种类也会影响 LDH 的化学性质。不同金属阳离子具有不同的电负性和配位几何，这会影响氢氧化物层中金属–氧键的强度以及层间相互作用的性质[7]。金属阳离子的价态也会影响金属氢氧化物层的电荷密度，从而影响插层阴离子的吸附和反应性。此外，插层阴离子的类型和排列也会影响 LDH 的化学性质[8]。阴离子可以通过静电作用、氢键和其他类型作用力与金属氢氧化物层发生相互作用，这些相互作用的性质和强度会影响阴离子的稳定性和反应性。阴离子在层间空间的排列也会影响阴离子与其他物质相互作用的可及性，从而影响反应性。

总之，LDH 的结构，包括层间距、金属阳离子和插层阴离子的种类和价态都会强烈影响其化学性质。理解这些结构与性质之间的关系对于开发具有特定性质的 LDH，以广泛应用于催化、腐蚀防护、环境修复和废水处理等领域至关重要。

2.2　层状双氢氧化物的性质

2.2.1　可调控性

LDH 的可调控性主要体现在三个方面：

* 扫描封底二维码可见全书彩图。

（1）主层板中的金属阳离子可调：当原料中二价和三价金属阳离子的摩尔比在 2.0～4.0 之间时，都可以形成具有稳定层状结构的 LDH[8]，通过在制备过程中改变原料的比例来调整主层板中金属阳离子的比例。此外，相同价态且半径相似的金属阳离子可以替代主层中的金属阳离子，通过在合成过程中引入不同的金属阳离子，可以得到三元甚至四元 LDH 化合物。根据 LDH 材料的期望功能和应用场景，在合成过程中选择合适种类或数量的金属阳离子，可以调整电荷密度和化学性质[9]。

（2）层间阴离子可调：由于主层与层间阴离子之间的范德瓦耳斯力和氢键相互作用较弱，LDH 的层间阴离子可能与无机阴离子、有机阴离子、聚合物阴离子或其他阴离子发生交换，同时保持层状结构不变[10]。利用这种可逆交换特性，可以合成具有多种功能的新型 LDH 材料。层间阴离子的交换程度通常取决于空间结构、电荷特性、交换离子的价态和半径。由于 LDH 材料的层状结构和离子交换特性，可以实现不同缓蚀剂阴离子的插层和脱出，表现出自修复作用。通过调节层间阴离子，还可以改变主层中金属阳离子的电子结构，从而提高导电性或催化效率。此外，LDH 本身具有较大的离子交换容量，可以用于实现 LDH 材料对特定阴离子的选择性吸附，特别适合在核反应过程中用于废水处理等。

（3）晶体尺寸和尺寸分布可调：通过调节 LDH 材料合成过程中的成核浓度、温度、酸度和过饱和度等因素，调控其晶体的成核和生长速率。因此，调整合成方法或条件可以获得不同晶体尺寸及其尺寸分布的 LDH 材料。此外，通过调整合成条件，也可以获得不同结晶度的 LDH 材料。

2.2.2　热稳定性

LDH 展现出优良的热稳定性，这与其结构密切相关。当 LDH 加热到特定温度时，会经历热分解过程，包含层间水的去除、阴离子的释放、主层板的脱羟基化以及新相的形成等步骤。例如，对于含有 CO_3^{2-} 层间阴离子的 LDH，在低于 200℃的温度下，主要发生的是层间水分子的脱出，对层状结构几乎没有损害。当温度升高到 200～450℃时，主层板上发生脱羟基，而层间碳酸根离子分解，释放出 CO_2 和 H_2O。在此阶段，材料的微孔体积和比表面积略有提升[11]。当温度介于 450～550℃之间，LDH 的主层结构坍塌，形成更为稳定的双金属氧化物（LDO），进一步减少微孔体积，同时提高材料的比表面积、热稳定性和碱性。在特定条件下，可以通过“记忆结构效应”将 LDO 转变回 LDH 的层状结构[12]。然而，温度超过 600℃时，LDO 转变为尖晶石结构，微孔体积和比表面积明显下降，碱性减弱，层状结构被完全破坏，无法恢复[13]。

2.2.3　记忆效应

记忆效应，也称结构记忆效应，指的是某些材料在分解处理后重构其初始结构的能力。结构记忆效应赋予了材料独特的性能，在 LDH 和 LDO 中尤为常见，使其煅烧后可以在水溶液或潮湿空气中实现结构再生[14]。利用这一特点可为 LDH 材料改性提供新方法，使其在保留原有活性位点的同时，又增加丰富的新活性位点，在催化中具有很大的应用潜力。

结构记忆效应是区分 LDH 与其他物质的最重要特性之一。LDH 材料展现出一种独特的“结构记忆效应”，该效应体现在材料经历 450～500℃区间内的煅烧后，会转化为混合金属氧化物（MMO）或称为 LDO 的形态。此时，虽然原始的层状结构特征不再显现，但这些转化产物依然保持了出色的催化与吸附能力[15]。在特定条件下，尤其是当 LDO 暴露于含有层间阴离子的水溶液或水蒸气环境中时，它们会与这些介质发生相互作用。在此过程中，带正电荷的金属离子会吸引并稳定多种阴离子，以达到电荷的平衡状态。随后，这些重新捕获的层间阴离子促进了层状结构的再生，使得材料能够恢复到一种有序且层次分明的结构状态。不过，记忆效应涉及复杂重构机制，重构过程可能导致新形成 LDH 的结构与原始结构不同，从而破坏层状结构的完整性[16]。

记忆效应在增强 LDO 的吸附能力和 LDH 材料的催化能力方面起着至关重要的作用，但在实际应用中也面临重大挑战，从而引发了对这一领域的持续研究，以开发控制和优化记忆效应的方法，充分发挥其在各种应用中的潜力。一种方法是通过引入不同类型的阳离子或阴离子来改性 LDH 材料，这可能影响 LDO 的稳定性和反应性。另一种方法是使用不同的煅烧条件，如温度和时间，来控制 LDO 的转化程度和性质[17]。值得注意的是，记忆效应的应用是基于 LDH 的煅烧和重构过程，但各种条件都可能影响 LDH 材料的最终性能。通过结合不同的改性条件，可以生成具有独特性能的 LDH 前驱体。研究表明，煅烧温度在记忆效应中起着至关重要的作用，煅烧温度的调控对 LDH 材料的制备至关重要。随着煅烧温度的逐渐提升，LDH 材料的相对结晶度会呈现下降趋势，这一变化进而导致其结构记忆功能相应地减弱。如果煅烧温度达到了过高的程度，那么分解所得的产物将丧失重新转变为 LDH 层状结构的能力。不过，热处理温度对 ZnAl-LDH 层状结构恢复的影响研究表明，在 400℃处理的前驱体比在 200℃处理的前驱体恢复层状结构的速度更快。进一步提升处理温度至 600℃，以铝为中心的八面体结构部分结晶成四面体或尖晶石，反应活性降低，几乎无法恢复层状结构[18]。

除了温度之外，pH 值、重构介质中的金属离子类型以及阴离子的存在也会影响结构记忆效应[19]。研究人员目前正在研究控制和优化这些因素的方法，以提高

LDH 和 LDO 材料在各种应用中的性能。这包括通过引入不同类型的阳离子或阴离子改变 LDH 的组成以及通过调整煅烧条件（如温度和时间）控制 LDO 的转化程度和性质。总的来说，LDH 和 LDO 材料的结构记忆效应研究是一个快速发展的领域，持续的研究旨在充分理解和利用这一独特现象，以实现更广泛的应用。

2.2.4 荧光特性

随着 LDH 在光电磁特性领域的深入探索及其应用边界的不断拓宽，科研界对 LDH 的荧光特性产生了前所未有的兴趣。传统研究路径侧重于通过向 LDH 层间嵌入或表面吸附多样化的荧光分子，如有机荧光染料、含发色团的有机物、荧光探针、纳米无机材料、量子点及稀土配合物等，以此赋予 LDH 荧光功能。然而，近期的研究进展颠覆了这一传统认知，揭示了 LDH 本身，无需任何外来荧光剂的辅助，即展现出固有的荧光性能。这一发现不仅超越了特定 LDH 类型的限制，而且是普遍存在于 LDH 体系中的一种特性。值得注意的是，LDH 的自发荧光特性在激发和发射波长上表现出显著的稳定性，且不受层间金属离子种类、组成比例以及颗粒分散形态的影响，这一特点为 LDH 在荧光材料设计中的应用提供了新的视角。同时，荧光寿命的调控则与 LDH 颗粒的分散状态密切相关，说明微观结构对光学性能具有调控作用。

当前，研究焦点正逐步转向探索 LDH 作为新型光能储存与转换材料的潜力。通过优化 LDH 的组成、结构及合成条件，旨在开发出更高效、更稳定的光功能材料，以满足日益增长的光能利用需求。这一研究方向不仅拓宽了 LDH 的应用领域，也为光电子学、能量储存与转换等领域带来了新的机遇与挑战。

2.2.5 酸碱性质

LDH 具有与 OH^- 阴离子相关的 Brønsted 碱性和由水合作用产生的弱 Lewis 酸性[20]。LDH 的碱性受主层中二价金属氢氧化物碱性的影响。由于主层结构中存在两性三价金属氧化物以及层间空间中存在一定数量的阴离子，LDH 还表现出弱酸性[21]。LDH 的酸性与层间阴离子的类型密切相关。一般而言，当层内插入简单阴离子时，酸性较弱；而当存在多酸或杂多酸阴离子时，酸性则较强。通过额外的热处理和氧化处理可以改变表面酸性、碱性活性位点的数量，影响催化活性。通常 LDH 具有较低的比表面积，表观碱性较弱。煅烧后产物比表面积增加，碱性增强。例如，对比 MgAl-LDH 和 MgAl-LDO 对生产生物油的影响发现，MgAl-LDH 的酸性位点更多，可以更有效地催化细胞化合物水解，从而使生物油产量增加 12.98%；相比之下，MgAl-LDO 具有更多的碱性位点，可以更有效地催化脱羧和脱羰反应以及脂肪酸的酰胺化反应，使生物油中的 O/C 降低 22.6%，N/C 增加 28.4% [22]。

目前，研究人员还利用 LDH 上述记忆效应，通过热处理后再水合来重建酸碱活性位点。原来层间阴离子被 OH^-离子取代后，可得到具有独特双功能酸碱表面和均匀分布碱强度的活化 LDH [23]。在水中处理 MgAl-MMO，通过在重构过程中引入 OH^-离子，可以促进腈与羰基化合物之间的 Knoevenagel 和 Michael 反应 [24]。

2.2.6 剥离和组装特性

LDH 具有优异的可剥离特性，有助于强化催化活性和灵活组装合成新材料。LDH 层间阴离子和层板之间通过静电作用和氢键等形成的非共价键比层板内金属阳离子之间的共价键要弱。因此，采用外力作用可以破坏块体 LDH 层状结构，使其剥离成超薄的单层纳米片 [25]。剥离过程会引入多种缺陷，进而增加活性位点的数量，并提升其固有的催化活性。剥离后的超薄 LDH 纳米片仅由几层原子层组成，几乎可以完全暴露活性位点，具有独特的层状结构。并且，其化学组成和电子结构更易调节。因而，这种超薄纳米片通过扩大活性表面积，可以提供出色的催化活性 [26]。例如，利用 Ar 等离子体刻蚀，可破坏电荷平衡，使 LDH 内的离子键和氢键断裂，分离带正电的主层，将块状 LDH 转化为超薄 LDH 纳米片，暴露更多的活性位点。此外，采用 Ar 等离子体刻蚀部分掺杂氢氧化物的主层，可以形成包括氧、钴和铁在内的多个空位。这一过程改善了表面电子结构，降低了相邻催化位点的配位数，增加了超薄纳米片的不确定性。空位的增加有助于增强对含氧物质的吸附及其调节，从而最终提升氧气析出反应的催化活性 [27]。

剥离产生的 LDH 纳米片带正电荷，可通过静电吸附溶液中的阴离子或其他功能分子，从而进行组装，形成新材料。例如，室温下，使用甲酰胺和超声处理可获得剥离的 LDH 纳米片分散溶液。将不同浓度的甲氨蝶呤（methotrexate，MTX）逐渐加入至 LDH 纳米片分散溶液中，通过静电吸附使 MTX 与 LDH 纳米片重新组合，得到 MTX 插层的 LDH。随着 MTX 溶液浓度增加，更多的 MTX 阴离子插入到 LDH 的层间，电荷密度和层间距降低。尽管 MTX/LDH 杂化物的药物载量随着 MTX 溶液浓度的增加而增大，但其控释性能由于层间距的减少而显著下降 [28]。

2.3 层状双氢氧化物的制备方法

2.3.1 溶胶-凝胶法

溶胶-凝胶法是一种获取纳米颗粒的简便方法。除了制备前驱体外，溶胶-凝胶工艺可归纳为以下几个关键步骤[29]：

（1）溶胶的合成，包括烷氧基化合物的水解和部分缩合。

（2）通过聚合缩合反应形成凝胶，从而产生金属-氧-金属键或金属-羟基-金属键。

（3）凝胶网络中，凝胶会发生收缩和溶剂排出，此过程称为“收缩”或“老化”。

（4）通过干燥凝胶，可以生成致密的“干凝胶”或通过超临界干燥制得气凝胶。

（5）如有必要，可通过高温煅烧去除表面的 M—OH 基团。

溶胶-凝胶法合成 LDH 的主要步骤如下：将含有目标金属阳离子的金属烷氧化物与有机溶剂混合以形成溶液。使用酸性溶液调整反应体系的 pH 值，使其发生水解，形成溶胶。随后，经过聚合缩合，老化形成凝胶，凝胶固化、洗涤和干燥，最终形成 LDH。与其他制备方法相比，因为溶胶-凝胶方法的前驱体可以在原子水平上混合，其优势体现在可以较好地控制颗粒大小和形貌。对比共沉淀法和溶胶-凝胶法制备的 MgAl-LDH 发现，后者制备的 LDH 具有更好的结晶度和更大的颗粒尺寸[30]。溶胶-凝胶法的优势还在于可以制备具有大比表面积的介孔纳米颗粒。采用乙醇和丙酮为非水性溶剂，可避免从大气中吸收 CO_2 而造成 CO_3^{2-} 插层，同时促进中等温度（75～95℃）下镍和钴乙酰丙酮盐的水解。通过干燥过程中乙醇凝胶的收缩，可以获得具有介孔结构的 NiCo-LDH 纳米颗粒[31]。

2.3.2　离子交换法

利用 LDH 材料中层间阴离子的可交换性质，研究者可以合成含有特定阴离子的 LDH 膜。首先，可以制备一个层间含有较小半径阴离子的 LDH 前驱体，常见的选择是使用硝酸根离子（NO_3^-）作为初始的层间阴离子。紧接着，在适当的条件下，通过执行阴离子交换反应，将所需的目标阴离子与前驱体中的硝酸根离子进行置换。这一置换过程确保了目标阴离子能够成功嵌入 LDH 的层间结构中，最终产物即为含有特定阴离子的 LDH 膜。通常，高价阴离子更易于进入层间，而低价阴离子则更容易被排出。常见的 LDH 对阴离子的吸引力顺序为：$CO_3^{2-} > SO_4^{2-} > OH^- > F^- > Cl^- > Br^- > NO_3^- > I^-$。利用 LDH 的这种性质可以调变层间阴离子的种类赋予 LDH 不同的性质，合成不同类型的 LDH（如各种有机插层阴离子水滑石）。例如，Tang 等首先在 AZ31 镁合金表面合成了 LDH 膜，并巧妙地利用阴离子交换法，成功地将多种阴离子（如 Cl^-、PO_4^{3-}、MoO_4^{2-}、VO_4^{3-}）嵌入到 ZnAl-LDH 膜中，实现了对不同阴离子的可控制备[32]。此外，通过阴离子交换反应，他们还能够引入具有高稳定性和一定缓蚀效果的阴离子，从而制得既稳定又致密的 LDH

膜[33]。Zhou 等[34]则采用了水热法在 AZ91 镁合金上制备了 LDH 膜，并以此膜作为基底，通过阴离子交换技术引入了钒酸盐阴离子，最终得到了含有钒酸盐的 LDH 膜。值得注意的是，经过阴离子交换处理后，LDH 膜的形貌发生了显著的变化，从原本致密且均匀的片状结构转变为无规则分布的块状结构。这种形貌的转变可能对膜的性能产生重要影响，为 LDH 膜在特定领域的应用提供了新的思路。

2.3.3 共沉淀法

共沉淀法也是一种广泛用于制备 LDH 粉末的方法，尤其适用于含有不同主体阳离子和客体阴离子 LDH 的一锅合成[35]。这种方法设备简单，反应条件温和。与其他方法相比，共沉淀法更容易在工业生产中获得高产量的 LDH[36]，也非常适宜制备其他方法难以合成的有机阴离子插层的 LDH。共沉淀反应中的金属盐（如氯化物、硫酸盐、硝酸盐）与碱（包括 NaOH、KOH、$NH_3·H_2O$）需要达到过饱和状态，以确保两种或多种金属阳离子的同时沉淀。通常，通过将 pH 调整到高于或等于可溶金属氢氧化物的 pH 值来确保共沉淀[37]。利用共沉淀法合成的 LDH 结晶度较低，可以通过热处理来提高结晶度。由于 LDH 层间阴离子具有离子交换性，并且 CO_3^{2-} 对 LDH 层板具有很高的亲和力，制备过程中，为避免由于 CO_2 溶解而引起的 CO_3^{2-} 的竞争反应，宜在惰性气氛如 N_2 气氛下制备特定阴离子插层的 LDH。共沉淀法有两种，包括稳态共沉淀（恒定 pH 法）和非稳态共沉淀（可变 pH 法）。

1. 恒定 pH 法

恒定 pH 法是一种适合获得高纯度 LDH 的技术。该方法通过滴加含有所需层间阴离子的碱性溶液，同时以剧烈搅拌的方式引入混合金属盐溶液，保持溶液 pH 值恒定，并在特定温度下对反应混合物进行老化。在整个制备过程中保持反应系统的 pH 值恒定，可以在低过饱和状态下共沉淀多种金属离子，从而获得纯度和结晶度较高的 LDH。为了防止金属盐混合溶液中的阴离子通过竞争反应引入，应确保目标层间阴离子过量并对 LDH 的层板具有较高的亲和力。金属盐溶液中常涉及的阴离子如 NO_3^- 和 Cl^- 对 LDH 层板的亲和力较低。

Kou 等研究比较了使用低饱和度共沉淀法（LDH-L）和高饱和度共沉淀法（LDH-H）合成的 CaAl-LDH 的 CO_2 吸附性能[38]。恒定 pH 的 LDH-L 方法表现出比 LDH-H 方法更好的 CO_2 吸附容量和稳定性。这是因为采用 LDH-H 方法直接形成了片层结构的 LDH，而采用 LDH-L 方法阻止了结晶 LDH 纳米颗粒与阴离子的进一步反应，抑制了 LDH 晶粒的进一步生长，形成了一种罕见的胶囊连接结构。

这种 LDH 纳米颗粒的胶囊连接形态提供了 CaO 和 Al_2O_3 的均匀分布，从而增强了 CO_2 的吸附能力。此外，低饱和度方法中较小的 CaO 晶体尺寸也有助于提高 CO_2 的吸附性能。相反，LDH-H 方法产生了较大的 CaO 晶体尺寸，降低了 CO_2 的吸附能力和稳定性。

2. 可变 pH 法

一种可变 pH 法是在剧烈搅拌条件下，将含有目标层间阴离子的碱溶液滴加到二价和三价金属盐的混合物中。该方法通常先主要形成三价金属氢氧化物，然后通过继续添加碱，并在一定温度下进行老化从而转化为 LDH。此方法面临沉淀剂局部过浓、同步成核结晶，致颗粒尺寸不均的挑战。另一种可变 pH 法是将金属盐溶液反滴到碱溶液中。两种方法都会导致 pH 值的持续变化，需优化条件，提升产物均一性。

可变 pH 法已用于制备以 CO_3^{2-} 为层间阴离子的各种 LDH，包括 ZnAl-LDH[39]、MgAl-LDH[40]、NiFe-LDH[41]、ZnGa-LDH[42]、CuCoFe-LDH[43] 和 CuMgFe-LDH[44]。例如，通过将 NaOH 溶液滴加到含有 CO_3^{2-} 阴离子的 $Co(NO_3)_2$ 和 $Cu(NO_3)_2$ 混合溶液中，使 pH 值保持在 9 附近，然后在 65℃下老化 24 h，可制得金属离子摩尔比为 0.5、1.0 和 2.0 的 CO_3^{2-} 插层 Co_xCu_y-LDH[45]。可变 pH 法还可以将有机阴离子，如乙二胺四乙酸（EDTA）[46]、叶酸（FA）[36]、尼美舒利[47]、柠檬酸阴离子[48]和十二酸[49]引入 LDH 层间。例如，将 NaOH 溶液滴加到含有不同分子量的聚乙二醇（PEG）的 $Mg(NO_3)_2$ 和 $Al(OH)_3$ 混合溶液中，调节 pH 值至约 10.5，然后在 60℃下老化 15 h，可以获得分子量为 200 和 4000 的 PEG 插层的 LDH。

总之，共沉淀法由于以下优点而成为合成 LDH 粉末的一个有吸引力的方法：

（1）该方法能够制备特定金属离子和特定尺寸的 LDH。

（2）此方法对设备要求不高，操作过程也较为简便。

当然，共沉淀法也存在一些缺点：

（1）在一锅法共沉淀过程中，获得的 LDH 需要通过后续的水热处理以进一步结晶，因而制备过程中需要高温条件，耗费较长时间。

（2）在共沉淀过程中，当有机阴离子插层时，可能会形成由阳离子和有机阴离子组成的难溶化合物，这不利于合成高纯度和高质量的 LDH。

2.3.4　水热法

水热合成是一种在较高温度和压力下的水溶液中，通过物质间的相互化学作用而进行合成的方法。因化学反应在密闭的独立反应器如高压反应釜中进行，可以促进晶体成核和生长，同时最大限度减少反应物挥发的损失。水热合成 LDH 涉及金属盐与碱的反应，尽管产率低于共沉淀法，但易于对晶体的结构、微观形貌、结晶度和分散性进行控制。因此，通过水热合成法合成的 LDH 通常具有高结晶度、均匀的形貌和大小，是制备高质量 LDH 的首选方法。采用水热合成法对共沉淀法形成的 LDH 进一步处理，也有助于提升结晶度，获得更加规则的纳米颗粒。例如，直接采用非稳态共沉淀法获得的 NiAl-LDH 为粒径较小（约 100 nm）且形状不规整的聚集体，而对其采用水热反应进一步处理后，则呈现出形状规则、粒径约为 140 nm 的六边形薄片形貌[50]。结晶度提升的原因是水热处理时，高温和高压条件导致的奥斯特瓦尔德熟化现象，其中小颗粒发生溶解并在大颗粒表面重新结晶，导致晶体尺寸增加。除了共沉淀法外，水热法也常与其他方法如超声辐射或微波辐射联用，以优化合成过程和结晶取向。因为微波辐射可以实现更快速地均相加热，进一步加速水热过程，节约成本和时间[51]；而在超声辐射中，由于空化气泡、高压和高温区域的形成，也使合成过程得以加速[52]。

由于某些阴离子对 LDH 层板的亲和力较低，甚至低于 NO_3^-，并且使用金属盐时不可避免会引入竞争性的阴离子，因此合成亲和力较低阴离子插层的 LDH 通常具有挑战性。水热合成法的一个优势在于可以使用氢氧化物或氧化物作为原料提供金属阳离子，从而无需引入其他阴离子即可获得特定插层阴离子的 LDH[53]。例如，以混合氢氧化物［$Mg(OH)_2$，$Al(OH)_3$］或氧化物（MgO，Al_2O_3）为原料，采用水热合成法可以制备高纯度和高结晶度的羧酸插层的 MgAl-LDH[29]。当然，水热法制备 LDH 也存在一些明显的缺点，主要体现在特种设备和能源成本方面。水热法需要专门的实验设备，包括高压反应容器和恒温加热系统等，这些设备涉及较大的安全风险，且价格较贵、需要专业维护。同时，水热法需要大量的能量来维持高温高压条件。高能耗不仅增加制备过程的能源成本，还可能对环境产生不利影响，这在能源密集型地区表现得尤为明显。

2.3.5　原位生长法

原位生长技术，作为一种创新的 LDH 制备策略，其核心优势在于直接在金属基底表面触发 LDH 的原位构建过程。此技术巧妙地利用了金属基底自身的特性，通过其表面部分金属的原位溶解，生成必要的金属阳离子，进而与外部溶液中的离子协同作用，在优化的环境条件下直接于基底上合成 LDH 层。这一过程不仅简化了制备流程，还促进了 LDH 与金属基底之间强化学键的形成，确保了 LDH 薄膜的紧密附着与耐久性。相较于传统方法，原位生长法因其独特的界面结合机制而被视为在金属基底上构建高密度、高附着力 LDH 薄膜的优选途径[54]。其应用实例丰富多样，如 Zhang 等在 LA103 镁合金基底上的突破性尝试，通过精心设计的原位生长工艺，成功制备了 MgAl-LDH 薄膜。该薄膜不仅展示了卓越的附着力，还显著增强了基底的耐腐蚀性能，为镁合金等金属材料的表面防护开辟了新的途径[55]。此外，我们还可以进一步通过调整反应参数和溶液组成，实现对 LDH 薄膜组成、结构和性能的精细调控；同时，该技术还具备环境友好、能耗低等优点，有望在未来的绿色材料制备领域发挥重要作用。随着对 LDH 材料性能研究的不断深入，原位生长法在能源存储、催化、传感等领域的应用潜力也将逐渐显现。

2.3.6 尿素水解法

尿素水解法使用尿素代替碱溶液，是对共沉淀法制备 LDH 的一种改进，有助于获得粒度分布均匀和高结晶度的 LDH 产物[56]。通过控制反应温度可以轻松调节水解速率。尿素易溶于水且低温下呈中性，可以与金属离子形成均匀溶液。当反应温度升至 60℃时，尿素发生水解并释放 NH_3。溶液中均匀存在的尿素可确保系统的所有部分同时、均匀发生沉淀，因而该方法也被称为“均匀共沉淀法”，具体反应过程如下。

尿素水解反应见式（2-1）：

$$CO(NH_2)_2 + 3H_2O \longrightarrow 2NH_3 \cdot H_2O + CO_2 \tag{2-1}$$

氨的电离见式（2-2），生成 OH^-：

$$NH_3 \cdot H_2O \longrightarrow NH_4^+ + OH^- \tag{2-2}$$

沉淀反应见式（2-3）和式（2-4）：

$$M^{2+} + 2OH^- \longrightarrow M(OH)_2 \tag{2-3}$$

$$M^{3+} + 3OH^- \longrightarrow M(OH)_3 \tag{2-4}$$

对比共沉淀法和尿素水解法制备的 MgAl-LDH 发现，后者所得样品的 X 射线衍射（XRD）特征峰明显比共沉淀法所得样品更尖锐且更狭窄；显示出大而规则的六边形薄片形貌，结晶性良好。相比之下，共沉淀法制备的 MgAl-LDH 则为一些变形的 LDH 颗粒[57]。可见，通过尿素水解法制备 LDH 的结晶度和规整性都优于共沉淀法。

尿素水解法的缺点体现在尿素水解过程中会产生 CO_2，其溶解生成的 CO_3^{2-} 对 LDH 层板具有很高的亲和力，容易进入 LDH 层间且难以被其他阴离子取代。因此，通过尿素水解法合成 LDH 的层间很容易引入 CO_3^{2-}。不过，采用尿素水解法合成 ZnAl-LDH 时，通过改变混合物中 NO_3^- 和尿素的比例，可以控制层间硝酸根与碳酸根的含量和比例[58]。当尿素浓度较高时［$n(NO_3^-)/n$(尿素)<0.354］，主要形成 ZnAl-CO_3^{2-}-LDH；当 NO_3^-/尿素摩尔比在 0.667～0.707 之间时，则主要生成 ZnAl-NO_3^--LDH；当尿素浓度进一步降低时［$n(NO_3^-)/n$(尿素)>0.758］，虽然也能形成 ZnAl-NO_3^--LDH，但同时生成富铝副产物。特别地，当尿素浓度非常低时［$n(NO_3^-)/n$(尿素)=2.811］，溶液 pH 值过低，无法形成 LDH 晶体结构。

以尿素作为沉淀剂，pH 调节能力有限，合成 CoAl-LDH、MnAl-LDH 和 CoCr-LDH 等类型的 LDH 具有挑战性。尿素的一种替代品是六亚甲基四胺（hexamethylenetetramine，HMT），可在高温水溶液中水解，释放氨气和甲醛，增加溶液的碱性，制备晶体尺寸范围更大且可调的 LDH。

2.3.7 模板法

模板法可促进反应物的自组装聚合，形成具有特定形态和尺寸的 LDH 材料。这是通过使用模板剂作为主要结构来实现的。模板可以轻易去除，从而获得所需产品。模板法的优势在于它可以按需合成目标 LDH，且模板易于获得和使用。模板法可以细分为软模板法和硬模板法，具体取决于模板的组成和性质。

硬模板法中，可以单分散的无机、聚合物或树脂微（纳）米颗粒作为模板，在其表面沉积 LDH。尽管这种方法具备优良的单分散性和高重现性，但其制备过程复杂，且反应条件较为苛刻[59]。相比之下，软模板通常由聚集的表面活性剂分子制成，常用于制备特定的 LDH[60]。相较于其他合成方法，通过模板法制备 LDH 的微观结构和尺寸较大。LDH 的微观形貌和尺寸受模板剂的种类和浓度的影响。例如，使用不同的阴离子表面活性剂，包括十二烷基硫酸钠（SLS）、十二烷基磺酸钠（SDS）和十六烷基三甲基溴化铵（CTAB）作为模板剂，合成的 MgAl-LDH 具有不同的表面形貌和结构。MgAl-SDS-LDH 的表面为大量弯曲纳米片自组装而形成的均匀尺寸花朵状纳米球；MgAl-SLS-LDH 的形状和尺寸不规则，结晶性和分散性也较差；MgAl-CTAB-LDH 的表面形态与 MgAl-CO_3^--LDH 相似，主要由不均匀分布的六边形薄片组成[61]。

2.4 层状双氢氧化物在腐蚀与防护中的应用

2.4.1 防护涂层领域

LDH 主要以粉末或薄膜的形式用于腐蚀防护系统。LDH 可以粉末的形式，作为填料添加到有机涂层中，以提高保护性能；也可以薄膜的形式直接生长于金属表面，或在其表面进一步覆盖其他膜层，以增强对金属的腐蚀防护性能。

1. LDH 粉末

将 LDH 颗粒均匀分散在不同材质，特别是有机涂层中，利用 LDH 层间负载的缓蚀剂和自身的物理阻隔作用，可以显著提升腐蚀防护能力。采用此种方式时，需要考虑 LDH 与涂层之间的界面相容性。由于 LDH 表面丰富的羟基可与有机硅烷（如 3-缩水甘油醚氧丙基三甲氧基硅烷，GPTMS）的甲氧基之间发生缩合反应，将 LDH 粉末分散于硅烷基涂层后，常可表现出良好的兼容性。为了进一步增强涂层的屏障性能，还可将 LDH 与氧化石墨烯（graphene oxide，GO）配合使用。通过将前驱体盐溶液与 GO 悬浮液混合，利用共沉淀法制备 GO/LDH 纳米容器。随后，将负载有钒氧化物的 GO/LDH（GO/LDH-VO_x）添加至溶胶-凝胶涂层中，从而显著提升涂层的防腐性能。这种保护性能的增强主要归因于两个方面的作用，包括 GO/LDH-VO_x 片的屏障效应和钒酸根离子的主动抑制作用[62]。

除了溶胶-凝胶涂层，LDH 粉末也可添加到环氧涂层中[63]。添加时还应控制添加量，以防止发生聚集，产生不利影响。例如，将插层有氨基苯甲酸盐的 MgAl-LDH 添加到环氧涂层中，发现添加不同含量 LDH 涂层的最终耐腐蚀性顺序如下：0.5wt%LDH > 1.0wt%LDH > 纯环氧树脂 > 2.0wt%LDH[64]。环氧涂层中添加 MgAl-LDH 后，微观结构发生变化，导致耐腐蚀性能产生差异。添加 MgAl-LDH 的量过多，会使团聚的 LDH 数量增加，从而产生缺陷。此外，在环氧涂层中添加 ZnAl-LDH 颗粒能够通过锌离子的路易斯酸效应催化固化反应，促进环氧树脂固化[65]。

类似地，LDH 纳米容器还可分散在富锌环氧（zinc rich epoxy，ZRE）涂层中，利用涂层的屏障效应、牺牲阳极保护和负载缓蚀剂的协同作用，获得出色防腐效果的 LDH-ZRE 复合涂层[66]。为提升涂层的智能水平，可对 LDH 纳米容器先进行功能化，再添加至涂层中。例如，将缓蚀剂苯并三氮唑（BTA）与铜形成的络合物（Cu-BTA）包覆于 MoO_4^{2-} 插层的 LDH 表面后，再添加至环氧体系，有助于获得优良的防腐性能[67]。由于 Cu-BTA 络合物的平衡取决于环境的 pH 值，沉积在 LDH 表面的 Cu-BTA 可以作为 pH 响应型“开关”。LDH 的出色离子交换能力则可以降低 Cl^- 离子的浓度。以上两种作用可使 MoO_4^{2-} 离子和 BTA 在酸性环境中迅速释放，从而实现自修复效果。

2. LDH 薄膜

除了将 LDH 粉末分散到各种涂层中，还可以通过直接原位生长 LDH 薄膜，或者结合其他涂层使用，在提升基材腐蚀保护能力的同时，赋予涂层不同的功能[68]。例如，采用硝酸锌、硝酸铝、硝酸铈配制电解液，通过简单有效的一步电沉积方法可制备 ZnAlCe-LDH 薄膜用于 6061 铝的防腐保护膜[69]。并得出主要结论如下：①LDH 薄膜的电沉积过程分为氢氧化物的快速沉积和 LDH 的成核生长两个阶段。

Ce 促进了 LDH 的生长，使得 ZnAlCe-LDH 薄膜更厚且更致密。②ZnAlCe-LDH 薄膜显著降低了 6061 铝的自腐蚀电流和腐蚀速率，并提高了其极化电阻，为 6061 铝提供了优异的腐蚀防护性能。此外，Yao 等首先采用共沉淀法在 AZ31 镁合金基材上制备 MgAl-LDH 薄膜，然后利用甲基三甲氧基硅烷（MTMS）和硝酸铈进行简单的浸泡处理制备 PMTMS/CeO_2 改性 MgAl-LDH 的复合涂层。由于 PMTMS/CeO_2 涂层和 LDH 涂层之间可形成 Si—O—Si 和 Si—O—Mg 化学键，使得附着力大大增强。复合涂层同时表现出超疏水性以及由水溶胀和水解缩聚驱动的自修复能力[70]。

因此，LDH 在防腐涂层方面展现出了广阔的应用潜力。在未来的研究中，应更多地关注 LDH 与各种涂层的兼容性、涂层与基材的黏附性，以及在实际工业应用中的多功能特性。

2.4.2 混凝土领域

混凝土的多孔和多相结构使得氯离子等侵蚀性物质易通过毛细管作用、静水压力或扩散渗透到混凝土中[71]，这可能导致钢筋腐蚀，进而引发严重的安全隐患和巨大的经济损失[72]。为了提升混凝土结构中钢筋的抗腐蚀性能，科研人员探索了多种防腐手段，涵盖混凝土表层涂装、钢筋表面的环氧涂层处理、使用不锈钢钢筋、实施阴极保护技术以及应用缓蚀剂等策略[73]。其中，缓蚀剂因其高效、经济且应用广泛的特点而备受推崇。鉴于此，当前很多研究致力于充分利用缓蚀剂以有效防止钢筋遭受腐蚀侵害[74]。

因为 LDH 具备阴离子交换能力，在钢筋混凝土中引入插层并可智能释放缓蚀剂的 LDH 纳米粒子，具有巨大应用潜力。目前，已有一些 LDH 改性混凝土的防腐研究报道，包括插层缓蚀剂 LDH 对砂浆中钢筋的保护效果及其保护机制等[75]。插层缓蚀剂 LDH 在混凝土中的保护功能与在涂层中类似。主要包括物理阻隔功能以及通过吸附 Cl^-等腐蚀性离子至 LDH 层间而降低侵蚀介质的浓度和基于离子交换特性释放 OH^-等缓蚀性阴离子而抑制腐蚀过程[76]。因而，相较于向混凝土中直接添加缓蚀剂，使用插层缓蚀剂的 LDH 纳米粒子防腐效果更好。例如，使用 Zn-Al-NO_2^--LDH 的防护性能显著优于单一 $NaNO_2$[77]。研究还发现，采用不同制备方法或插层不同缓蚀剂都会影响 LDH 在混凝土中防腐性能的表达。例如，通过三种不同方法，包括煅烧再水合（R-LDH）、水热（H-LDH）和共沉淀（C-LDH）制备的均为亚硝酸根插层的 MgAl-LDH 却具有不同的防腐能力。其中，C-LDH 表现出最大的吸附容量和最佳的防腐效果[78]；共插层 OH^-和邻苯二甲酸盐（PTL）离子的 MgAl-LDH 添加至混凝土后，不仅可以在一定程度上提高溶液 pH 值，而且 PTL 离子可作为缓蚀剂与金属形成络合物而抑制腐蚀[79]。尽管仅有约 2%的

$MgAl-NO_2^-$-LDH 在混凝土中发生氯化物的吸附，但仍可表现出良好的防护能力。原因在于 NO_2^- 优先与 OH^- 而非 Cl^- 发生交换，以及 LDH 在高碱性 pH 范围内的轻微溶解可获得更高的氯化物渗透阻力（较低的 Cl^- 渗透系数）[80,81]。

总之，当加入 LDH 后，混凝土砂浆的抗压和抗弯强度虽略有下降[82]，但从防腐蚀的角度，由于 LDH 独特的离子交换特性，在混凝土中仍具有巨大应用潜力。当然，还需要更多的研究以明确 LDH 在混凝土中的溶解和反应机制，确保在不久的将来实现缓蚀剂负载 LDH 基多功能混凝土的商业化。

2.4.3　生物医用材料领域

电化学腐蚀是金属植入体内后不可避免且易持续发生的过程[83]。镁及其合金因为具有优良的机械性能和在体内可完全降解的特性，成为了理想的心血管支架材料。然而，过快的降解速度阻碍了镁及其合金的临床应用。为了控制镁基合金在体内的降解速率，同时改善细胞相容性，需要对其进行改性处理。近年，已有许多有关镁合金表面制备 LDH 涂层用于控制腐蚀并增强生物性能的研究报道[84,85]。例如，在 AZ31 镁合金上制备的 LDH/聚多巴胺（PDA）复合涂层经过肝素化处理后，能够显著提升其抗腐蚀性和血液相容性[86]。镁合金上制备的 PEO/Mg-Zn-Al LDH 复合涂层可以兼具良好抗腐蚀性、成骨性和抗菌活性等多种功能[87]。不过，LDH 在生物医学材料改性中的研究时间还不太长，大多数报道主要集中于体外环境，对涉及体内环境中的研究还不够，距离实现商业化还有很长的路要走。

针对 LDH 的结构、性质、制备方法和在腐蚀与防护中的应用，近年都有相应的研究文献和详细综述报道，本章节仅对上述内容作简要介绍，而未进行深入探讨，目的是让读者对 LDH 的基本结构、基本功能、特性和可采用的制备方法等具有初步的认识，以便于更好地理解后续的研究内容。若读者对 LDH 某一方面的具体特性和研究内容感兴趣，可自行查阅相关文献，进行深入研读和学习。

参考文献

[1] Jing C, Dong B, Raza A, Zhang T, Zhang Y. Corrosion inhibition of layered double hydroxides for metal-based systems. Nano Materials Science, 2021, 3: 47-67.

[2] Li R, Li Y, Jia X, Yang J, Miao X, Shao D, Feng L, Wang S, Wu J, Song H. *In-situ* grown of NiAl-LDHs for self-healing fabric with flame-retardant, UV-protection and antifouling performance. Ceramics International, 2023, 49: 14635-14644.

[3] Diao Z P, Zhang Y X, Hao X D, Wen Z Q. Facile synthesis of CoAl-LDH/MnO_2 hierarchical nanocomposites for high-performance supercapacitors. Ceramics International, 2014, 40: 2115-2120.

[4] Zawrah M F, Ghanaym E E, Sadek H E H, El Defrawy S A, Ali O A M. Synthesis, characterization and sinterability of pure and Ni-doped nano layered double hydroxides from aluminum dross. Ceramics International, 2019, 45: 17598-17610.

[5] Richetta M, Varone A, Mattoccia A, Medaglia P G, Kaciulis S, Mezzi A, Soltani P, Pizzoferrato R. Preparation, intercalation, and characterization of nanostructured (Zn, Al) layered double hydroxides (LDHs). Surface and Interface Analysis, 2018, 50: 1094-1098.

[6] Pan Y, Du J, Chen J, Lian C, Lin S, Yu J. Interlayer intercalation of Li/Al-LDHs responsible for high-efficiency boron extraction. Desalination, 2022, 539: 115966.

[7] Sahoo D P, Das K K, Mansingh S, Sultana S, Parida K. Recent progress in first row transition metal Layered double hydroxide (LDH) based electrocatalysts towards water splitting: a review with insights on synthesis. Coordination Chemistry Reviews, 2022, 469: 214666.

[8] Fan G, Li F, Evans D G, Duan X. Catalytic applications of layered double hydroxides: recent advances and perspectives. Chemical Society Reviews, 2014, 43: 7040-7066.

[9] Huang S, Song S, Zhang R, Wen T, Wang X, Yu S, Song W, Hayat T, Alsaedi A, Wang X. Construction of layered double hydroxides/hollow carbon microsphere composites and its applications for mutual removal of Pb(II) and humic acid from aqueous solutions. ACS Sustainable Chemistry & Engineering, 2017, 5: 11268-11279.

[10] Wang N, Huang Z, Li X, Li J, Ji S, An Q F. Tuning molecular sieving channels of layered double hydroxides membrane with direct intercalation of amino acids. Journal of Materials Chemistry A, 2018, 6: 17148-17155.

[11] Mourid E H, Lakraimi M, Benaziz L, Elkhattabi E H, Legrouri A. Wastewater treatment test by removal of the sulfamethoxazole antibiotic by a calcined layered double hydroxide. Applied Clay Science, 2019, 168: 87-95.

[12] Lei C, Pi M, Kuang P, Guo Y, Zhang F. Organic dye removal from aqueous solutions by hierarchical calcined Ni-Fe layered double hydroxide: Isotherm, kinetic and mechanism studies. Journal of Colloid and Interface Science, 2017, 496: 158-166.

[13] El khanchaoui A, Sajieddine M, Ounacer M, Fnidiki A, Richomme F, Juraszek J, Mansori M, Dib M, Essoumhi A. Structural, morphological, and magnetic studies of spinel ferrites derived from layered double hydroxides. Applied Physics A, 2022, 128: 406.

[14] Ye H, Liu S, Yu D, Zhou X, Qin L, Lai C, Qin F, Zhang M, Chen W, Chen W, Xiang L. Regeneration mechanism, modification strategy, and environment application of layered double hydroxides: insights based on memory effect. Coordination Chemistry Reviews, 2022, 450: 214253.

[15] Guo Y, Zhu Z, Qiu Y, Zhao J. Enhanced adsorption of acid brown 14 dye on calcined Mg/Fe

layered double hydroxide with memory effect. Chemical Engineering Journal, 2013, 219: 69-77.
[16] Yuan Z, Bak S M, Li P, Jia Y, Zheng L, Zhou Y, Bai L, Hu E, Yang X Q, Cai Z, Sun Y, Sun X. Activating layered double hydroxide with multivacancies by memory effect for energy-efficient hydrogen production at neutral pH. ACS Energy Letters, 2019, 4: 1412-1418.
[17] Wang K, Wang T, Islam Q A, Wu Y. Layered double hydroxide photocatalysts for solar fuel production. Chinese Journal of Catalysis, 2021, 42: 1944-1975.
[18] Mascolo G, Mascolo M C. On the synthesis of layered double hydroxides (LDHs) by reconstruction method based on the "memory effect". Microporous and Mesoporous Materials, 2015, 214: 246-248.
[19] Tian Q, Guo B, Sasaki K. Influence of silicate on the structural memory effect of layered double hydroxides for the immobilization of selenium. Journal of Hazardous materials, 2020, 395: 122674.
[20] Li C, Zhang L, Gholizadeh M, Westernhof R, Cui Z, Liu B, Tang Y, Jin X, Xu Z, Hu X. Impact of acidic/basic sites of the catalyst on properties of the coke formed in pyrolysis of guaiacol: a model compound of the phenolics in bio-oil. Energy & Fuels, 2020, 34: 11026-11040.
[21] McKenzie A L, Fishel C T, Davis R J. Investigation of the surface structure and basic properties of calcined hydrotalcites. Journal of Catalysis, 1992, 138: 547-561.
[22] Shen Z, Ma T, Fei L, Li A, Liu J, Xu Z, Hu X, Sun Y. MgAl-LDH/LDO-catalyzed hydrothermal deoxygenation of microalgae for low-oxygen biofuel production. ACS ES&T Engineering, 2021, 1: 989-999.
[23] Lei X, Zhang F, Yang L, Guo X, Tian Y, Fu S, Evans D, Duan X. Highly crystalline activated layered double hydroxides as solid acid-base catalyst. AIChE Journal, 2007, 53: 932-940.
[24] Ebitani K, Motokura K, Mori K, Mizugaki T, Kaneda K. Reconstructed hydrotalcite as a highly active heterogeneous base catalyst for carbon−carbon bond formations in the presence of water. The Journal of Organic Chemistry, 2006, 71: 5440-5447.
[25] Chen C, Tao L, Du S, Chen W, Wang Y, Zou Y, Wang S. Advanced exfoliation strategies for layered double hydroxides and applications in energy conversion and storage. Advanced Functional Materials, 2020, 30: 1909832.
[26] Wang Q, O'Hare D. Recent advances in the synthesis and application of layered double hydroxide (LDH) nanosheets. Chemical Reviews, 2012, 112: 4124-4155.
[27] Wang Y, Zhang Y, Liu Z, Xie C, Feng S, Liu D, Shao M, Wang S. Layered double hydroxide nanosheets with multiple vacancies obtained by dry exfoliation as highly efficient oxygen evolution electrocatalysts. Angewandte Chemie International Edition, 2017, 56: 5867-5871.
[28] Liu S Q, Li S P, Li X D. Intercalation of methotrexatum into layered double hydroxides via

exfoliation-reassembly process. Applied Surface Science, 2015, 330: 253-261.

[29] Cui W, Jiao Q, Zhao Y, Zhou M. Preparation of carboxylate-intercalated layered double hydroxides using mixed hydroxides or oxides. Micro & Nano Letters, 2011, 6: 832-835.

[30] Smalenskaite A, Vieira D E L, Salak A N, Ferreira M G S, Katelnikovas A, Kareiva A. A comparative study of co-precipitation and sol-gel synthetic approaches to fabricate cerium-substituted MgAl layered double hydroxides with luminescence properties. Applied Clay Science, 2017, 143: 175-183.

[31] Sangtam A R, Saikia P, Goswamee R L, Sinha D, Sinha U B. Green synthesis of mesoporous Ni-Co layered double hydroxide and its application for removal of 2,4-dinitrophenol from water: a theoretical study complemented by the first principle density functional theory-monte-carlo approach. Journal of Environmental Chemical Engineering, 2022, 10: 108378.

[32] Tang Y, Wu F, Fang L, Guan T, Hu J, Zhang S. A comparative study and optimization of corrosion resistance of ZnAl layered double hydroxides films intercalated with different anions on AZ31 Mg alloys. Surface and Coatings Technology, 2019, 358: 594-603.

[33] Chen J, Fang L, Wu F, Xie J, Hu J, Jiang B, Luo H. Corrosion resistance of a self-healing rose-like MgAl-LDH coating intercalated with aspartic acid on AZ31 Mg alloy. Progress in Organic Coatings, 2019, 136: 105234.

[34] Zhou M, Yan L, Ling H, Diao Y, Pang X, Wang Y, Gao K. Design and fabrication of enhanced corrosion resistance Zn-Al layered double hydroxides films based anion-exchange mechanism on magnesium alloys. Applied Surface Science, 2017, 404: 246-253.

[35] Fang C Q, Dai Y M, Chen L, Wang Z H, Lu Q, Li Y Q, Cai L, Liu B, Zhang Y F, Li Y, Wan L. One-step coprecipitation synthesis of Cl^- intercalated Fe_3O_4@SiO_2 @MgAl LDH nanocomposites with excellent adsorption performance toward three dyes. Separation and Purification Technology, 2022, 295: 121227.

[36] Mallakpour S, Hatami M. Fabrication and characterization of pH-sensitive bio-nanocomposite beads havening folic acid intercalated LDH and chitosan: drug release and mechanism evaluation. International Journal of Biological Macromolecules, 2019, 122: 157-167.

[37] Pires Figueiredo M, Diaz Suarez E, M. Petrilli H, Leroux F, Taviot-Guého C, Leopoldo Constantino V R. Limiting content of trivalent iron to form organic-inorganic single-phase layered double hydroxides hybrids by coprecipitation. Applied Clay Science, 2022, 228: 106642.

[38] Kou X, Li C, Zhao Y, Wang S, Ma X. CO_2 sorbents derived from capsule-connected Ca-Al hydrotalcite-like via low-saturated coprecipitation. Fuel Processing Technology, 2018, 177: 210-218.

[39] Fang C Q, Liu W B, Dai Y M, Wang Z H, Li Y Q, Cai L, Liu B, Yang S W, Wang J L, Ding X L,

Zhang Y F, Li Y, Wan L. Synthesis of a novel hierarchical pillared Sep@Fe_3O_4/ ZnAl-LDH composite for effective anionic dyes removal. Colloids and Surfaces A: Physicochemical and Engineering Aspects, 2023, 663: 130921.

[40] Khumho R, Tocuweang K, Sangkhum P, Kuchonthara P, Ashokkumar V, Ngamcharussrivichai C. Etherification of glycerol into short-chain polyglycerols over MgAl LDH/$CaCO_3$ nanocomposites as heterogeneous catalysts to promote circular bioeconomy. Chemosphere, 2022, 291: 133091.

[41] Zhang Z, Zhou D B, Liao J, Bao X, Yu H. Synthesis of high crystalline nickel-iron hydrotalcite-like compound as an efficient electrocatalyst for oxygen evolution reaction. International Journal of Energy Research, 2019, 43: 1460-1467.

[42] Hu Y L, Wu Z, Zheng X, Lin N, Yang Y, Zuo J, Sun D, Jiang C, Sun L, Lin C, Fu Y. ZnO/ZnGaNO heterostructure with enhanced photocatalytic properties prepared from a LDH precursor using a coprecipitation method. Journal of Alloys and Compounds, 2017, 709: 42-53.

[43] Xue C, Cao Z, Tong X, Yang P, Li S, Chen X, Liu D, Huang W. Investigation of CuCoFe-LDH as an efficient and stable catalyst for the degradation of acetaminophen in heterogeneous electro-Fenton system: key operating parameters, mechanisms and pathways. Journal of Environmental Management, 2023, 327: 116787.

[44] Costa-Serge N d M, Lima Gonçalves R G, Ramirez-Ubillus M A, Li C, Hammer P, Chiron S, Pupo Nogueira R F. Effect of the interlamellar anion on CuMgFe-LDH in solar photo-Fenton and Fenton-like degradation of the anticancer drug 5-fluorouracil. Applied Catalysis B: Environmental, 2022, 315: 121537.

[45] Guo R, Zhu Y, Cheng X, Li J, Crittenden J C. Efficient degradation of lomefloxacin by Co-Cu-LDH activating peroxymonosulfate process: optimization, dynamics, degradation pathway and mechanism. Journal of Hazardous Materials, 2020, 399: 122966.

[46] Kameda T, Hoshi K, Yoshioka T. Preparation of Cu–Al layered double hydroxide intercalated with ethylenediaminetetraacetate by coprecipitation and its uptake of rare earth ions from aqueous solution. Solid State Sciences, 2013, 17: 28-34.

[47] Bini M, Monteforte F, Quinzeni I, Friuli V, Maggi L, Bruni G. Hybrid compounds for improving drugs solubility: synthesis, physico-chemical and pharmaceutical characterization of Nimesulide-LDH. Journal of Solid State Chemistry, 2019, 272: 131-137.

[48] Zhao Q, Zhao D L, Feng F, Chung T S, Chen S B. Thin-film nanocomposite reverse osmosis membranes incorporated with citrate-modified layered double hydroxides (LDHs) for brackish water desalination and boron removal. Desalination, 2022, 527: 115583.

[49] Zhao D, Bai Z, Zhao F. Preparation of Mg/Al-LDHs intercalated with dodecanoic acid and investigation of its antiwear ability. Materials Research Bulletin, 2012, 47: 3670-3675.

[50] Faour A, Prévot V, Taviot-Gueho C. Microstructural study of different LDH morphologies obtained via different synthesis routes. Journal of Physics and Chemistry of Solids, 2010, 71: 487-490.

[51] Chilukoti S, Thangavel T. Enhanced adsorption of Congo red on microwave synthesized layered Zn-Al double hydroxides and its adsorption behaviour using mixture of dyes from aqueous solution. Inorganic Chemistry Communications, 2019, 100: 107-117.

[52] Li B, Xu Y, Bai L, Dai H, Xie C, Li H. Ultrasonic effect on fabrication of intercalated MgAl-LDH/PVA nanocomposites via exfoliation-adsorption route. Key Engineering Materials, 2017, 727: 532-536.

[53] Ogawa M, Asai S. Hydrothermal synthesis of layered double hydroxide−deoxycholate intercalation compounds. Chemistry of Materials, 2000, 12: 3253-3255.

[54] Zhang G, Tang A, Wu L, Zhang Z, Liao H, Long Y, Li L, Atrens A, Pan F. In-situ grown super-or hydrophobic Mg-Al layered double hydroxides films on the anodized magnesium alloy to improve corrosion properties. Surface and Coatings Technology, 2019, 366: 238-247.

[55] Zhang J, Duan X, Hou A, Li J, Lian D, Zhang M, Wang B. In situ growth process and corrosion resistance of a layered double - hydroxide film on an LA103Z magnesium–lithium alloy. Materials and Corrosion, 2022, 73: 1099-1109.

[56] Staal L B, Charan Pushparaj S S, Forano C, Prevot V, Ravnsbæk D B, Bjerring M, Nielsen U G. Competitive reactions during synthesis of zinc aluminum layered double hydroxides by thermal hydrolysis of urea. Journal of Materials Chemistry A, 2017, 5: 21795-21806.

[57] Benhiti R, Ait Ichou A, Zaghloul A, Aziam R, Carja G, Zerbet M, Sinan F, Chiban M. Synthesis, characterization, and comparative study of MgAl-LDHs prepared by standard coprecipitation and urea hydrolysis methods for phosphate removal. Environmental Science and Pollution Research, 2020, 27: 45767-45774.

[58] Inayat A, Klumpp M, Schwieger W. The urea method for the direct synthesis of ZnAl layered double hydroxides with nitrate as the interlayer anion. Applied Clay Science, 2011, 51: 452-459.

[59] Smalenskaite A, Salak A N, Ferreira M G S, Skaudzius R, Kareiva A. Sol-gel synthesis and characterization of hybrid inorganic-organic Tb(III)-terephthalate containing layered double hydroxides. Optical Materials, 2018, 80: 186-196.

[60] Lin J, Zhang Y, Zhang Q, Shang J, Deng F. Enhanced adsorption properties of organic ZnCr-LDH synthesized by soft template method for anionic dyes. Environmental Science and Pollution Research, 2021, 28: 48236-48252.

[61] Zhang J, Xie X, Li C, Wang H, Wang L. The role of soft colloidal templates in the shape evolution of flower-like MgAl-LDH hierarchical microstructures. RSC Advances, 2015, 5:

29757-29765.

[62] Xue B, Yu M, Liu J, Li S, Xiong L, Kong X. Synthesis of inhibitor nanocontainers with two-dimensional structure and their anticorrosion action in sol-gel coating on AA2024-T3 aluminum alloy. Journal of The Electrochemical Society, 2017, 164: C641-C652.

[63] Nguyen D T, To H T X, Gervasi J, Paint Y, Gonon M, Olivier M G. Corrosion inhibition of carbon steel by hydrotalcites modified with different organic carboxylic acids for organic coatings. Progress in Organic Coatings, 2018, 124: 256-266.

[64] Mei Y, Xu J, Jiang L, Tan Q. Enhancing corrosion resistance of epoxy coating on steel reinforcement by aminobenzoate intercalated layered double hydroxides. Progress in Organic Coatings, 2019, 134: 288-296.

[65] Karami Z, Jouyandeh M, Ali J A, Ganjali M R, Aghazadeh M, Paran S M R, Naderi G, Puglia D, Saeb M R. Epoxy/layered double hydroxide (LDH) nanocomposites: synthesis, characterization, and excellent cure feature of nitrate anion intercalated Zn-Al LDH. Progress in Organic Coatings, 2019, 136: 105218.

[66] Hayatdavoudi H, Rahsepar M. Smart inhibition action of layered double hydroxide nanocontainers in zinc-rich epoxy coating for active corrosion protection of carbon steel substrate. Journal of Alloys and Compounds, 2017, 711: 560-567.

[67] Xie P, He Y, Zhong F, Zhang C, Chen C, Li H, Liu Y, Bai Y, Chen J. Cu-BTA complexes coated layered double hydroxide for controlled release of corrosion inhibitors in dual self-healing waterborne epoxy coatings. Progress in Organic Coatings, 2021, 153: 106164.

[68] Abdi-Alghanab K, Seifzadeh D, Rajabalizadeh Z, Habibi-Yangjeh A. High corrosion protection performance of the LDH/Ni-P composite coating on AM60B magnesium alloy. Surface and Coatings Technology, 2020, 397: 125979.

[69] Wang Y, Zhou J, Zhou B, Li Y, He K, Wei Y. Electrodeposition preparation of ZnAlCe-LDH film for corrosion protection of 6061 Al alloy. Materials Letters, 2024, 359: 135965.

[70] Yao Q S, Zhang F, Song L, Zeng R C, Cui L Y, Li S Q, Wang Z L, Han E H. Corrosion resistance of a ceria/polymethyltrimethoxysilane modified Mg-Al-layered double hydroxide on AZ31 magnesium alloy. Journal of Alloys and Compounds, 2018, 764: 913-928.

[71] Jin M, Xu J, Jiang L, Xu Y, Chu H. Investigation on the performance characteristics of chloride selective electrode in concrete. Ionics, 2015, 21: 2981-2992.

[72] Xu H, Liu Y, Chen W, Du R G, Lin C J. Corrosion behavior of reinforcing steel in simulated concrete pore solutions: a scanning micro-reference electrode study. Electrochimica Acta, 2009, 54: 4067-4072.

[73] Zhou Y, Zuo Y. The inhibitive mechanisms of nitrite and molybdate anions on initiation and

propagation of pitting corrosion for mild steel in chloride solution. Applied Surface Science, 2015, 353: 924-932.

[74] Ishizaki T, Chiba S, Watanabe K, Suzuki H. Corrosion resistance of Mg–Al layered double hydroxide container-containing magnesium hydroxide films formed directly on magnesium alloy by chemical-free steam coating. Journal of Materials Chemistry A, 2013, 1: 8968-8977.

[75] Xu J, Song Y, Zhao Y, Jiang L, Mei Y, Chen P. Chloride removal and corrosion inhibitions of nitrate, nitrite-intercalated MgAl layered double hydroxides on steel in saturated calcium hydroxide solution. Applied Clay Science, 2018, 163: 129-136.

[76] Tian Y, Wen C, Wang G, Deng P, Mo W. Inhibiting property of nitrite intercalated layered double hydroxide for steel reinforcement in contaminated concrete condition. Journal of Applied Electrochemistry, 2020, 50: 835-849.

[77] Tian Y, Dong C, Wang G, Cheng X, Li X. Zn–Al–NO_2 layered double hydroxide as a controlled-release corrosion inhibitor for steel reinforcements. Materials Letters, 2019, 236: 517-520.

[78] Zuo J, Wu B, Luo C, Dong B, Xing F. Preparation of MgAl layered double hydroxides intercalated with nitrite ions and corrosion protection of steel bars in simulated carbonated concrete pore solution. Corrosion Science, 2019, 152: 120-129.

[79] Cao Y, Zheng D, Dong S, Zhang F, Lin J, Wang C, Lin C. A composite corrosion inhibitor of MgAl layered double hydroxides Co-intercalated with hydroxide and organic anions for carbon steel in simulated carbonated concrete pore solutions. Journal of The Electrochemical Society, 2019, 166: C3106.

[80] Gomes C, Mir Z, Sampaio R, Bastos A, Tedim J, Maia F, Rocha C, Ferreira M. Use of ZnAl-layered double hydroxide (LDH) to extend the service life of reinforced concrete. Materials, 2020, 13(7): 1769.

[81] Mir Z M, Bastos A, Gomes C, Mueller U, Alonso M C, Villar K, Rabade M P, Maia F, Rocha C M, Mainçon P, Höche D, Ferreira M G S, Zheludkevich M L. Numerical and experimental analysis of self-protection in reinforced concrete due to application of Mg–Al–NO_2 layered double hydroxides. Advanced Engineering Materials, 2020, 22: 2000398.

[82] Hu Y, Li H, Wang Q, Zhang J, Song Q. Characterization of LDHs prepared with different activity MgO and resisting Cl^- attack of concrete in salt lake brine. Construction and Building Materials, 2019, 229: 116921.

[83] Wang D, Li Q, Qiu J, Zhang X, Ge N, Liu X. Corrosion motivated ROS generation helps endow titanium with broad-spectrum antibacterial abilities. Advanced Materials Interfaces, 2019, 6: 1900514.

[84] Li C Y, Gao L, Fan X L, Zeng R C, Chen D C, Zhi K Q. In vitro degradation and cytocompatibility of a low temperature in-situ grown self-healing Mg-Al LDH coating on MAO-coated magnesium alloy AZ31. Bioactive Materials, 2020, 5: 364-376.

[85] Peng F, Li H, Wang D, Tian P, Tian Y, Yuan G, Xu D, Liu X. Enhanced corrosion resistance and biocompatibility of magnesium alloy by Mg–Al-layered double hydroxide. ACS Applied Materials & Interfaces, 2016, 8: 35033-35044.

[86] Li H, Peng F, Wang D, Qiao Y, Xu D, Liu X. Layered double hydroxide/poly-dopamine composite coating with surface heparinization on Mg alloys: improved anticorrosion, endothelialization and hemocompatibility. Biomaterials Science, 2018, 6: 1846-1858.

[87] Peng F, Wang D, Zhang D, Yan B, Cao H, Qiao Y, Liu X. PEO/Mg–Zn–Al LDH composite coating on Mg alloy as a Zn/Mg Ion-release platform with multifunctions: enhanced corrosion resistance, osteogenic, and antibacterial activities. ACS Biomaterials Science & Engineering, 2018, 4: 4112-4121.

第3章　水热法制备LDH膜层在镁合金腐蚀防护中的应用

3.1　8-羟基喹啉改性MgAl-LDH复合膜层对镁合金的腐蚀防护性能

3.1.1　引言

六价铬基膜层可在较大的电解质浓度和较宽的 pH 范围内呈现出良好的阴极和阳极腐蚀抑制能力，从防腐及成效的角度，被认为是最成功的涂层[1]。铬酸盐优异腐蚀抑制作用归因于铬酸根（CrO_4^{2-}）可通过阴极还原为氧化铬（Cr_2O_3），形成一层腐蚀保护屏障膜，也就是常说的六价铬的自愈合或者自修复行为[1,2]。然而，六价铬具有很高的致癌风险，对油和水的污染也易造成鼻和眼的不可逆伤害[1,3]。大量研究尝试开发相对环保安全，稳定耐腐蚀的六价铬化合物的替代物。例如，钒酸盐以及磷酸盐基涂层[4,5]、富镁底漆[6]和有机涂层[7]。智能涂层是这些涂层系统中最有前景的技术。利用负载缓蚀剂纳米载体的智能涂层的防腐机理如下：①侵蚀性离子造成局部缺陷，导致微环境条件如 pH 发生改变；②环境条件的改变导致缓蚀剂从载体中释放；③释放的缓蚀剂阻止缺陷进一步腐蚀[8-14]。

负载缓蚀剂的纳米载体有多种形式，如多孔的二氧化硅纳米粒子[11]、纤维素纳米纤维[15]、层层自组装膜、纳米管[16,17]和 LDH[12]。LDH 不仅具有组成多样、结构新颖、阴离子交换能力强的优点，而且还可以通过简单步骤直接在基体上生长强附着力的屏障层[18-20]。很多研究者正在尝试用层状双氢氧化物，尤其是 MgAl-LDH 涂层来提升镁合金的防腐能力[18,21-24]。为了进一步增强 LDH 涂层的防腐能力，VO_3^-[23]、5-氟尿嘧啶[25]、Ce[22]和 MoO_4^{2-}[26,27]等缓蚀剂被插入 LDH 层间，以在腐蚀发生时释放。近期报道指出，8-羟基喹啉（8-hydroxyquinoline，8HQ）作为一种绿色可持续的混合型缓蚀剂，可以同时阻碍阴极析氢和阳极氧化溶解[28]。缓蚀剂 8HQ 对镁合金有效的腐蚀抑制作用是因为其优异的螯合和络合能力可以络合溶解的金属离子，并形成一种不溶的沉积物来堵塞腐蚀活性位点，从而阻止金属进一步溶解[28, 29]。

已有研究表明，采用 LDH 基涂层系统作为镁合金的防腐措施切实可行。不过，现有研究主要集中于使用不同合成方法（如原位生长、共沉淀和电化学沉积）制备 LDH 涂层[30,31]，功能化 LDH 涂层以形成具有自修复、生物相容性和自清洁等多功能的复合涂层[30,32]，以及不同外部条件（如时间[33]和 pH[34]）对 LDH 涂层防腐能力的影响。这些研究无疑为开发新的 LDH 防腐涂层系统提供了参考。然而，值得注意的是，目前没有文献详细探讨不同化学投料顺序对 LDH 涂层性能的具体影响。但解决这一问题对于深入理解 LDH 涂层的结晶过程及其防腐行为具有至关重要的意义。本研究发现进料顺序直接影响 MgAl-LDH 涂层的性质，说明在规模化工业生产 LDH 涂层过程中，建立进料标准非常有必要。同时，还发现通过在碱性 8HQ 溶液中简单浸泡的方法，可以显著提高 MgAl-LDH 涂层的腐蚀抑制性能。最后，提出了 8HQ 改性镁合金 MgAl-LDH 涂层的防腐机理。

3.1.2　8HQ 改性 MgAl-LDH 复合膜层的制备和表征

化学试剂和 MgAl-LDH 涂层的制备：制备 MgAl-LDH 涂层的化学试剂购自阿拉丁股份有限公司（中国上海）或国药集团化学试剂有限公司。原位生长 MgAl-LDH 涂层前，将 AZ31 镁合金切成 30 mm×20 mm×2 mm 的长方体。随后，利用碳化硅防水砂纸对切割好的试样进行机械打磨处理。打磨后试样经水冲洗并用丙酮超声脱脂 10 min。最后，将脱脂后的试样置于碱性溶液中，于 60°C 条件下再次清洗 10 min，以确保其表面干净无污。采用四种不同的进料顺序 FS*x*（feeding sequence，*x*=1，2，3 或 4），通过简单的一步法将不含缓蚀剂的纯 MgAl-LDH 涂层沉积在 Mg 合金基体上（如表 3-1 所示）。

表 3-1　制备 MgAl-LDH/FS*x*（*x*=1，2，3 或 4）膜层时四种不同的投料顺序

投料顺序	步骤 1	步骤 2	步骤 3	步骤 4
FS1	九水硝酸铝	六水硝酸镁	氢氧化钠	十水碳酸钠
FS2	九水硝酸铝	十水碳酸钠	氢氧化钠	六水硝酸镁
FS3	六水硝酸镁	十水碳酸钠	氢氧化钠	九水硝酸铝
FS4	十水碳酸钠	六水硝酸镁	九水硝酸铝	氢氧化钠

结合表 3-1，通过不同试剂添加顺序制备 LDH 涂层，并分别以 MgAl-LDH/FS*x*（*x*=1，2，3 或 4）予以表示。对 FS1 来说，首先将 $Mg(NO_3)_2$（99.0%）加入到 $Al(NO_3)_3$（99.0%）溶液中，然后将溶液的 pH 值调节至 12，再在搅拌下不断加入 NaOH（98%）溶液，最后加入 Na_2CO_3（99.8%）水溶液。其中，$Mg(NO_3)_2$、$Al(NO_3)_3$ 和 Na_2CO_3

的物质的量的比例为 6∶2∶1。用 50 mL 的聚四氟乙烯材质的高压反应釜盛装预先制备好的混合溶液，然后将预处理的镁合金浸入到混合溶液中。确保高压釜密封良好后，将其置于烘箱之中，并将烘箱温度设定为125℃，使得镁合金表面原位生长 MgAl-LDH 膜层。待反应完全结束后，将样品从高压釜中取出。随后，使用去离子水对样品进行彻底的清洗，以去除表面残留的反应物。清洗完毕后，将样品于 65℃温度下进行干燥处理，以确保其完全干燥。

为对 MgAl-LDH 涂层进行改性，先配制含缓蚀剂 8HQ（99.5%）的碱性溶液。首先向 25 mL 超纯水中添加 1.0 g NaOH，并在强烈搅拌下加入 0.2 g 8HQ 使其溶解。将 MgAl-LDH/FS*x* 涂层在室温下浸泡 48 h，然后取出并用去离子水冲洗，干燥，得到 8HQ@MgAl-LDH/FS*x*（*x*=1 或 3）涂层。图 3-1 是 MgAl-LDH/FS*x* 与 8HQ@MgAl-LDH/FS*x* 涂层的示意图。测试期间使用的超纯水在 25℃下的电阻为 18.2 MΩ·cm，全部通过超纯水系统（中国 Ultrapure Corporation，UPT-II-10T）直接制备而成（下文同，不再赘述）。

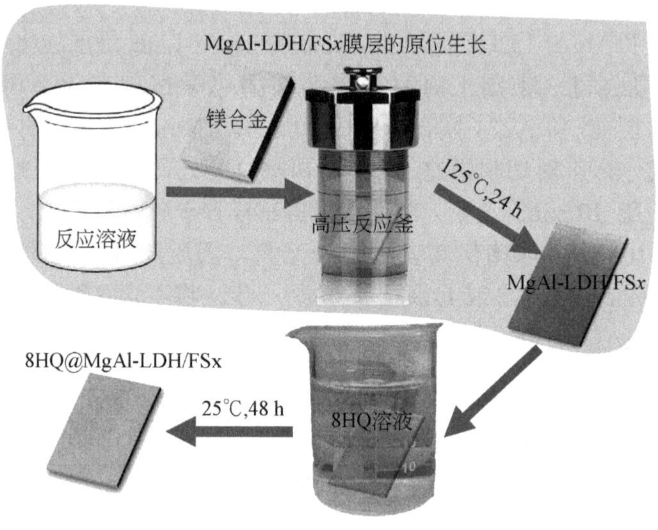

图 3-1　MgAl-LDH/FS*x* 涂层的原位生长和在镁合金表面制备 8HQ@MgAl-LDH/FS*x* 涂层的方案流程图

表征：LDH 涂层的光学显微图片通过数码相机直接获得。LDH 涂层的表面微观形态通过电子扫描显微镜（SEM，Hitachi SU8010）得到。利用能量色散 X 射线能谱仪（EDS，HORIBA EX-350）对元素含量和元素分布进行定性检测。镁合金和 LDH 涂层的晶态结构使用带铜靶的 XRD 检测。使用傅里叶变换红外光谱仪（FTIR，Nicolet 6700）在 500～4000 cm^{-1} 的波数范围内对 LDH 涂层进行分析。

为了探究 8HQ 溶液浸泡处理对 LDH 涂层化学成分的影响，我们采用了 X 射线光电子能谱技术（XPS，Thermo escalab 250Xi）对处理前后的 LDH 涂层表面成分进行分析。所有 XPS 数据均使用 XPSPEAK41 进行处理分析。室温下，通过光学接触角测量仪（SL200KS，KINO 美国）测定水（5 μL）在不同样品表面的静态接触角（CA）。

电化学测试：利用动电位极化曲线与电化学阻抗谱（EIS）研究 LDH 涂层对镁合金的腐蚀保护性能。所有测试都在恒温（25℃）下用恒电位仪器（CHI660E，Chenhua）完成。试验系统采用铂片辅助电极、饱和甘汞电极（SCE）参比电极、被测工作电极组成的三电极系统。工作电极在腐蚀性电解液中暴露的面积为 1.0 cm^2。图 3-2 显示电解槽的实物图。

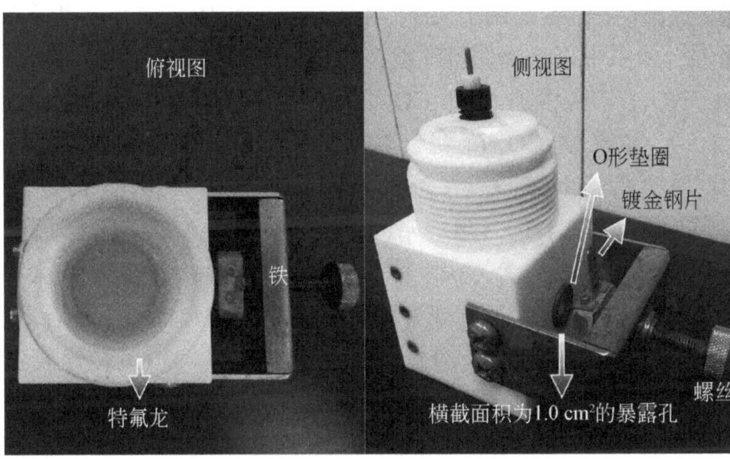

图 3-2　定制电解池实物图（仅暴露 1.0 cm^2 工作面积）

在电化学检测前，将样品放置在 O 形垫圈和镀金钢片之间，并将其连接到电化学工作站上。通过旋转螺丝压紧样品，防止腐蚀液泄漏，并且工作区域仅暴露 1.0 cm^2 于腐蚀性介质。将电解池放置于法拉第屏蔽箱中，以降低外界电磁场的干扰。正式测量前，先测量约 30 min 的开路电位（OCP）–时间（t）曲线以确保体系保持相对稳定的状态（下文同，不再赘述）。动电位极化曲线测量时，电位扫描范围为相对 OCP 的±500 mV 内，扫描速率是 1.0 mV/s，采用 Tafel 外推法可求得腐蚀电流密度（j_{corr}），将阴极 Tafel 区外推到与腐蚀电位（E_{corr}）的交点处。EIS 试验在 0.01 Hz～100 kHz 的 OCP 条件下以 5.0 mV 的微扰电压进行。利用 ZSimpWin 软件，采用等效电路拟合 EIS 数据。所有实验和测试至少进行三次，以确保结果的可靠性和可重复性（下文同，不再赘述）。

3.1.3　不同试剂添加顺序下的化学反应

通过改变投料次序，对 MgAl-LDH 涂层进行研究。结果表明，不同的投料次序伴随着不同的化学反应发生。在执行 FS1 投料次序时，$Al(NO_3)_3$ 和 $Mg(NO_3)_2$ 混和现象不显著。但是，当加入 NaOH 溶液以后，NaOH 会与 $Al(NO_3)_3$ 和 $Mg(NO_3)_2$ 溶液发生反应，溶液变得浑浊。$Al(OH)_3$ 沉淀会随着 NaOH 溶液的加入变为 AlO_2^-，如式（3-1）所示。在以上混合物中，由于 $MgCO_3$ 的溶解度大于 $Mg(OH)_2$，而 $Al_2(CO_3)_3$ 在水溶液中又不稳定，加入 Na_2CO_3 所产生的影响可以忽略不计。如果按照 FS2 投加次序，将 Na_2CO_3 加入到 $Al_2(CO_3)_3$ 溶液后，会观察到白色沉淀，这是由方程式（3-4）生成的 $Al(OH)_3$ 沉淀引起。然而，向 $Al(OH)_3$ 沉淀中加入 NaOH 溶液后，沉淀逐渐消失，这是由于发生了化学反应，见式（3-3）。当引入 $Mg(NO_3)_2$ 之后，上述混合体系中再一次变得浑浊，并且生成 $Mg(OH)_2$ 沉淀。对于 FS3 投料顺序，向 $Mg(NO_3)_2$ 溶液中加入 Na_2CO_3 之后，也可以观察到沉淀生成，这是因为反应式（3-5）生成 $MgCO_3$ 沉淀。由于 $Mg(OH)_2$ 的溶度积常数（25 ℃时 $K_{sp}=5.6\times10^{-12}$）[35,36] 与 $MgCO_3$（$K_{sp}=6.8\times10^{-6}$，25℃）[36] 相比，前者较小。而且，因为上一步骤中 $Mg(NO_3)_2$ 的含量非常高，溶液因形成 $Mg(OH)_2$ 沉淀而显得更加浑浊［反应式（3-2）和反应式（3-6）］。当采用 FS4 投料顺序时，尚未加入 NaOH 之前，混合溶液的 pH=3，并没有观察到沉淀生成。加入 NaOH 之后，溶液的 pH 增加到 12，导致所有的反应从反应式（3-1）到反应式（3-6）依次发生。可见，虽然化学物质成分完全相同，但是不同的加料顺序会伴随着不同的化学反应，导致最终形成的 MgAl-LDH 涂层的性能产生变化。

$$Al(NO_3)_3 + 3NaOH \longrightarrow Al(OH)_3\downarrow + 3NaNO_3 \tag{3-1}$$

$$Mg(NO_3)_2 + 2NaOH \longrightarrow Mg(OH)_2\downarrow + 2NaNO_3 \tag{3-2}$$

$$Al(OH)_3 + NaOH \longrightarrow NaAlO_2 + 2H_2O \tag{3-3}$$

$$2Al(NO_3)_3 + 3Na_2CO_3 + 3H_2O \longrightarrow 2Al(OH)_3\downarrow + 3CO_2\uparrow + 6NaNO_3 \tag{3-4}$$

$$Mg(NO_3)_2 + Na_2CO_3 \longrightarrow MgCO_3\downarrow + 2NaNO_3 \tag{3-5}$$

$$MgCO_3 + 2NaOH \longrightarrow Mg(OH)_2\downarrow + Na_2CO_3 \tag{3-6}$$

3.1.4　MgAl-LDH/FS*x* 涂层的形貌、结构和腐蚀防护性能

MgAl-LDH/FS*x* 涂层在不同投料顺序下的 SEM 形貌见图 3-3。MgAl-LDH/FS1 涂层表现出致密的表面［如图 3-3（a）所示］。在较高放大倍数下，尽管多数区域可以看到一些微孔隙，但仍存在许多没有微孔的部分［图 3-3（b）］。图 3-3（b）

中插入图显示，该涂层是由大量无规则纳米粒子紧密堆积在一起而形成。MgAl-LDH/FS2 涂层的形貌与 MgAl-LDH/FS1 的形貌基本一致。但是，后者纳米颗粒之间的间距明显增大，导致表面结构更为疏松。此外，该涂层表面还出现较为明显的长条形裂缝［如图 3-3（d）中虚线］，显然不利于涂层防腐性能的有效发挥。如果采用 FS3 投料顺序，则形成一个截然不同的涂层形态（MgAl-LDH/FS3），其主要由均匀、排列有序的垂直生长于基底表面的纳米薄片构成，这种结构赋予了涂层更优异的防腐性能。MgAl-LDH/FS4 涂层的形貌与 MgAl-LDH/FS1 和 MgAl-LDH/FS2 涂层形貌高度相似，涂层表面上有许多微小的孔隙［图 3-3（g）～（h）］。虽然表面微孔洞不一定覆盖所有涂层表面，但其数目的增多必然会为侵蚀介质的扩散提供更多通道，进而影响其防腐性能。涂层表面微孔与涂层防腐能力之

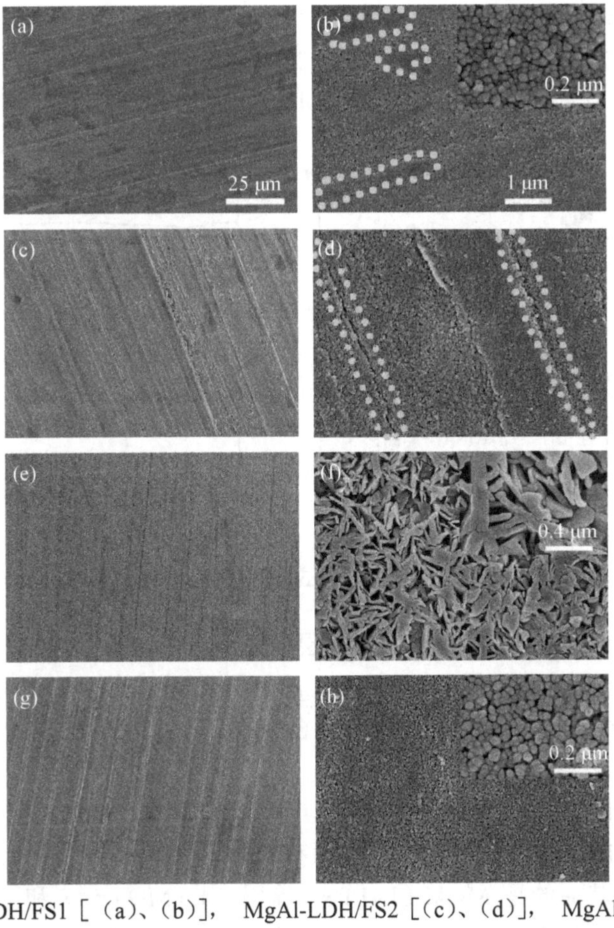

图 3-3　MgAl-LDH/FS1［（a）、（b）］，MgAl-LDH/FS2［（c）、（d）］，MgAl-LDH/FS3［（e）、（f）］以及 MgAl-LDH/FS4［（g）、（h）］涂层 SEM 图像。左边一列放大倍数为 1000，右边一列放大倍数为 2000，右边一列右上角插图的放大倍数为 20000

间的关系将稍后讨论。不同投料顺序对 LDH 涂层沉积过程特别是初始沉积过程的影响有必要在未来继续研究。

不同样品的 XRD 图谱和 FTIR 图谱如图 3-4 所示。图 3-4（a）中，XRD 结果表明，在衍射角为 2.2°、34.4°和 36.6°处检测到的若干强衍射峰分别归因于 Mg 的（100）、（002）和（101）晶面（JCPDS NO.35-0821）。将 MgAl-LDH/FS*x* 薄膜成功沉积至基底后，在 X 射线衍射图上，出现了两个明显对称的衍射峰，分别位于 11.5°和 20.6°处。实验结果表明，通过调节投料顺序，可以获得高结晶性能的 LDH 涂层（JCPDS NO.41-1428，14-0525）。图 3-4（b）是 MgAl-LDH/FS*x* 涂层的红外光谱图。在各涂层的红外光谱中，在 3689 cm^{-1} 附近都可以观测到一个很明显的吸收峰。这种吸收峰源于水滑石层间和水分子中羟基的伸缩振动，进一步证明 LDH 涂层的成功形成。波数为 1368 cm^{-1} 和 630 cm^{-1} 处的吸收带源于碳酸根离子中 C—O 键的非对称伸缩振动。低波数范围内的一些峰与 LDH 层中的金属与氧之间的晶格振动有关[18]。以上结果表明，MgAl-LDH/FS*x* 涂层在镁合金基底表面成功生成。

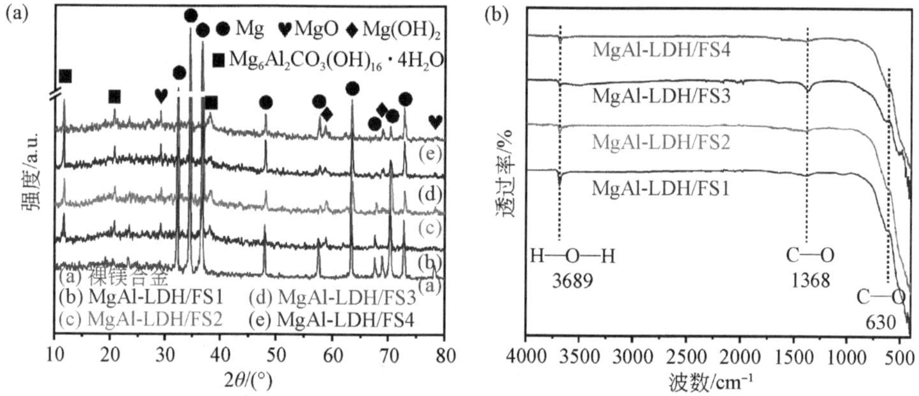

图 3-4 不同投料顺序制备 MgAl-LDH/FS*x* 涂层的 XRD 图（a）和 FTIR 谱图（b）

图 3-5 展示不同 MgAl-LDH/FS*x* 涂层和镁合金在 NaCl 溶液中的 EIS 谱图。根据已有研究，低频处（如频率 f=0.1 Hz）的阻抗模量（$|Z|_{f=0.1\ Hz}$）可以用来评估涂层的腐蚀防护能力[8,18]。未被涂层覆盖镁合金的$|Z|_{f=0.1\ Hz}$为 162 $\Omega\cdot cm^2$，MgAl-LDH/FS*x* 涂层的$|Z|_{f=0.1\ Hz}$值均显著提升至 2.0 $M\Omega\cdot cm^2$ 及以上。与镁合金基底［图 3-5（a），（b）］相比，MgAl-LDH/FS*x* 涂层实现三到四个数量级的飞跃性增长。具体而言，MgAl-LDH/FS1 涂层在 0.1 Hz 频率下的阻抗模量表现最为优异，达到 8.0 $M\Omega\cdot cm^2$，紧随其后的是 MgAl-LDH/FS3 涂层（4.6 $M\Omega\cdot cm^2$）和 MgAl-LDH/FS4 涂层（3.8 $M\Omega\cdot cm^2$），而 MgAl-LDH/FS2 涂层的阻抗模量则相对较低，为 2.0 $M\Omega\cdot cm^2$。图 3-5（d），（e）为镁合金和不同涂层的等效电路（EC）模型，以便直观比较和

精确量化不同加料顺序对 MgAl-LDH/FS*x* 涂层防腐性能的具体影响。根据 Bode 相频图［图 3-5（c）］，裸镁合金等效电路模型［图 3-5（d）］包括 NaCl 溶液的电阻（R_s）、用于模拟金属表面非理想电容行为而使用的常相位角元件（constant phase angle element，CPE；符号用 Q 表示）、电荷转移电阻（R_{ct}）、电感（L）和由镁腐蚀形成的中间产物，如 $Mg(OH)^+_{ads}$ 或 Mg^+_{ads} 的弛豫扩散引起的电阻（R_L）[8,37]。

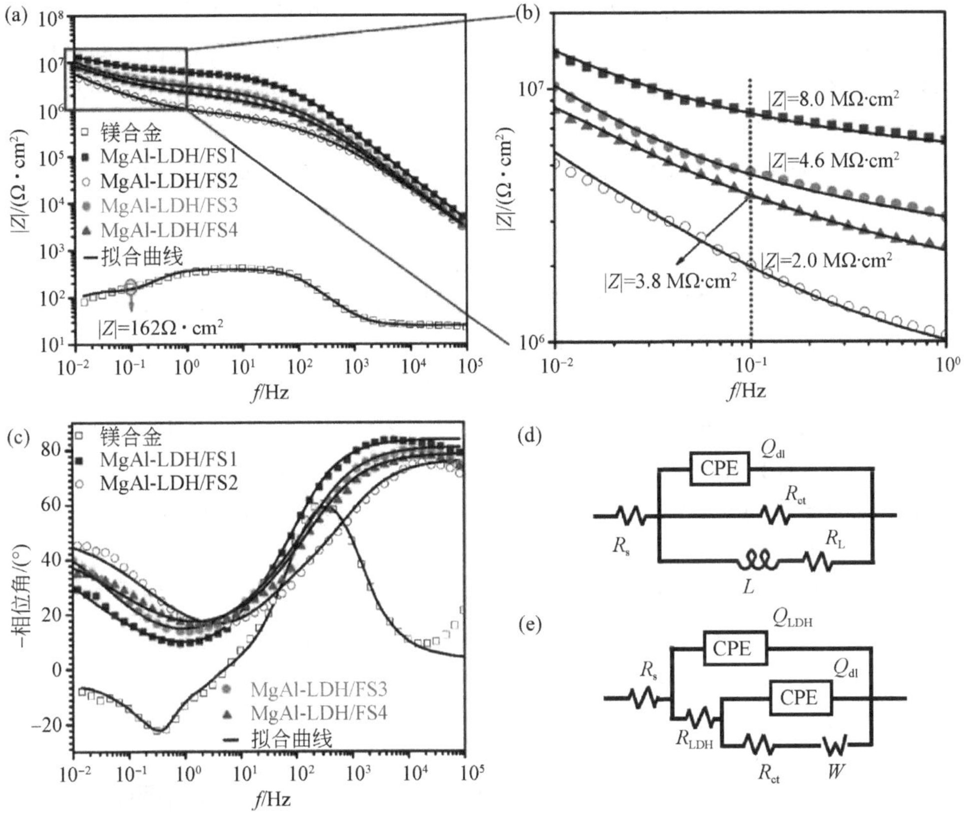

图 3-5　镁合金基底和不同 MgAl-LDH/FS*x* 涂层在 3.5wt% NaCl 腐蚀性介质中的 Bode 图和相应的等效电路：（a）Bode 幅频图；（b）为（a）中低频区的放大图；（c）Bode 相频图；（d）和（e）分别为基底和涂层的等效电路图

镁合金基底和 MgAl-LDH/FS*x* 涂层的 EC 模型可以分别表示为 R_s（$Q_{dl}R_{ct}$（R_LL））[38] 和 R_s（Q_{LDH}（R_{LDH}（Q_{dl}（$R_{ct}Z_w$）））），其中包括与 LDH 薄膜相关的 CPE（Q_{LDH}）和电阻（R_{LDH}）［图 3-5（e）］[20,27,33]。LDH 涂层的离子交换特性可由 Warburg 扩散阻抗（Z_W）的存在所证实。采用上述 EC 模型拟合得到的卡方（χ^2）值范围介于 10^{-4}～10^{-3} 之间，都很小，表明拟合度较好，等效电路模型合理。根据拟合结果绘制的实线图见图 3-5（a）～（c）。可见，不同 MgAl-LDH/FS*x* 涂层的 R_{LDH}

和 R_{ct} 的数值变化，与它们的$|Z|_{f=0.1\ Hz}$ 的排序呈现出高度的一致性。具体而言，MgAl-LDH/FS1 涂层在各项电阻指标上均表现出色，其 R_{LDH} 值高达 5.7 MΩ·cm^2，R_{ct} 值也达到 3.5 MΩ·cm^2。紧随其后的是 MgAl-LDH/FS3 涂层，其 R_{LDH} 和 R_{ct} 值分别为 3.5 MΩ·cm^2 和 0.6 MΩ·cm^2，同样展现出良好的防腐性能。MgAl-LDH/FS4 涂层则位列第三，其 R_{LDH} 和 R_{ct} 值分别为 1.8 MΩ·cm^2 和 0.6 MΩ·cm^2。相比之下，MgAl-LDH/FS2 涂层的 R_{LDH} 和 R_{ct} 值最低，分别为 0.8 MΩ·cm^2 和 0.4 MΩ·cm^2，这在一定程度上反映其在防腐性能上的相对不足。通过测定镁合金和不同 MgAl-LDH/FSx 涂层在 NaCl 溶液中的动电位极化曲线进一步评估样品的腐蚀防护能力[39]，结果如图 3-6 所示。虽然该动电位极化曲线中阳极分支的 Tafel 区不可靠，但是镁合金和不同 MgAl-LDH/FSx 涂层的阴极分支中都可以观察到典型的 Tafel 区。通过将阴极分支的 Tafel 区外推到 E_{corr} 位置，可以准确地导出 j_{corr}。如图 3-6（b）所示为基于动电位极化曲线所得的 j_{corr} 和 E_{corr} 数据。可以清晰地观察到，当在 Mg 合金基体上成功生长 MgAl-LDH/FSx 涂层后，腐蚀电流密度（j_{corr}）显著下降，而腐蚀电位（E_{corr}）向正的电位方向偏移。裸镁合金的 j_{corr} 值为 3.2 μA/cm^2，而 MgAl-LDH/FS1、MgAl-LDH/FS2、MgAl-LDH/FS3 和 MgAl-LDH/FS4 涂层的 j_{corr} 值分别降低三个数量级，其结果为 0.64 nA/cm^2、5.90 nA/cm^2、3.64 nA/cm^2 和 1.57 nA/cm^2。对于不同 MgAl-LDH/FS 涂层，EIS 测出的$|Z|_{f=0.1\ Hz}$、j_{corr} 的变化与 R_{LDH} 和 R_{ct} 的变化呈现出高度的一致性。E_{corr} 的变化略有不同。MgAl-LDH/FS2 涂层在 Mg 合金表面生长后，E_{corr} 从−1.45 V 正向移动到−0.83 V，而生长 MgAl-LDH/FSx（x=1，3，4）涂层后，E_{corr} 移动约 0.7 V 至约−0.72 V。生长涂层后 j_{corr} 值的降低和 E_{corr} 的正向移动表明，涂层的生成对镁合金具有较强的腐蚀保护能力。

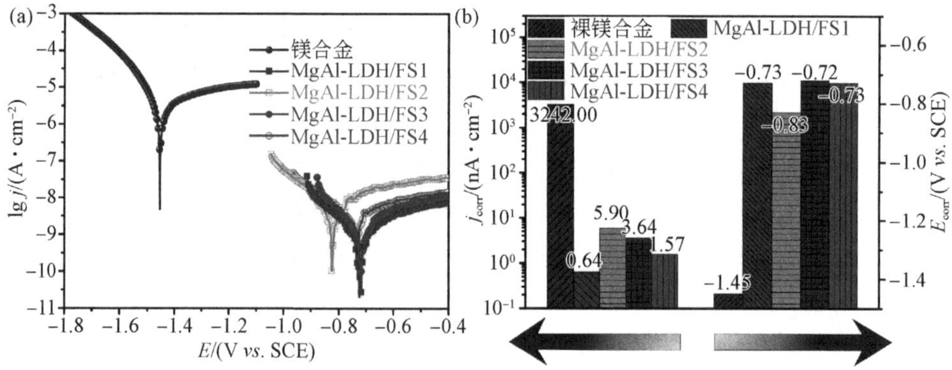

图 3-6　（a）不同 MgAl-LDH/FSx 涂层和镁合金在 3.5wt% NaCl 腐蚀性介质中的动电位极化曲线；（b）根据动电位极化曲线得到的不同样品的 j_{corr} 和 E_{corr}

不同 MgAl-LDH/FSx 涂层防腐能力的差异源于其独特的表面结构特性。具体而言，MgAl-LDH/FS1、MgAl-LDH/FS2 及 MgAl-LDH/FS4 这三种涂层，尽管在表面结构上展现出相似性，但其耐腐蚀性却因涂层致密均匀性而有差异（如图 3-3 所示）。MgAl-LDH/FS2 涂层因表面有裂缝，在三者中耐腐蚀性最差；MgAl-LDH/FS1 涂层凭借其紧密无间的表面结构，展现出最佳的防腐性能；而 MgAl-LDH/FS4 涂层的耐腐蚀性则介于前两者之间。值得注意的是，若仅从涂层致密性的角度出发，MgAl-LDH/FS3 涂层因其表面密布的最大微孔，理应表现出最差的耐腐蚀性。然而，令人意外的是，根据 EIS 分析结果，MgAl-LDH/FS3 涂层在实际应用中却展现出相对较好的耐腐蚀性，原因可能是由于其表面相对粗糙以及涂层的纳米薄片之间的间隙尺寸达到微米或亚微米范围，可使空气困在其中，降低水对涂层表面的润湿性，在一定程度上增加涂层的防腐能力[40]。图 3-7 显示 MgAl-LDH/FS*x* 系列涂层的静态水接触角，分别为 63.2°、60.5°、70.9°和 62.1°。这一数据为之前的假设提供了有力支撑。MgAl-LDH/FS3 涂层的接触角（70.9°）显著大于其他三种 MgAl-LDH/FS*x*（*x*=1,2,4）涂层，说明其表面润湿性有所不同。然而，尽管 MgAl-LDH/FS3 的接触角有所提升，但仍未超过 90°，这表明该涂层表面并不具备疏水特性。结合上述分析，我们可以推断 MgAl-LDH/FS3 涂层在四种涂层中的防腐效果既非最优也非最差，其性能表现处于中等水平。

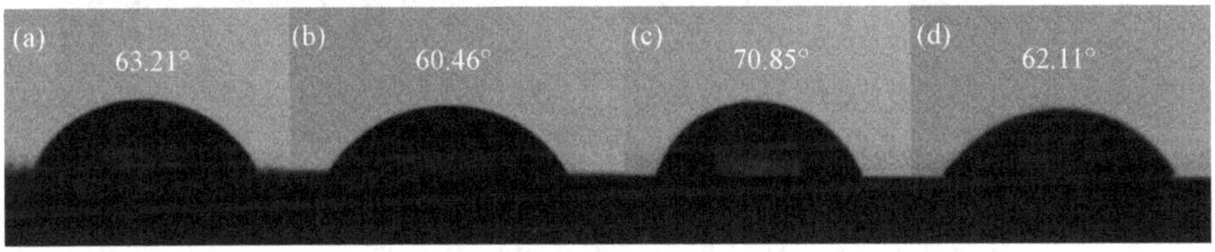

图 3-7　MgAl-LDH/FS1（a）、MgAl-LDH/FS2（b）、MgAl-LDH/FS3（c）和 MgAl-LDH/FS4（d）涂层的静态水接触角

3.1.5　8HQ@MgAl-LDH/FS*x*（*x*=1 和 3）涂层的形貌、结构和腐蚀防护性能

在 MgAl-LDH/FS*x* 涂层中，由于 MgAl-LDH/FS1 涂层有最好的耐腐蚀性能，MgAl-LDH/FS3 涂层有与其他涂层不同的表面结构，用碱性 8HQ 溶液对两种涂层进行处理以进一步提升涂层的防腐能力。图 3-8 展示经过改性处理获得的 8HQ@MgAl-LDH/FS*x*（*x*=1 和 3）复合涂层的 SEM 图像及其对应的 SEM-EDS 图谱。具体而言，图 3-8（a）和图 3-8（c）清晰地揭示这两种涂层在 8HQ 溶液处理后的独特纳米花结构。下文的水接触角测试结果将证实，这种纳米花结构对于腐蚀性液体具有显著的排斥效应，从而增强涂层的防腐性能。SEM-EDS 图［图 3-8

(b)，(d)］表明，除原有的元素以外，还额外检测到 N 元素分布在样品表层，表明 8HQ 薄膜成功在 MgAl-LDH/FS*x* 涂层表面形成。

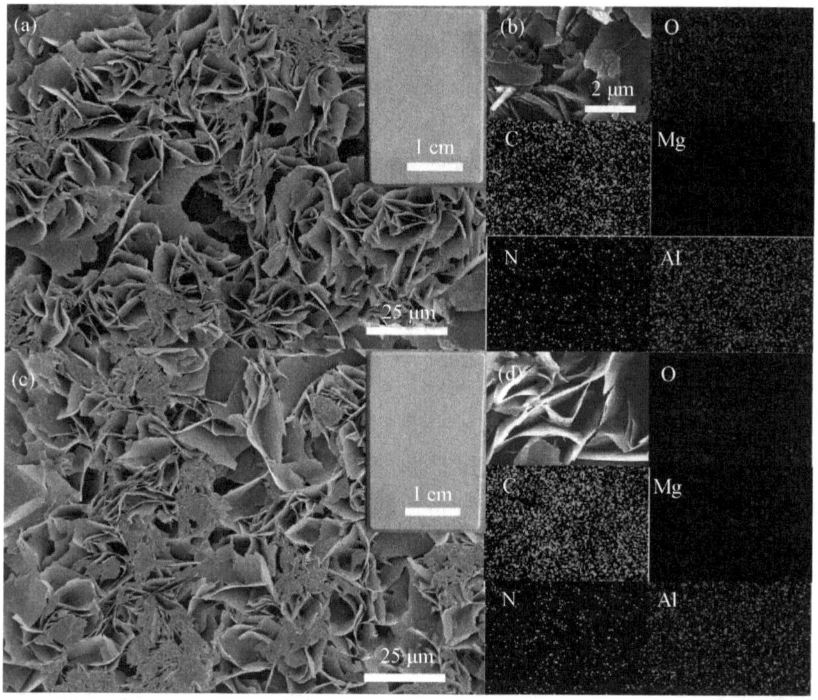

图 3-8　8HQ@MgAl-LDH/FS1［(a)、(b)］和 8HQ@MgAl-LDH/FS3［(c)、(d)］涂层的 SEM 图像［(a)、(c)］和 O、C、Mg、N 以及 Al 元素的 SEM-EDS 图［(b)、(d)］。图 (a) 和 (c) 中的插图为相应样品的数码照片

XPS 技术可以用来获得更多样品表面的信息。图 3-9(a)展示的是 MgAl-LDH/FS*x* 涂层被 8HQ 处理前后的 XPS 全谱图。图 3-9 (b) ～ (d) 分别展示的是 8HQ@MgAl-LDH/FS1 和 8HQ@MgAl-LDH/FS3 涂层的 N 1s、C 1s 及 O 1s 高分辨率 XPS 谱图。在未经 8HQ 溶液处理之前，MgAl-LDH/FS1 和 MgAl-LDH/FS3 涂层主要由 Mg、Al、C 和 O 元素构成，其中 C 1s 的峰值位于约 285 eV 处，但强度相对较弱［如图 3-9 (a) 中相应涂层的谱图所示］。然而，经过 8HQ 溶液的处理后，这些涂层的化学状态发生显著变化。原来位于结合能 75 eV 处的 Al 元素峰完全消失，同时 N 元素的引入使得在结合能 399 eV 处出现一个新的峰。此外，C 1s 峰的强度增强，表明 C 元素在涂层表面层的含量增加［如图 3-9 (a) 中 8HQ@MgAl-LDH/FS1 和 8HQ@MgAl-LDH/FS3 涂层的谱图所示］。纯喹啉环上 C—N═C 键中的 N 原子的峰应该位于 398.9 eV，但在涂层中 N 1s 的峰位于 399.2 eV 处［图 3-9 (b)］[41]。

发生吸附后，喹啉环上氮元素与 8HQ 的键合能显著增加，表明在 MgAl-LDH/FS*x* 体系中，存在着化学吸附作用。

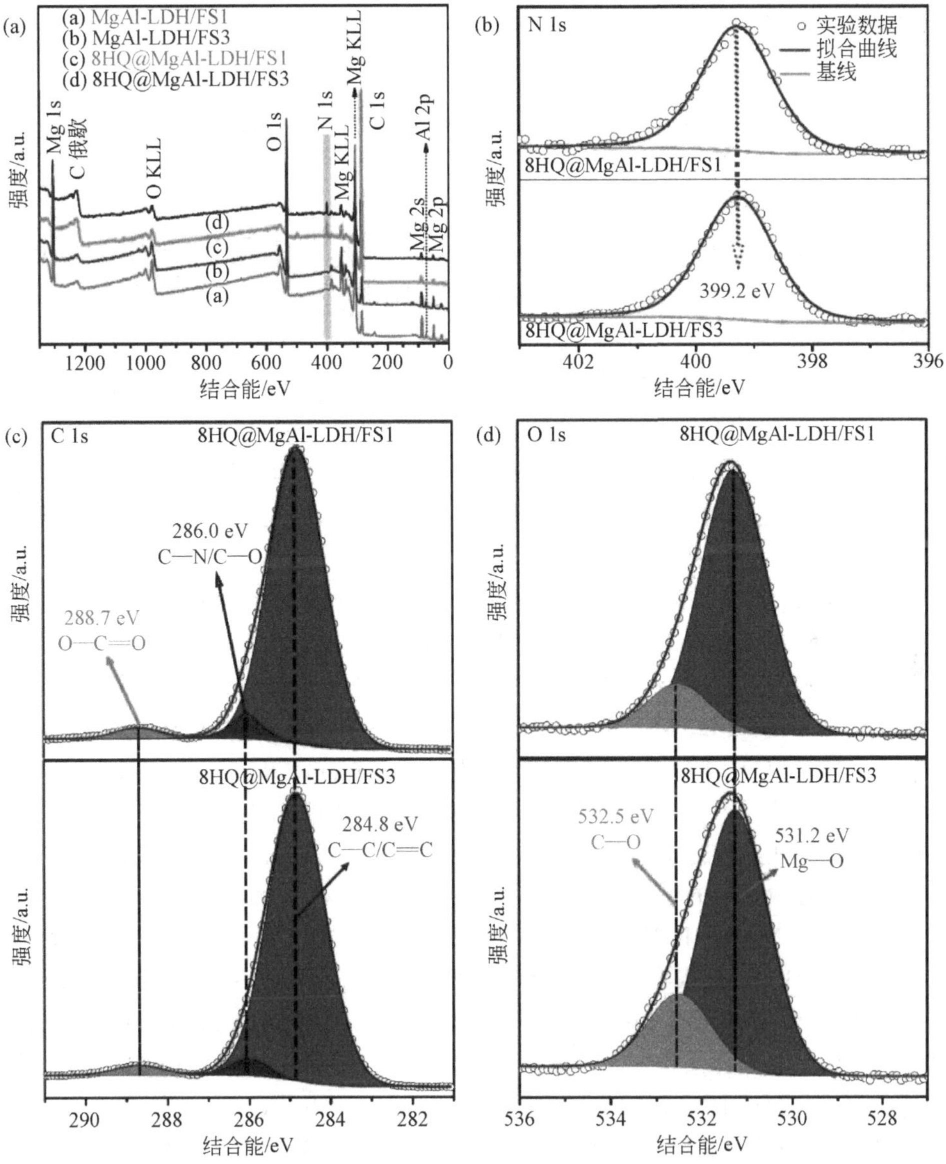

图 3-9　（a）MgAl-LDH/FS1 和 MgAl-LDH/FS3 涂层浸入 8HQ 溶液前后的 XPS 能谱；（b）～（d）关于 8HQ@MgAl-LDH/FS1 和 8HQ@MgAl-LDH/FS3 高分辨率 N 1s、C 1s 和 O 1s 能谱

根据 Tang 等研究[42]，8HQ 在金属表面的吸附热大概为−49.5 kJ/mol，达到化

学反应热数量级大小，表明吸附过程中确实存在化学吸附。吸附产生的原因为溶解的 Mg^{2+} 同 8HQ 中的孤对电子或 π 键电子产生络合作用，生成双（8-羟基喹啉）镁 $Mg(HQ)_2$，见反应式（3-7）[28,38,43]：

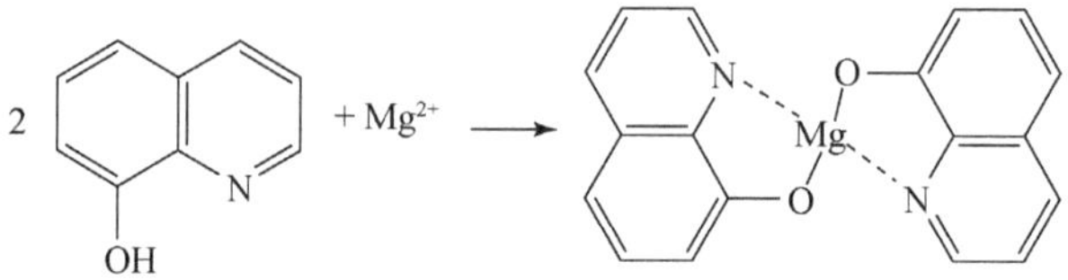
（3-7）

$Mg(HQ)_2$ 的溶度积常数低至 4×10^{-16}，可见其稳定性高，不易溶解[29]。通过 $Mg(HQ)_2$ 阻塞反应活性位点，延缓腐蚀离子对涂层的穿透，提高防腐效果。高分辨 C 1s XPS 谱图可拟合为 284.8 eV、286.0 eV 和 288.7 eV 这三个峰，分别归因于喹啉环中的 C—C/C═C 键和部分外来碳，芳环中的 C—N 键和 CO_3^{2-} 中的 C—O 键，以及 CO_3^{2-} 中的 O—C═O 键［图 3-9（c）］[44]。高分辨 O 1s XPS 谱图中结合能为 532.5 eV 以及 531.2 eV 这两个主峰，分别源于 C—OH 基团和 $Mg(HQ)_2$ 中的 Mg—O 键。以上结果表明，8HQ 通过化学吸附于 MgAl-LDH/FS*x* 表面并形成 8HQ@MgAl-LDH/FS*x* 涂层。

测定 MgAl-LDH/FS*x* 涂层暴露在 NaCl 溶液中 30 天前后的 EIS 结果进一步研究 8HQ@MgAl-LDH/FS*x* 涂层的耐腐蚀性和稳定性（图 3-10）。鉴于 MgAl-LDH/FS*x* 涂层表面在吸附过程中不仅保留其原有的双时间常数，还额外形成 8HQ 薄膜层，本研究将对 8HQ@MgAl-LDH/FS*x* 涂层的电化学阻抗谱（EIS）采用三个时间常数的等效电路（EC）进行拟合。EC 模型可由 R_s（Q_{8HQ}（R_{8HQ}（Q_{LDH}（R_{LDH}（Q_{dl}（$R_{ct}Z_w$））））））表示，其中新增的 Q_{8HQ} 和 R_{8HQ} 两个电路元件分别代表吸附在涂层表面的 8HQ 薄膜层的 CPE 和电阻，与未吸附 8HQ 薄膜的 MgAl-LDH/FS*x* 涂层相比，这二者是模型中的新增部分［如图 3-10（b）所示］。基于这一 EC 模型的拟合结果。8HQ@MgAl-LDH/FS*x* 涂层在浸入 NaCl 溶液之前展现出极高的电阻值（见图 3-10）。以 8HQ@MgAl-LDH/FS1 涂层为例，R_{8HQ}、R_{LDH} 和 R_{ct} 分别为 70.7 MΩ·cm²、61.0 MΩ·cm² 和 62.7 MΩ·cm²，与未吸附 8HQ 的 MgAl-LDH/FS1 涂层相比，这些电阻值均有显著提升。此外，在电容特性方面，8HQ@MgAl-LDH/FS1 复合涂层的 Y_{LDH} 和 Y_{dl} 值分别为 1.2×10^{-9} S·s^n/cm² 和 1.41×10^{-8} S·s^n/cm²，与 MgAl-LDH/FS1 涂层的 Y_{LDH}（1.02×10^{-8} S·s^n/cm²）和 Y_{dl}（3.06×10^{-7} S·s^n/cm²）相比，尤其是 Y_{dl} 值显著降低，这反映涂层容抗增大，即涂层对电荷的存储和释放能力减弱，从而可能增强其防腐性能。将 8HQ@MgAl-LDH/FS*x* 涂层暴露于 NaCl 电解质中 30 天后，其 R_{8HQ}、R_{LDH} 和 R_{ct} 与暴露之前虽然有降低，但是依然很高。以 8HQ@MgAl-LDH/FS3 涂层为例，尽管与新制备涂层（75.8 MΩ·cm²）相比明显下

降，暴露后涂层的 R_{8HQ} 仍高达 48.6 MΩ·cm²。同样地，8HQ@MgAl-LDH/FS*x* 涂层暴露于电解质溶液之后，其 R_{LDH}、R_{ct} 和 $|Z|_{f=0.1Hz}$ 依然高于 MgAl-LDH/FS*x* 涂层。与 MgAl- LDH/FS*x* 涂层相比，8HQ@MgAl-LDH/FS*x* 涂层防腐能力显著增强的原因不能简单地归因于吸附 8HQ 之后厚度的增加，其机制将会在 3.1.6 部分讨论。

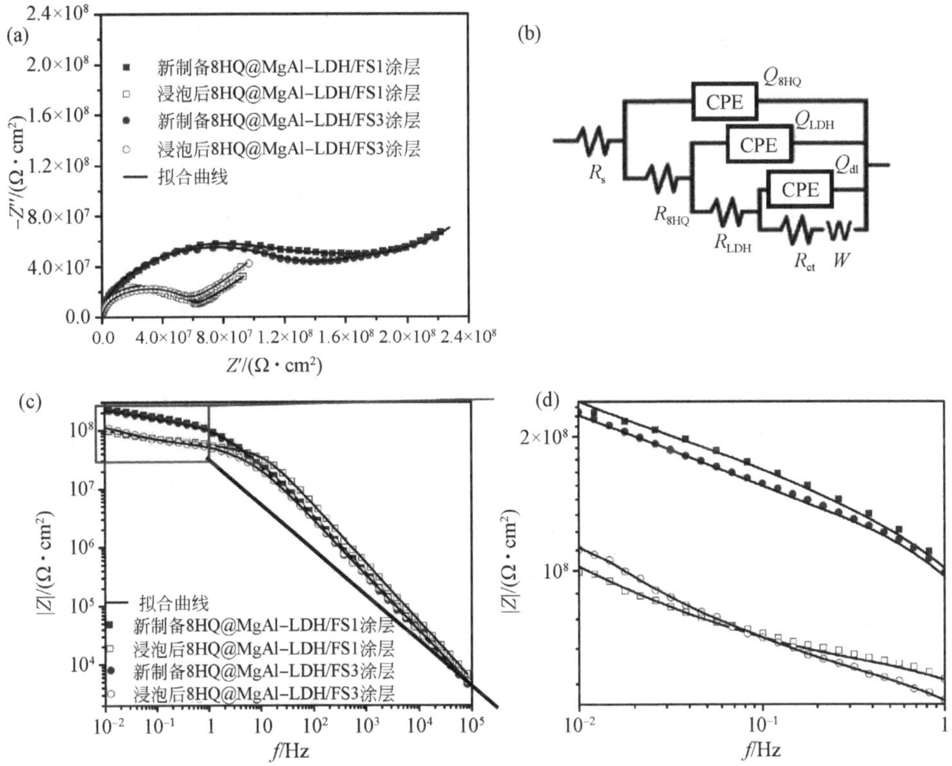

图 3-10　8HQ@MgAl-LDH/FS1 和 8HQ@MgAl-LDH/FS3 涂层暴露在 3.5wt% NaCl 腐蚀性介质中 30 天前后的（a）Nyquist 图，（b）等效电路模型，（c）Bode 幅频图和（d）局部放大图

8HQ@MgAl-LDH/FS*x* 涂层置于 NaCl 溶液中 30 天之后的 SEM 图像见图 3-11。8HQ@MgAl-LDH/FS*x* 涂层长时间暴露在腐蚀性介质后，与图 3-8 中的 SEM 图像相比，尽管产生白色须状的腐蚀产物，但仍能够保持原有的表面结构和形态。通过对比插入图，可以观察到涂层在老化后的颜色变化。相较于新制备时的颜色，老化后的涂层颜色明显加深（如图 3-8 所示）。尽管颜色有所变化，但在数码照片中，并未发现任何明显的腐蚀迹象，如腐蚀坑等。这些结果表明，8HQ@MgAl-LDH/FS*x* 涂层对 Mg 合金基体具有很好的腐蚀保护能力。

图 3-11　在氯化钠（3.5wt%）溶液中暴露 1 个月后 8HQ@MgAl-LDH/FS1（a）和 8HQ@MgAl-LDH/FS3（b）涂层的 SEM 图像。插入图为相应样品的数码照片

3.1.6　8HQ@MgAl-LDH/FS*x* 涂层的防腐机理

上述实验结果表明，MgAl-LDH/FS*x* 涂层，尤其是在吸附 8HQ 之后，能够给镁合金提供稳定的防腐性能。除了屏障功能外，8HQ@MgAl-LDH/FS*x* 涂层优异防护性能的重要原因至少包括如下三点：

（1）与 MgAl-LDH/FS*x* 涂层相比，8HQ@MgAl-LDH/FS 涂层的润湿性降低。在碱性 8HQ 溶液对 MgAl-LDH/FS*x* 涂层处理之后，其静态水接触角和防腐机理分别如图 3-12 和图 3-13 所示。在不加 8HQ 溶液的条件下，MgAl-LDH/FS1 和 MgAl-LDH/FS3 涂层的接触角分别为 63.2°和 70.9°，两者都在 90°以内，说明涂层为亲水性，涂层表面相对平整［图 3-12 和图 3-13（a）］。

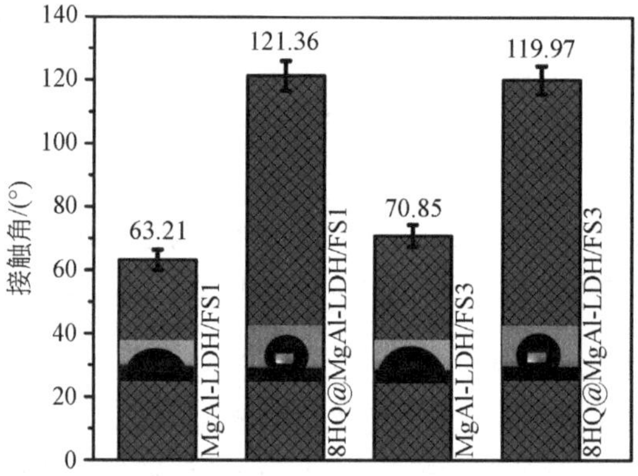

图 3-12　MgAl-LDH/FS1 和 MgAl-LDH/FS3 涂层经 8HQ 溶液处理前后的静态水接触角

经过 8HQ 溶液的处理，8HQ@MgAl-LDH/FS1 和 8HQ@MgAl-LDH/FS3 涂层的水接触角分别显著提升至 121.4°和 120.0°，这两个值均大于 90°，表明涂层表面具有疏水特性［如图 3-12 和图 3-13（b）所示］。在防腐领域，涂层的接触角大

小往往与其防腐性能密切相关，尤其是当涂层展现出疏水特性时，其对基材的防腐能力通常更为优越[45-47]。因此，可以推断，其防腐能力得到增强的一个重要原因是 8HQ@MgAl-LDH/FS*x* 涂层水接触角的增加。MgAl-LDH/FS*x* 底层上沉积 8HQ 膜层后，水接触角增加的原因为其交错的微纳米级花状结构，可以将空气困于其中[40]，产生可以阻碍液体层形成的表面障碍层，从而将基层与腐蚀介质有效隔开。

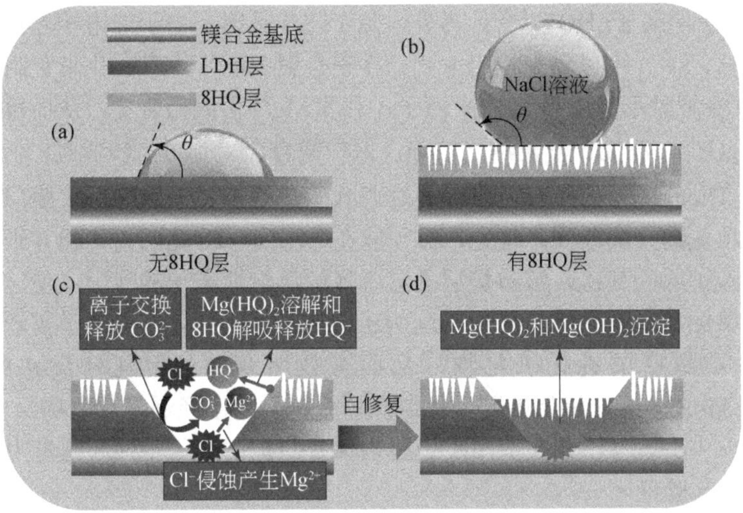

图 3-13　8HQ@MgAl-LDH/FS*x* 涂层防腐性能的增强机制示意图：(a)、(b) 水接触角增加；(c)、(d) 涂层自修复行为

（2）其次，在 NaCl 腐蚀性环境中，金属防腐能力的加强还归因于 LDH 涂层中 CO_3^{2-} 和环境中 Cl^- 的离子交换。一般而言，LDH 层对不同类型的阴离子展现出不同的亲和力，这种差异主要归因于静电相互作用以及可能存在的氢键效应。不同阴离子与 LDH 的亲和力顺序一般为[48-50]：$CO_3^{2-} > SO_4^{2-} > OH^- > F^- > HPO_4^{2-} > Cl^- > B(OH)^{4-} > NO_3^- > ClO_4^-$。该顺序表明，$CO_3^{2-}$ 阴离子对 LDH 具有很强的亲和力，一旦插层，就很难再与其他腐蚀性阴离子（如 SO_4^{2-} 和 Cl^-）交换[18]。不过，文献表明 NaCl 溶液中的 Cl^- 能够与 LDH 涂层中的 CO_3^{2-} 进行交换用于镁合金的腐蚀防护，并且在离子交换过程中 LDH 涂层的结构不会改变[33,51]。由于离子交换的作用，释放的 CO_3^{2-} 离子会和氧化的 Mg^{2+} 发生反应生成 $MgCO_3$ 层［图 3-13（c）］。$MgCO_3$ 沉淀会进一步溶解并形成 $Mg(OH)_2$ 保护层，从而堵塞和修复涂层缺陷［如式（3-6）和图 3-13（d）所示］[33,43]。同时，镁合金表面 CO_3^{2-} 离子对有限活性吸

附位点的占据，会限制Cl^-的吸附，降低Cl^-的侵蚀性[27]。因此，相对于镁合金基体而言，在不沉积 8HQ 膜层情况下，MgAl-LDH/FS*x* 涂层耐腐蚀性能显著提高。

（3）最后，$Mg(HQ)_2$沉淀在缺陷处的沉积而构成的自修复功能［图 3-13（c），（d）］有助于 8HQ@MgAl-LDH/FS*x* 涂层防腐作用的增强。样品长时间暴露在 NaCl 溶液中，Cl^-离子会穿过 8HQ 和 LDH 涂层达到镁合金表面，导致部分$Mg(HQ)_2$分解，尤其是镁基体氧化得到Mg^{2+}。同时，$Mg(HQ)_2$的分解$\left(Mg(HQ)_2 \rightleftharpoons Mg^{2+} + 2HQ^-\right)$会产生 8HQ 阴离子($HQ^-$)[29]。另外，除了化学吸附，由于静电相互作用和仅需低的吸附热，8HQ 也以物理吸附方式存在于金属表面[28,38,52]。化学吸附和物理吸附的 8HQ 会解吸形成大量的HQ^-离子，并和Mg^{2+}生成螯合物，从而再次生成不溶性的$Mg(HQ)_2$沉淀，修复涂层缺陷，保护镁合金受到进一步腐蚀。

根据 Thomas 等的研究[2]，要成功替代六价铬基体系腐蚀保护膜层，必须同时满足三项关键先决条件：首先，必须能在广泛的 pH 范围内构建并维持一个稳定的表面防护层；其次，该防护层需具备释放可溶性离子的能力，使这些离子能够迁移至腐蚀发生的区域；最后，这些迁移至腐蚀区的可溶性离子需能发生还原反应，生成致密的钝化氧化物，从而有效堵塞并修复任何潜在的缺陷。8HQ@MgAl-LDH/FS*x* 涂层的防腐机制保护系统至少已经满足后两项要求。然而，对于第一项先决条件，即在宽 pH 范围内保持防护层的稳定性和附着力，尚需进一步的研究与验证。

3.1.7 小结

本部分工作通过研究投料顺序对 MgAl-LDH/FS*x* 涂层形貌、结构的影响以及 8HQ@MgAl-LDH/FS*x* 涂层对镁合金的防腐性能，可以得到如下结论：

MgAl-LDH/FS*x* 涂层的表面形貌及其防腐性能，明显依赖于化学反应中原料的添加顺序。即便使用相同种类及含量的化学试剂，仅仅通过改变试剂的加入顺序，就能引发截然不同的化学反应，进而对 LDH 涂层的生长过程产生深远影响。通过简便的浸泡工艺，8HQ 分子能够轻松附着于 MgAl-LDH/FS*x* 涂层的表面，大幅提高其对镁合金基体的耐蚀性。8HQ@MgAl-LDH/FS*x* 涂层的防腐能力非常强。通过在 MgAl-LDH/FS*x* 涂层表面沉积 8HQ 后，其耐蚀性的变化很小。不同 8HQ@MgAl-LDH/FS*x* 涂层都具有优秀的防腐能力，且在试验中显示出很小的差别。结合 XPS 谱图中氮元素特征峰位置的变化，表明 8HQ 分子并非简单地物理附着于金属表面，而是以化学吸附的方式牢固结合，而且还可在金属表面形成 $Mg(HQ)_2$ 的沉淀物。8HQ@MgAl-LDH/FS*x* 涂层耐腐蚀性显著提升的原因主要可归结为：①水接触角的显著提升；②氯离子与碳酸根离子之间有效的离子交换作用；③$Mg(HQ)_2$ 沉淀的再沉积过程。这三个关键因素共同作用，使得涂层耐腐蚀性能显著增强。

3.2　噻吩衍生物改性 MgAl-LDH 复合膜层对镁合金的腐蚀防护性能

3.2.1　引言

前面章节已讲到，LDH 主要的优点体现在：可以通过吸收侵蚀性离子、释放层间缓蚀剂并与镁合金氧化产生的 Mg^{2+} 反应形成沉淀去修复缺陷，降低腐蚀环境的破坏，从而表现出自修复功能[53]。然而，LDH 纳米片往往以随机且垂直的方式附着在基体表面，构建出一种类似鸟巢的多孔结构，其中布满众多能够深入基底表面的开放性孔洞与缝隙。这些孔隙和间隙容易成为腐蚀性物质的扩散通道，损害 LDH 涂层的防腐性能[54]。目前有两种典型的方法用于降低 LDH 涂层固有微孔结构的不利作用。一种是使 LDH 层间插入不同的有机和无机缓蚀剂。例如，利用离子交换作用将钒酸盐插入到 LDH 层间[55]。缓蚀剂的插入可使层间距增大，减小晶体平均尺寸，形成更致密的 LDH 涂层[56]。另一种是利用含有多种缓蚀剂的溶液对 LDH 涂层进行处理。此策略的核心是在 LDH 表面生成一层新的防护层，这不仅能够有效地封闭涂层表面的微小孔隙，还能作为一道物理屏障，提供额外保护。同时，还可以赋予新形成膜层超疏水等其他功能[10,20,57,58]。例如，为了进一步提升 AZ31 镁合金表面 MgAl-LDH 涂层的性能，可以使用甲基三甲氧基硅烷与硝酸铈进行表面改性处理。这种方法不仅保留了 MgAl-LDH 涂层原有的优良特性，还通过化学反应在涂层表面构建一层聚甲基三甲氧基硅烷和 CeO_2 的复合膜层。由于硅烷中的脂肪族链，涂层具有良好的自清洁能力；同时，因涂层可形成 $MgCO_3$ 和 $Mg(OH)_2$ 沉淀，也具备自修复功能，从而显著延长对镁合金的腐蚀防护[20]。无论是采用离子插入还是浸泡形成新膜层的策略，缓蚀剂都扮演了重要角色。文献中用于镁合金表面 LDH 膜层改性的缓蚀剂，如硬脂酸、豆蔻酸、8HQ 等[53,58]多数都是从商业公司直接购买，而非自己合成，这限制了高效耐腐蚀镁合金 LDH 复合涂层的开发。

在本章节中，我们将使用课题组新合成的噻吩类衍生物缓蚀剂，即 *N*-烷基-*N*,*N*-二甲基-*N*-（3-噻吩亚甲基）溴化铵（*N*-alkyl-*N*, *N*-dimethyl-*N*-（3-thienylmethylene）ammonium bromides，NTA），同样利用简单浸泡的方法对水热制备的 AZ31 镁合金 MgAl-LDH 涂层进行改性处理。通过高角环形暗场扫描透射电子显微镜（HAADF-STEM）图像、EDS 分析及 XRD 检测，确认复合涂层的底层仍为 MgAl-LDH

膜。通过 XPS 和电子探针显微分析仪（electron probe microanalyzer，EPMA）证明表面形成的缓蚀剂膜层。除了物理屏障功能之外，NTA 改性 MgAl-LDH 膜层耐腐蚀性能的显著增强，还源于涂层可通过 Mg^{2+} 与 CO_3^{2-} 或者 NTA 化学反应实现物理损伤的自我修复。其中，Mg^{2+}、CO_3^{2-} 和 NTA 分别源于金属镁的腐蚀氧化，LDH 的离子交换作用，以及靠物理和化学吸附在涂层表面的 NTA 分子的解吸。通过密度泛函理论（density functional theory，DFT）计算 NTA 在 Mg（0001）表面的吸附能可以证实缓蚀剂分子的吸附作用。为对比分析，本研究还对多种商业缓蚀剂改性的 MgAl-LDH 涂层进行了表征与电化学性能测试。研究结果表明，NTA 改性 MgAl-LDH 涂层具有优异耐腐蚀性能。

3.2.2 不同缓蚀剂改性 MgAl-LDH 膜层的制备

MgAl-LDH 和经缓蚀剂处理后的 MgAl-LDH 涂层制备以及 NTA 合成所需的化学试剂主要购自阿拉丁实业或国药集团化学试剂（均位于中国上海）。采用 1200 目砂纸打磨抛光镁合金至镜面，并用 50 g/L 的 NaOH（≥98.0%）和 10 g/L 的 Na_3PO_4（≥98.0%）碱性溶液洗 10 min，待用。将 1.539 g $Mg(NO_3)_2·6H_2O$（≥99.0%），0.750 g $Al(NO_3)_3·9H_2O$（≥99.0%）和 0.106 g Na_2CO_3（≥99.8%）在 25℃下溶解于 100 mL 超纯水中，用 NaOH 溶液调节至 pH=12，得到制备 MgAl-LDH 膜层的混合溶液。将前处理的镁合金垂直放在 50 mL 的聚四氟乙烯内衬高压反应釜中，再加入上述溶液。将高压反应釜密封后转移至烘箱于 125℃反应 24 h。反应完成后，将镁合金取出，水洗，并在 65℃的真空中干燥 10 h，最终制得 MgAl-LDH 涂层样品。为制备不同缓蚀剂改性 MgAl-LDH 涂层，分别将 1.0 g 2-巯基苯并噻唑（MBT，纯度 98%）、0.15 g 海藻酸钠（SA，化学纯）及 1.0 g 十二烷基苯磺酸钠（SDBS，纯度 95%）溶解于 25 mL 超纯水中，并通过 NaOH 溶液调节至 pH=12。为提升 NTA（0.15 g）的溶解性，将其溶解于等体积的 75%乙醇中。随后，在 25℃条件下，将 MgAl-LDH 样品分别浸泡于上述缓蚀剂溶液中 48 h，之后取出并用蒸馏水冲洗。所得样品分别标记为 MBT@MgAl-LDH、SA@MgAl-LDH、SDBS@MgAl-LDH 及 NTA@MgAl-LDH 涂层。为简化表述，本文采用 CIs@MgAl-LDH 指代经缓蚀剂（CIs）处理后的 MgAl-LDH 涂层。图 3-14（a）～（c）为 MgAl-LDH 及 CIs@MgAl-LDH 涂层的制备流程示意图。

3.2.3 噻吩衍生物的合成和表征

在 55℃油浴环境下，将 *N*，*N*-二甲基烷基胺（0.012 mL，纯度 98%）溶解于乙腈（8 mL，纯度≥99.5%）中。随后，向此溶液中滴加含有 3-溴甲基噻吩（0.01

mol，纯度 97%）的乙腈溶液（10 mL），并维持回流状态反应 24 小时。反应结束后，通过减压蒸馏去除溶剂。粗产物经硅胶柱层析纯化［柱长：约 12 cm，甲醇（99.5%）：二氯甲烷（99.5%）=1∶10］。最终，将纯化后的产物在乙酸乙酯（99.5%）与二氯甲烷（99.5%）（体积比为 10∶1）的混合溶剂中重结晶，得到 NTA。产品的结构通过核磁共振氢谱（^{1}H NMR）、核磁共振碳谱（^{13}C NMR）、质谱（MS）及 FTIR 光谱分析进行确认。NTA 的合成流程概述如图 3-14（d）所示。

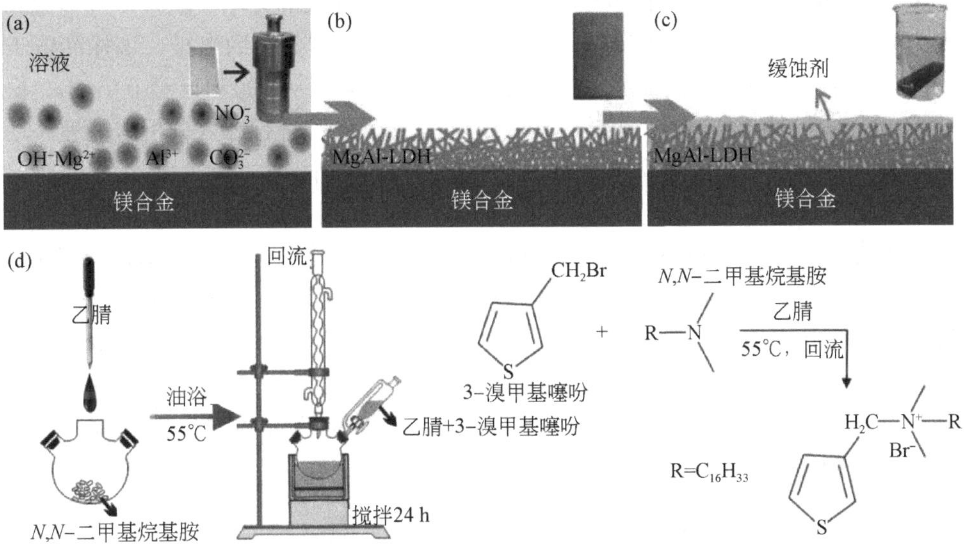

图 3-14　MgAl-LDH 涂层原位生长的过程示意图，以及 CIs@MgAl-LDH 涂层在镁合金基材上的制备流程（a）、（b）、（c），同时展示了 NTA 缓蚀剂的合成步骤（d）

3.2.4　不同缓蚀剂改性 MgAl-LDH 膜层的表征和测试

表征：利用 X 射线衍射（XRD，型号 D8 Advance，Cu 靶源，λ=0.154 nm）技术，验证涂层的晶体结构特征。同时，通过 XPS（Thermo ESCALAB 250XI，C 1s：284.8 eV），我们深入探究了涂层表面的化学元素构成。还借助傅里叶变换红外光谱（FTIR，Nicolet-6700，扫描范围 400～4000 cm^{-1}）技术，识别涂层表面的官能团种类。涂层的表面形态和结构通过 SEM（SU8020，3 kV）和透射电子显微镜（TEM，Tecnai G2 F20，2000 kV）观察。涂层表面各种元素的分布以及含量通过电子探针显微分析仪（EPMA，JXA-8230，15 kV，10 nA）以及与 TEM 耦合的 EDS 来表征。采用 ^{1}H NMR（Bruker-400，400 MHz，溶剂为 $CDCl_3$，TMS）、^{13}C NMR（Bruker-400，100 MHz，$CDCl_3$，TMS）、MS 分析（Bruker micrOTOF-Q II.）以及 FTIR 光

谱技术，综合确定 NTA 的化学结构。

抗划伤测试：实验中，MgAl-LDH 样品被分为两部分处理，一半浸泡于 NTA 溶液，另一半则持续暴露于空气中 48 小时。随后，使用刀具在 NTA 处理区与未处理区分别制造直达基底的划痕。将整个样品置于 25℃的 3.5wt% NaCl 溶液中浸泡，以观察其抗划伤性能。

电化学测试：在 25℃条件下，利用 Gamry 电化学工作站（型号 Interface 1010E）于 3.5wt% NaCl 溶液中执行电化学测试。测试使用标准的三电极配置，包括饱和氯化银电极（Ag/AgCl）作为参比电极，以及铂电极作为辅助电极。该样品置于腐蚀介质之中的有效暴露面积为 1.0 cm^2。EIS 测试频率从 100 kHz 至 0.01 Hz，振幅为 10 mV。利用 ZsimpWin 软件对收集到的 EIS 数据进行深入分析与处理。动电位极化测试的电位范围为−0.3～0.3 V（*vs.* OCP），扫描速率为 5 mV/s。

密度泛函理论（DFT）计算[38,59]：所有计算均采用自旋极化 DFT 框架下的投影缀加波（projector augmented wave）方法，在维也纳从头计算模拟包（Vienna *ab-initio* simulation package）中实现。采用广义梯度近似方法中的 PBE（Perdew-Burke-Ernzerhof）泛函进行计算。设定平面波能量截止值为 500 eV，并应用 Monkhorst-Pack 方案对 Brillouin 区进行采样。在计算过程中，能量和力的收敛标准分别设定为 10^{-5} eV 和 0.01 eV·$Å^{-1}$。基于具有 15 Å 真空层（0001）晶面的 $6\sqrt{3}\times4$ 超晶胞构建镁的（0001）平板模型。

3.2.5 MgAl-LDH 改性前的组成和形貌

图 3-15 中展示了 MgAl-LDH 沉积物的代表性 SEM 与 TEM 显微图像。SEM 图像［图 3-15（a），（b）］清晰展示镁合金表面密布的纳米片。这些纳米片厚度约为 20 nm，长度范围从 100 nm 至 1000 nm 不等。纳米片间形成的丰富孔隙显著增大表面积，进而提升缓蚀剂的吸附能力。TEM 图像［图 3-15（c）］进一步确认 MgAl-LDH 的片层状结构，其中纳米片的宽度大约为 250 nm。

通过 HAADF-STEM 图像及其相应的 EDS 谱图［图 3-15（d）～（f）］，元素在 MgAl-LDH 纳米片表面实现均匀分布，且 Mg 和 Al 的原子比接近 3∶1，这与 MgAl-LDH 的分子式 $Mg_6Al_2(CO_3)(OH)_{16}\cdot4(H_2O)$（JCPDS NO.41-1428）相吻合，从而证实镁合金表面 MgAl-LDH 膜层的成功形成。由于 C 元素的普遍污染以及 EDS 技术在检测轻元素（原子序数小于 11）时的局限性，部分结果可能需结合其他分析方法进行验证。其中，C 和 O 的含量结果仅仅定性表明它们存在于纳米片上，而二者之比的参考意义不大。测量中发现的 Cu 元素来自支撑样品用的 Cu 网格。

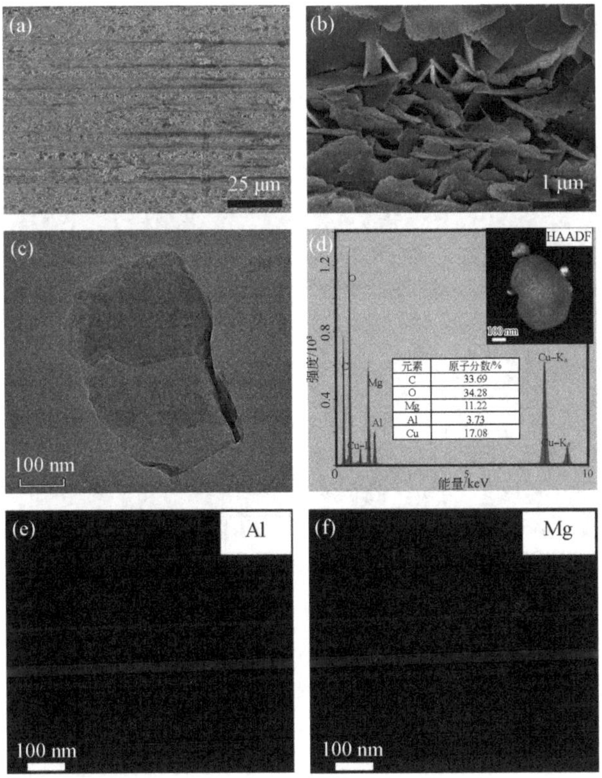

图 3-15　MgAl-LDH 的（a）、（b）SEM，（c）TEM 和（d）、（e）、（f）相应的 EDS 谱图

3.2.6　不同缓蚀剂改性后 MgAl-LDH 膜层的组成、形貌和腐蚀防护性能

根据 ^{1}H NMR、^{13}C NMR、MS 和 FTIR 谱图等数据（请参考已发表论文[60]），表明成功合成得到 NTA。图 3-16 呈现 NTA 改性后 MgAl-LDH 涂层的表面形貌。为对比分析，同时展示在相同条件下，采用 MBT、SA 及 SDBS 等几种典型商业缓蚀剂改性的 MgAl-LDH 涂层。SEM 图像（图 3-16）揭示，原本在基底上垂直排列的纳米片［如图 3-15（b）所示］在改性过程中被缓蚀剂膜层广泛覆盖，形成了新的表面结构。例如，许多不规则纳米片平铺于涂层表面。许多丝状物出现在 MBT@MgAl-LDH 涂层表面［图 3-16（a）～（c）］，而 NTA@MgAl-LDH 涂层表面呈现类似于珊瑚状的致密结构［图 3-16（j）～（l）］，说明缓蚀剂膜层已经在 MgAl-LDH 表面形成。通过缓蚀剂处理之后，吸附的缓蚀剂形成致密的膜层，使得 MgAl-LDH 涂层中那些可能成为腐蚀介质扩散途径的孔隙完全被覆盖，从而显著延缓腐蚀介质的扩散。同 MgAl-LDH 涂层相比较，致密缓蚀剂膜层的形成显然

可以为镁合金提供更好的腐蚀保护。

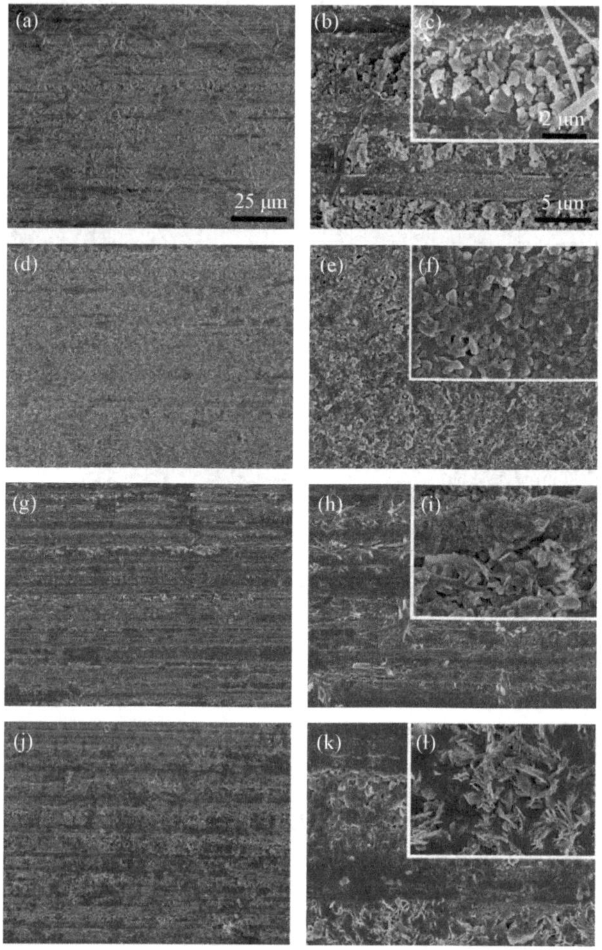

图 3-16　MgAl-LDH 涂层经 MBT［(a)～(c)］、SA［(d)～(f)］、SDBS［(g)～(i)］和 NTA［(j)～(l)］缓蚀剂改性后在不同倍数下的表面 SEM 图像

AZ31 镁合金和不同缓蚀剂改性 MgAl-LDH 涂层的 XRD 和 FTIR 谱图见图 3-17。镁合金基底的 XRD 谱图中仅检测到归属于镁（JCPDS NO.35-0821）的强特征峰和因镁氧化产生 MgO 和 $Mg(OH)_2$ 的弱特征峰[53]［图 3-17（a）中曲线 a1］。表面沉积 MgAl-LDH 后，若干新的衍射峰出现在衍射角为 11.6°、20.6°和 38°处［图 3-17（a）曲线 a2～a6］，表明涂层的层状结构特征和 MgAl-LDH 涂层在镁合金表面成功生长（JCPDS NO.41-1428）[61]，与上述 TEM 分析一致。此外，相较于 Mg 合金及原始 MgAl-LDH 涂层，CIs@MgAl-LDH 涂层在 XRD 图谱中的镁特

征峰（位于 34.3°和 36.6°）强度显著减弱，这反映缓蚀剂在 MgAl-LDH 涂层表面成功构建一层防护膜。为验证此假设，进一步对不同 MgAl-LDH 涂层进行 FTIR 分析，结果如图 3-17 和表 3-2 所示，其结果支持上述结论。所有 FTIR 谱图中都检测到归因于 MgAl-LDH 的特征峰，包括 3695 cm^{-1}（Mg—OH）、3438 cm^{-1}（—OH）、2922 cm^{-1}（HO—CO_3^{2-}）、1630 cm^{-1}（H_2O）、1397 cm^{-1}（CO_3^{2-}）和 478 cm^{-1}（Mg—OH）[62]，进一步表明镁合金基底表面形成了 MgAl-LDH 涂层。除上述 MgAl-LDH 涂层的特征峰外，在 CIs@MgAl-LDH 涂层的 FTIR 谱图中出现许多新的峰［图 3-17（b）曲线 b2～b5］。以曲线 b5 为例，两个归因于噻吩环中 C—H 键和 C═C 键伸缩振动的吸收峰出现在波数为 3084 cm^{-1} 和 1472 cm^{-1} 处[63,64]。同时，波数位于 830 cm^{-1} 和 758 cm^{-1} 处还可以观察到两个相对较弱的吸收带，可归因于 NTA 缓蚀剂分子中噻吩环上存在的 C—S 键的振动吸收峰。

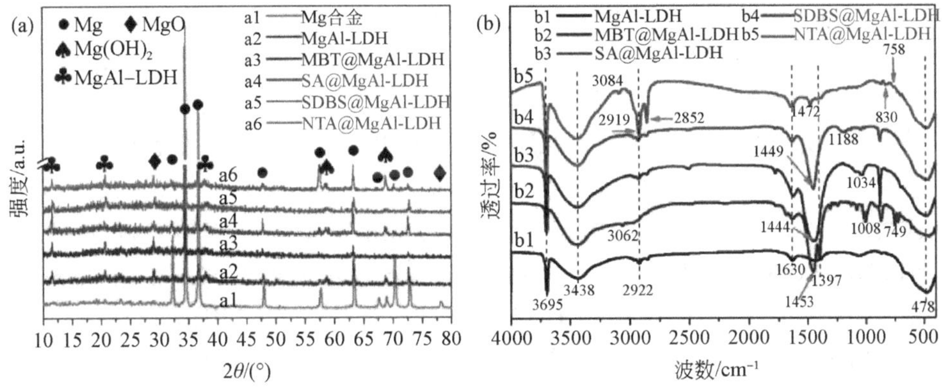

图 3-17　（a1）裸 Mg 合金，（a2，b1）MgAl-LDH 以及（a3，b2）MBT、（a4，b3）SA、（a5，b4）SDBS 和（a6，b5）NTA 改性 MgAl-LDH 涂层的（a）XRD 和（b）FTIR 谱图

表 3-2　MBT@MgAl-LDH、SA@MgAl-LDH、SDBS@MgAl-LDH 和 NTA@MgAl-LDH 涂层的 FTIR 图谱中不同峰的归属

样品	波数/cm^{-1}	归属
b2：MBT@MgAl-LDH [65,66]	3062	苯环中 C—H 伸缩振动
	1453	苯环中 C═C 伸缩振动
	1008	C═N 伸缩振动
	749	ArC—H 键的面外弯曲振动
b3：SA@MgAl-LDH [67]	1444	COO—伸缩振动
	1034	多酸盐中 C—O 键的伸缩振动

续表

样品	波数/cm^{-1}	归属
b4：SDBS@MgAl-LDH [68–70]	1449	苯中 C═C 的伸缩振动
	1188	S═O 的伸缩振动
b5：NTA@MgAl-LDH [63,64,71]	3084	噻吩环中 C—H 的伸缩振动
	2919	烷基 C—H 的伸缩振动
	2852	
	1472	噻吩环中 C═C 的伸缩振动
	830	噻吩环中 C—S—C 的伸缩振动
	758	

使用 XPS 对镁合金生长 CIs@MgAl-LDH 膜层表面的化学成分进行测定（图 3-18）。缓蚀剂海藻酸钠主要由 β-D-甘露糖醛酸和 α-L-古洛糖醛酸分子构成，包括 C、H 和 O 元素。与裸 MgAl-LDH 涂层相比，通过海藻酸钠改性之后的 MgAl-LDH 涂层并不会出现新的元素，两种涂层的 XPS 图呈现出高度的相似性［图 3-18（a）中的 a1 和 a3］。观察 SDBS@MgAl-LDH 涂层的 XPS 图谱，发现在结合能为 168.0 eV 的位置出现一个显著的新峰，这一特征峰与十二烷基苯磺酸钠分子中的 $-SO_3^-$ 紧密相关，如图 3-18（a）中的 a4 曲线所示。而对于 MBT@MgAl-LDH 和 NTA@MgAl-LDH 涂层，XPS 图谱则揭示另外两个新的特征峰，这两个峰分别源自 N 元素和 S 元素［如图 3-18（a）中的 a2 和 a5 曲线所示］。这两个峰在 MBT@MgAl-LDH 涂层的全谱图中位于 398.3 eV 和 163.5 eV 处，归属于十二烷基苯磺酸钠中的 N 和 S 元素。NTA@MgAl-LDH 涂层的高分辨率 XPS 测试如图 3-18（b）～（d）所示。其中，N 1s 和 S 2p 的高分辨谱图分别在 401.8 eV 和 164.6 eV 出现宽泛的对称峰，这正是 NTA 中 N 和 S 的信号峰[72]。前者（401.8 eV）归因于季铵盐结构，后者则与合成的 NTA 缓蚀剂上的噻吩环有关［图 3-18（b）］。值得注意的是，噻吩环中 S 2p 的结合能应该位于 163.9 eV[73]，但在本研究中却出现 0.7 eV 的正向移动至 164.6 eV［图 3-18（c）］，这表明与基底中金属原子的相互作用导致 S 上的电荷发生了变化。对于 C 1s 高分辨率 XPS 图谱，可拟合为四个不同的峰［如图 3-18（d）］。其中，主峰位于结合能为 284.8 eV 处，主要归因于来自 NTA 和空气中无处不在的 C—C 单键和 C═C 双键[74]；次峰位于结合能为 286.0 eV 处，归因于 NTA 中季铵基团中的 C—N 键[53]；第三和第四个峰位于结合能为 286.3 eV 和 288.7 eV 处，分别源于 NTA 中噻吩环上的 C—S 键和少量底侧 MgAl-LDH 膜层中的 C═O 键[72]。

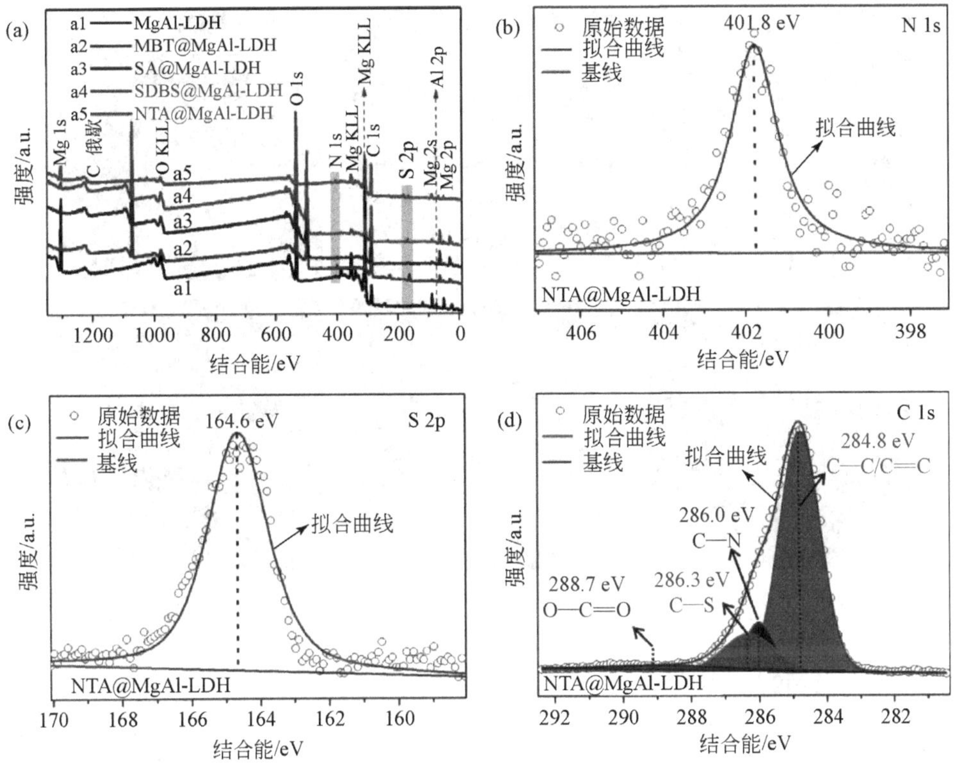

图 3-18　（a1）MgAl-LDH 以及经（a2）MBT、（a3）SA、（a4）SDBS 和（a5）NTA 改性 MgAl-LDH 涂层的 XPS 全谱图。NTA@MgAl-LDH 涂层的（b）N 1s、（c）S 2p 和（d）C 1s 高分辨 XPS 谱

NTA@MgAl-LDH 涂层表面不同元素的 EPMA 见图 3-19。图 3-19（b）～（e）表明 MgAl-LDH 表面已经完全被其他物质（主要为 NTA 缓蚀剂）覆盖，主要为 C、N、S 和 O 元素。高含量的 C 归因于 NTA 中 C 的含量很高和样品暴露在空气中时与空气中无处不在的 C 接触［如图 3-19（b）］，正如在 XPS 中检测到的一样。样品表面较高的氧（O）含量主要是由于空气中的二氧化碳（CO_2）作为主要的污染源所致，这一点在图 3-19（e）中得到体现。同时，元素 O 不太可能源自底层的 MgAl-LDH 涂层，因为通过检测几乎未能在样品表面发现镁（Mg）元素的存在，如图 3-19（f）所示。再一次证明缓蚀剂 NTA 层成功地完全覆盖 MgAl-LDH 膜层。

采用动电位极化曲线和 EIS 等电化学测试评估不同样品的耐腐蚀性能[75-78]。低频区的阻抗模量值越高，往往预示着涂层在耐腐蚀性能上的提升更为显著[8,53,61,79]，显然，从图 3-20（a）中可以观察到，与镁合金相比，MgAl-LDH 涂层在低频范围内展现出更高的阻抗模量。当采用缓蚀剂对 MgAl-LDH 涂层进行改性处理后，所

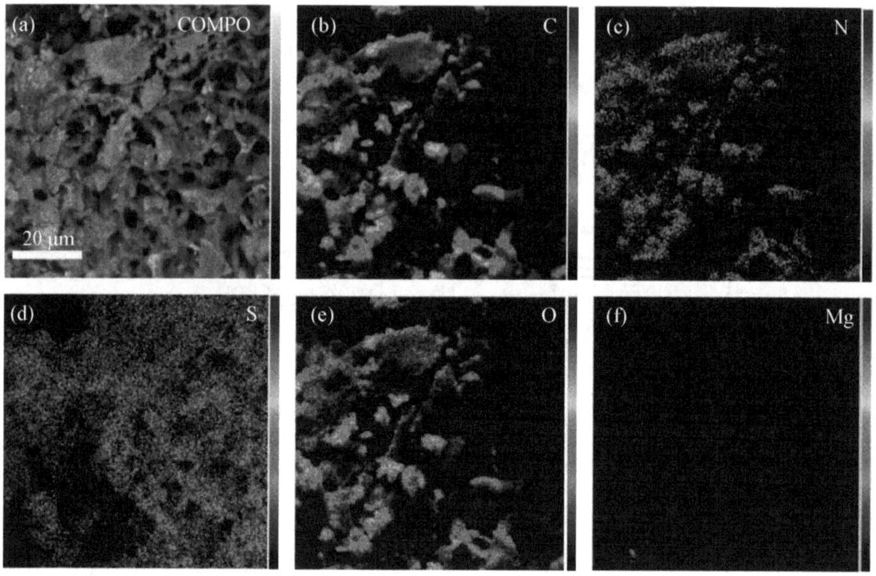

图 3-19　EPMA-WDS 面分析表明 C、N、S、O 和 Mg 在 NTA@MgAl-LDH 涂层表面分布均匀

得到的 CIs@MgAl-LDH 涂层在阻抗模量上实现更为显著的增长。以频率为 0.1 Hz 对应的模量（$|Z|_{f=0.1\ \mathrm{Hz}}$）为例，镁合金基底、MgAl-LDH 涂层和缓蚀剂的$|Z|_{f=0.1\ \mathrm{Hz}}$大约分别是 1000 $\Omega\cdot cm^2$、15.6 $M\Omega\cdot cm^2$、67.9 $M\Omega\cdot cm^2$，其呈现出递增的趋势。通过 Bode 相频图［图 3-20（b）］和 Nyquist 图［图 3-20（c）～（f）］也可以表明涂层耐腐蚀性的显著增强。镁合金表面没有涂层时（如图 3-20），自然氧化层疏松多孔、不致密，涂层的电阻非常有限[37]。高频交流电易通过电阻流过，相位角几乎为 0°[80]。对于图 3-20（b）中的 MgAl-LDH 和 CIs@MgAl-LDH 涂层，它们完整、具有良好的阻隔特性，高频交流电倾向于通过电容流过，相位角接近−90°[79,80]。NTA@MgAl-LDH 涂层在 100 kHz 频率下展现出的相位角为−89.24°，这一数值强有力地验证了该涂层的高度完整性和卓越的防腐能力。在 Nyquist 图中，容抗弧的直径是衡量涂层耐腐蚀性能的关键指标。如图 3-20（c）所示，NTA@MgAl-LDH 涂层的容抗弧直径显著大于其他样品，充分说明其在所有测试样品中耐腐蚀性能最佳。值得注意的是，由于 CIs@MgAl-LDH 涂层的容抗弧直径异常之大，在 Nyquist 图中使用相同的 x 轴刻度进行表示时，MgAl-LDH 涂层与镁合金的容抗弧几乎难以清晰区分。因而，采用不同刻度 x 轴重新绘制 Nyquist 图，如图 3-20（d）～（f）所示。采用 ZSimpWin 软件中的 EC 对 EIS 谱图进行拟合分析。图 3-20（g）所示的 EC 用以拟合镁合金的 EIS 谱图，包括溶液电阻 R_s 和与双电层有关的常相位角元件 Q_{dl} 和电荷转移电阻 R_{ct}。L 表示电感，R_L 表示感

抗，与镁的氧化和腐蚀性物质在缺陷处的吸附和脱附有关[8]。除了以上电路元件外，MgAl-LDH 涂层的 EC 还包括 R_1 和 Q_1，对应于 MgAl-LDH 层的电阻和 CPE［图 3-20（h）］。元件 Z_w 表示涂层的扩散性阻抗，与离子交换能力有关[53]。在 MgAl-LDH 表面覆盖缓蚀剂层后，采用包含三个时间常数但不含 Z_w 的 EC 模型［如图 3-20（i）所示］，该模型新增 R_2 和 Q_2 两个电路元件，分别对应于缓蚀剂层的电阻和 CPE。所有 LDH 涂层，特别是 CIs@MgAl-LDH 涂层，其 R_1 和 R_{ct} 值均显著增大，这主要归功于缓蚀剂层提供的强大保护，极大地增强 MgAl-LDH 涂层的耐腐蚀性能。具体而言，相较于裸 MgAl-LDH 涂层（R_1=1.030 MΩ·cm^2，R_{ct}=22.16 MΩ·cm^2），NTA@MgAl-LDH 涂层的 R_1 和 R_{ct} 值分别飙升约 600 倍至 614.2 MΩ·cm^2 和超过 80 倍至 1837 MΩ·cm^2。综上所述，即便是在未加额外防护的情况下，裸 MgAl-LDH 涂层也已展现出对镁合金的显著保护效果，而经过缓蚀剂层强化的涂层则更是将这一性能推向新的高度。通过缓蚀剂改性之后防腐作用进一步增强，并且以本研究中合成的缓蚀剂 NTA 的效果最佳。

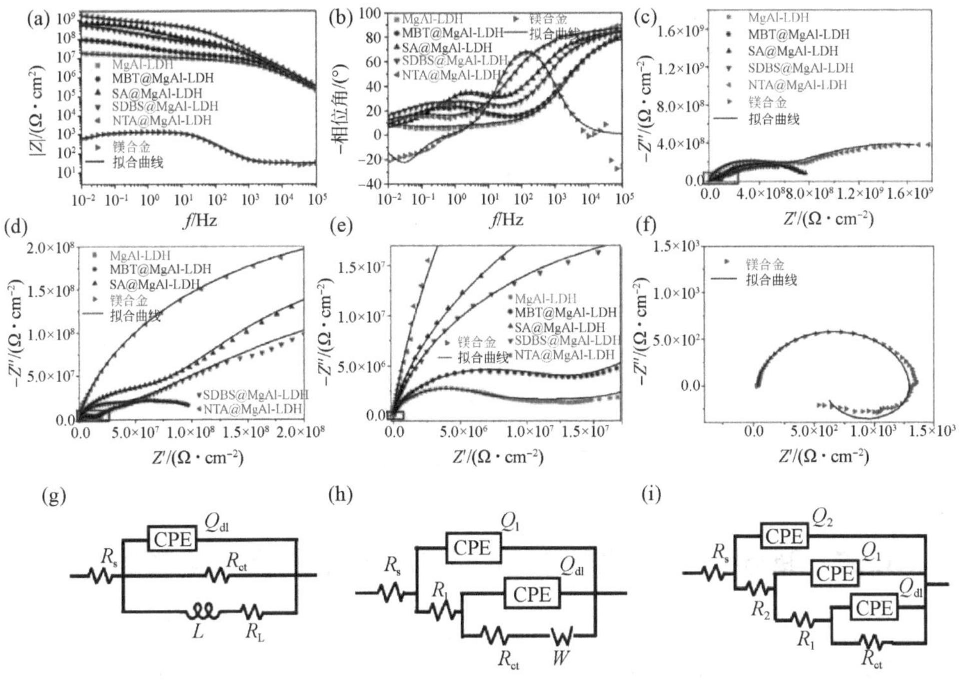

图 3-20　镁合金、MgAl-LDH 和 CIs@MgAl-LDH 涂层在氯化钠溶液中的 EIS 图：（a），（b）为 Bode 幅频图和 Bode 相频图；（c）Nyquist 图；（d）为（c）图中方框区域放大 Nyquist 图；（e）为（d）图中方框区域放大 Nyquist 图；（f）裸 AZ31 镁合金 Nyquist 图；（g）～（i）依次为裸镁合金、MgAl-LDH、CIs@MgAl-LDH 涂层的等效电路图

图 3-21 为 298 K 下，裸镁合金和不同涂层在 NaCl 溶液中的动电位极化曲线。由于镁合金具有负差数效应，j_{corr} 通过外推阴极支的 Tafel 区获得[81,82]。图 3-21 表明，与裸镁合金相比，涂层的 E_{corr} 和 j_{corr} 分别向正向移动和降到更低的值。热力学与动力学两个角度都表明，该涂层在中性腐蚀环境下的耐腐蚀性能得到显著提升。通过动电位极化曲线测试所获得的电化学参数可知，基底的 E_{corr} 为−1.5 V，生成 MgAl-LDH 层之后正向移动 0.75 V 至−0.75 V。使用 NTA 缓蚀剂处理之后，可致最大的电位移动，至−0.437 V，而其他缓蚀剂处理后都移至−0.65 V 附近。镁合金的 j_{corr} 为 5.888 μA·cm^2，MgAl-LDH 薄膜下降 3 个数量级，达到 1.543 nA/cm^2。通过抑制剂改性，使 MBT@MgAl-LDH 涂层的 j_{corr} 降低至 1/4，即 0.3976 nA/cm^2，SA@MgAl-LDH 和 MBT@MgAl-LDH 涂层的 j_{corr} 则减少至 1/25，而 NTA@MgAl-LDH 涂层 j_{corr} 减少至 1/40，即 0.04001 nA/cm^2。不同涂层的 E_{corr} 和 j_{corr} 变化表明，防腐性能由大到小排列的顺序依次为：NTA@MgAl-LDH＞SDBS@MgAl-LDH≈SA@MgAl-LDH＞MBT@MgAl-LDH＞MgAl-LDH，与 EIS 结果相符。

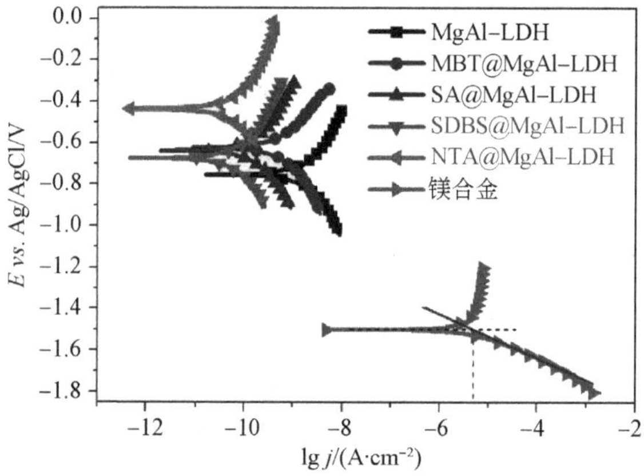

图 3-21 镁合金、MgAl-LDH 和不同 CIs@MgAl-LDH 涂层在 3.5wt% NaCl 介质中的动电位极化曲线

3.2.7 噻吩衍生物改性 MgAl-LDH 膜层的自修复性和机理

为考察当缺陷产生的时候，NTA@MgAl-LDH 涂层的腐蚀防护能力和持久性，我们有意在涂层表面制造划痕并进行浸没测试(图 3-22)。样品浸入腐蚀介质之前，用小刀在 NTA 处理过的区域和未处理过的区域划出均匀深度的划痕［图 3-22（a）～（c）］。浸没在 NaCl 溶液之中 8 个小时后，NTA 处理和未处理区域的切口都在一定程度上被填充变浅。与 NTA 未处理的区域相比，NTA 处理区域的填充沉积物更加致密，裂缝数量明显更少、尺寸更小。沉积物致密性和形貌的差异源

于产生沉淀的成分和化学反应的不同。当样品浸入到 NaCl 溶液之后，镁合金表面 LDH 涂层中的CO_3^{2-}能够通过反应式（3-8）同Cl^-离子交换而释放，并形成$MgCO_3$沉淀［如式（3-9）所示］，尽管CO_3^{2-}对 LDH 的亲和力通常高于Cl^-阴离子[51,53]。形成的$MgCO_3$沉淀能够进一步和 OH^-阴离子发生反应，生成更加稳定的$Mg(OH)_2$沉积膜层，如式（3-10）所示。原因在于$MgCO_3$的溶度积常数（K_{sp}=6.8×10^{-6}，25℃时）比$Mg(OH)_2$更高（K_{sp}=5.6×10^{-12}）[53]。更稳定的$Mg(OH)_2$作为一层保护层覆盖在一些易腐蚀点并修复缺陷，这就很好地解释了缺陷处形成的沉淀以及 MgAl-LDH 和 NTA@MgAl-LDH 涂层具有优异腐蚀防护性能的原因。

$$\text{LDH-}CO_3^{2-} + 2Cl^- \longrightarrow \text{LDH-}2Cl^- + CO_3^{2-} \tag{3-8}$$

$$Mg^{2+} + CO_3^{2-} \longrightarrow MgCO_3 \downarrow \tag{3-9}$$

$$MgCO_3 + 2OH^- \longrightarrow Mg(OH)_2 \downarrow + CO_3^{2-} \tag{3-10}$$

不过，考虑到划痕有足够的深度，如果自愈过程不能够快速触发或者反应活性位点不能够被致密的沉淀充分覆盖，则裸露的镁合金就会快速腐蚀，裸露区域也会迅速扩大。除了上述离子交换导致的修复作用以外，当 NTA@MgAl-LDH 涂层产生缺陷后，划痕附近的 NTA 就会迁移至暴露点形成保护层，稍后的 EDS 分析［图 3-22（j），（k）］和 DFT 计算可以印证。因此，经 NTA 处理涂层的划痕此时能够提供更好的保护。图 3-22（j）表明，划痕左侧的沉淀含有来自 NTA 的 N 和 S 元素，而这两种元素在划痕的右侧并不能够检测到。因为划痕右侧的沉积物疏松多孔、裂纹明显，我们推测主要为腐蚀初期产生的大量镁合金腐蚀产物［图 3-22（e）］。通过 48 小时的浸泡，在高倍数下，尽管划痕左侧也能发现一些裂缝［图 3-22（g）］，但相较于具有更大裂缝的右侧沉积膜层［图 3-22（h）］，前者明显更加致密，有助于提供更好的修复和防护作用。

采用 DFT 计算研究缓蚀剂在涂层表面的结构和防护机制[38,59]。通过理论模拟，研究 NTA 分子的空间构型和电子结构，揭示其在材料自修复中的作用机制；通过理论计算，揭示 NTA 分子与镁（0001）界面的相互作用。吸附能 E_a 的计算是基于系统发生吸附前后的能量变化，即 $E_a=E_{NTA-Mg(0001)}-E_{NTA}-E_{Mg(0001)}$，式中 $E_{NTA-Mg(0001)}$、$E_{Mg(0001)}$ 和 E_{NTA} 分别表示 NTA 分子吸附在 Mg 表面时具有的能量、未发生吸附作用的 Mg 表面所具有的能量和单独 NTA 分子所具有的能量。利用 DFT-D3 理论，研究 NTA 与镁基体的范德瓦耳斯作用，揭示 NTA 在镁基体上的作用。研究表明，该体系的 E_a 值为−1.91 eV（−184.2 kJ/mol），表明该体系中存在着化学吸附，即 NTA 在镁的表面上以化学吸附和物理吸附的形式存在。根据最近研究，本系统所得的 E_a 值要低于在 Mg（0001）、MgO（0001）和 $Mg(OH)_2$（0001）表面吸附*OH 和 H_2O 分子的 E_a[59]。因此，NTA 分子易于在镁表面发生吸附而后形成 $Mg(OH)_2$

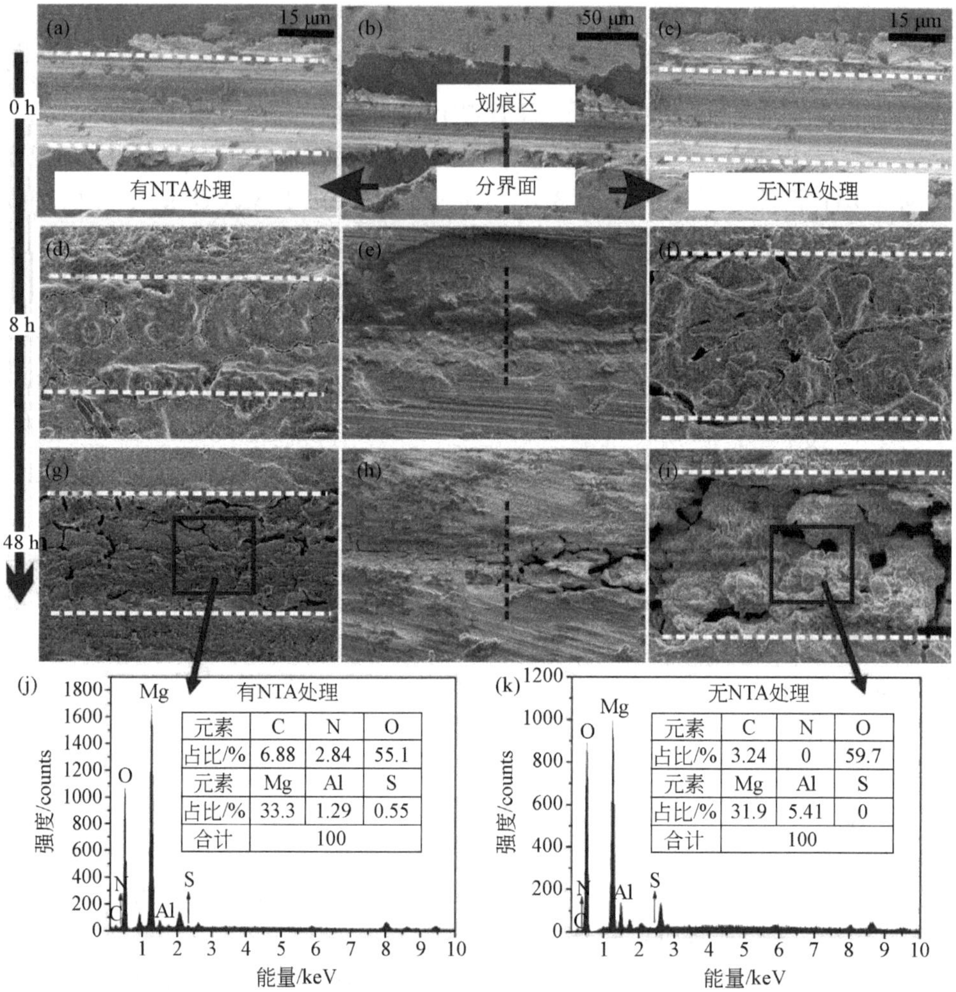

图 3-22　经 NTA 缓蚀剂改性与否的 MgAl-LDH 涂层浸入到 3.5wt% NaCl 溶液中之后的表面 SEM 变化：（a）、（b）、（c）经人为划伤的新制涂层，以及浸泡（d）、（e）、（f）8 h 和（g）、（h）、（i）48 h 后涂层的 SEM 形貌。图像左列（a）、（d）、（g）为经 NTA 处理区域，中间一列（b）、（e）、（h）为 NTA 处理与未处理交界处，右列（c）、（f）、（i）为未经 NTA 处理区域。中间列放大倍数为 500 倍，左列和右列放大倍数为 1500 倍。（j）经 NTA 处理和（k）未经处理 MgAl-LDH 涂层腐蚀介质浸泡 48 h 之后的 EDS

沉淀层，这些过程有助于填补 MgO 和 $Mg(OH)_2$ 层中较大的裂缝与孔隙，进而构建出一个更为紧凑、致密的沉积层。这样的结构能够有效修复原有的物理孔隙缺陷，显著增强涂层的整体防腐性能。从图 3-23 可以看出，NTA 最优取向是其噻吩环与 Mg（0001）面近似平行。NTA 分子的这种空间排列有利于其共轭 π 键与镁原子空轨道之间的配位，证明 NTA 是以化学方式吸附于镁晶体表面。在此基础上，利用溴离子与镁的化学吸附作用，强化与 N^{+}、Br^{-}和 Mg^{2+}等离子间的静电相互作用，提高 NTA 的物化吸附性能。

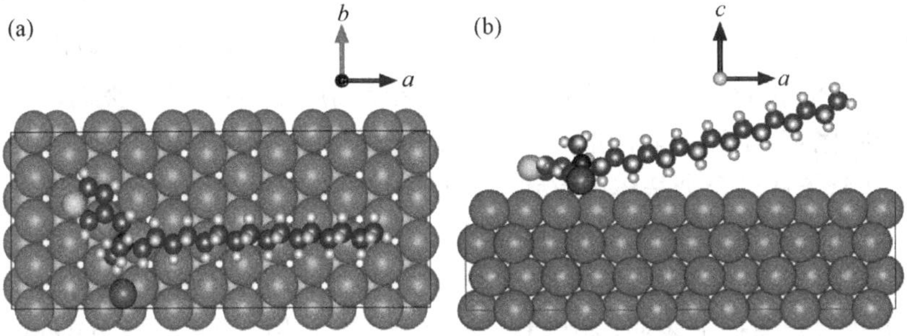

图 3-23　NTA 分子吸附于镁板表面优化结构模型：（a）俯视图和（b）侧视图。绿色、棕色、白色、蓝色、黄色和洋红色球分别表示镁、碳、氢、氮、硫和溴原子

3.2.8　小结

通过水热方法和简单浸泡方法，在 AZ31 镁合金表面可获得包括 MgAl-LDH 底层和不同缓蚀剂外层的复合涂层。相较于未加修饰的 MgAl-LDH，复合涂层展现出更为致密结构，使其在 NaCl 溶液环境中的耐腐蚀性能得到显著提升，表现出更为出色的抗腐蚀能力。与几种现阶段用于 LDH 涂层改性的商业缓蚀剂相比，NTA 改性复合涂层具有优越的耐蚀性能。NTA@MgAl-LDH 复合涂层在增强物理阻隔作用的同时，其优异的耐腐蚀性能还在于其在基体中自发生成新的致密层，对出现的物理破坏进行有效的修复。此特性使涂层的综合保护性能得到进一步提高。修复过程包括镁氧化形成的 Mg^{2+}离子与 LDH 释放的 CO_3^{2-} 离子间的化学反应，以及 NTA 分子在镁（0001）和氧化镁表面的物理和化学吸附。本节内容有助于理解 NTA 分子与镁合金基底以及与 MgAl-LDH 间的相互作用，设计利于 MgAl-LDH 改性的高效噻吩类缓蚀剂。

3.3　负载 8HQ 聚电解质改性 MgAl-LDH 复合膜层对镁合金的腐蚀防护性能

3.3.1　引言

根据前文可知，在 LDH 涂层制备或改性过程中，可以通过离子交换等方法将缓蚀剂插入到阳离子板的层间[12,83,84]。在腐蚀环境中，LDH 可以捕获腐蚀性阴离子，并释放出缓蚀剂，使涂层同时具有物理屏障和自愈功能，从而增强涂层耐蚀性能。将绿色缓蚀剂 8HQ 直接吸附在 LDH 相表面或将 8HQ 插入到层间有助于提高 LDH 膜的耐蚀性[53]。由于 8HQ 和 Mg^{2+} 结合形成了稳定的沉淀 $Mg(HQ)_2$，覆盖了缺陷和活性部位，可减缓镁合金的腐蚀[43]。类似地，LDH 膜可以用于经 8HQ 和氧化石墨烯（GO）改性的镁合金微弧氧化膜的腐蚀防护[85]。然而，当这些插入层间或吸附在 LDH 相表面的 8HQ 物质释放时，它们直接暴露在腐蚀介质中。部分 8HQ 分子从镁合金基体扩散到本体相溶液中，导致缓蚀剂损失，降低缓蚀效率[86]。氧化石墨烯 GO 与 8HQ 反应形成 GO/8HQ/PDA 夹层结构，经聚多巴胺（PDA）改性，可避免缓蚀剂泄漏，延长缓蚀剂贮存时间，增强环氧树脂基涂料的防腐能力[87]。已有研究表明，利用静电或氢键相互作用，通过层层（layer by layer，LBL）自组装聚电解质层，可以获得良好的耐腐蚀性[88,89]。例如，通过 LBL 方法在镁合金表面获得的聚乙烯基吡咯烷酮（PVP）/聚丙烯酸（PAA）多层结构涂层显示出致密而均匀的物理屏障功能[90]。在负载缓蚀剂的 LDH 相表面覆盖聚乙烯亚胺（PEI）/MXene，同时发挥有机层物理屏障和 LDH 相自愈功能的优势，对镁合金的防腐能力明显增强[91]。

尽管人们在探索不同涂层结构方面取得了诸多进展，但有效地封闭微米和纳米尺度的孔隙仍然难以实现。本节提出一种利用缓蚀剂夹层的聚电解质膜封孔以制备高耐蚀自愈涂层的有效策略。采用 LBL 方法在原位沉积的 MgAl-LDH 层表面组装负载有缓蚀剂的多层膜层（图 3-24）。在组装过程中，通过对聚电解质膜的结构设计，有效封闭了 LDH 层中的微米级和纳米级孔隙，避免了缓蚀剂直接暴露于腐蚀性电解质中，从而减少了缓蚀剂泄漏至本体溶液中的含量，提高了缓蚀效率。聚电解质的物理屏障也有助于延缓腐蚀介质的渗透，从而获得了一种可实现对镁合金长期和有效防腐的智能涂层体系。

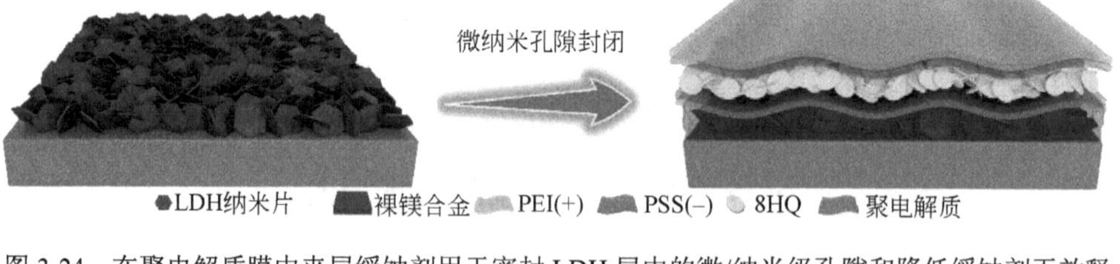

图 3-24　在聚电解质膜中夹层缓蚀剂用于密封 LDH 层中的微/纳米级孔隙和降低缓蚀剂无效释放的自修复复合涂层的构建示意图

3.3.2　负载 8HQ 聚电解质改性 MgAl-LDH 复合膜层的制备和表征

材料和试剂：镁合金 AZ31 片（25 mm×15 mm×2.0 mm）的组成主要包括 2.75wt% Al、1.15wt% Zn、0.16wt% Mn 和剩余 Mg。化学试剂包括聚乙烯亚胺（PEI，M_w=70000，50wt%水溶液）、聚 4-苯乙烯磺酸钠（PSS，M_w≈700000）、8HQ（99%）、$Al(NO_3)_3 \cdot 9H_2O$（≥99%）、$Mg(NO_3)_2 \cdot 6H_2O$（≥99%）、NaCl（>99%）、NaOH（≥99.9%）、Na_2CO_3（≥99.8%）和 Na_3PO_4（≥98.0%）等均购自阿拉丁（中国上海）或中国国药化学试剂有限公司。

MgAl-LDH 膜的制备：为了去除氧化物和油脂，采用 1200#砂纸对 AZ31 镁合金进行抛光，再将其浸泡在含有 50 g/L NaOH 和 10 g/L Na_3PO_4 的碱性溶液中 10 min。然后，用流动的去离子水清洗合金片，并使用热风吹干，备用。配制 0.02 mol/L $Al(NO_3)_3 \cdot 9H_2O$、0.06 mol/L $Mg(NO_3)_2 \cdot 6H_2O$ 和 0.01 mol/L Na_2CO_3 的混合溶液。用 NaOH 溶液（5.0 mol/L）将混合溶液 pH 调节约为 12.0，然后将配制好的溶液倒入 50 mL 特氟龙内衬不锈钢高压釜中，并且将预处理后的镁合金浸泡至溶液中，密封高压釜，置于 125℃烘箱中 24 h。最后，用流动的去离子水清洗薄片，并于 65℃下干燥 24 h，得到样品即为生长有 MgAl-LDH 涂层的镁合金。

负载 8HQ 聚电解质改性 MgAl-LDH 复合膜层的制备：室温下，通过在 2 mg/mL PEI 和 2 mg/mL PSS 的水/乙醇（体积比为 1∶1）溶液中连续浸泡 10 min，然后在 10wt% 8HQ 乙醇溶液中浸泡 10 min，再在 PSS 和 PEI 溶液中按相反顺序重复浸泡的方法，将负载缓蚀剂的聚电解质层组装在 LDH 表面。得到的样品用 PEI/PSS/8HQ/PSS/PEI 表示。同时，制备 PEI/PSS 和 PEI/PSS/8HQ 样品以进行对比。对于 PEI/PSS 样品，表示 LDH 仅浸泡在 PEI 和 PSS 溶液中。对于 PEI/PSS/8HQ 样品，则表示 LDH 样品在浸泡至 8HQ 溶液中后，不再使用 PSS 和 PEI 溶液处理。不同涂层的制备过程示意图见图 3-25（a）。

膜层的表征和电化学测试：用 XRD（D8 ADVANCE，德国）测定裸 LDH 和不同聚电解质密封 LDH 样品的相结构。XRD 表征的参数设置如下：衍射角（2θ）扫描范围为 5°～80°，扫描电压为 40 kV，扫描电流为 30 mA，入射波长（λ）为 0.154 nm 以及扫描速度为 5°/min。用 XPS（250Xi，Thermo-escalab，Waltham，MA，USA）测定膜层的组成和价态。利用外来碳的结合能（C 1s：284.8 eV）标定样品，并用 XPSPEAK41 软件分析 XPS 能谱。在波数为 500 cm^{-1} 到 4000 cm^{-1} 的范围内采集涂层的 FTIR 光谱（Nicolet 6700，Thermo Scientific，Waltham，MA，USA）。利用 SEM 和 EDS 观察不同涂层的表面形貌和元素分布。在 25℃温度下，将体积为 5.0 μL 的水滴滴在涂层表面，用光学接触角测量仪分析试样表面液体的 CA 值，评价润湿性。根据 GB/T 9286—1998 标准，采用划格法评估涂层与基体之间的附着力。

将三电极体系浸泡于 3.5wt%氯化钠溶液中，并在室温（～25℃）下使用电化学工作站（Gamry）进行测试，以评估试样的耐腐蚀能力。三电极分别是工作电极（暴露面积为 1.0 cm^2）、SCE 参比电极和面积约为 4.0 cm^2 的铂片对电极。在测试 EIS 和 Tafel 曲线前，先测量 OCP–t 曲线约 20 mins，直到获得相对稳定的 OCP。由于阻抗很大，采用的扰动电压为 25 mV，在 10^5～10^{-2} Hz 的频率范围内测定 EIS 图。Tafel 试验的扫描速率为 1.0 mV/s，电位范围为−500～500 mV（*vs.* OCP）。通过拟合 Tafel 曲线得到 j_{corr} 值，并根据下式计算腐蚀防护效率（η）：

$$\eta = \frac{j'_{corr} - j_{corr}}{j'_{corr}} \times 100\% \tag{3-11}$$

式（3-11）中，j'_{corr} 和 j_{corr} 分别表示镁合金基体涂覆不同涂层前和后的腐蚀电流密度。用 Gamry Analyst 软件拟合 EIS 和 Tafel 曲线，得到相关的电化学参数。每个样品进行三次以上的电化学测试，以确保重现性和可靠性。

采用扫描振动电极技术（SVET，Applied Electronics，PSDA-2，Science Wares，Inc.，Falmouth，MA）监测涂层表面的电流密度，以检查涂层的自修复性能。将样品用石蜡包裹，固定在环氧树脂基板上，测试时暴露出涂层表面的同一区域，并在暴露区引入直径约 76 μm 的缺陷。电流信号通过放置在样品表面上方 150 μm 处的 Pr-Ir 微电极扫描振动探针（尖端为直径 20 μm 的黑铂球）采集。利用金相显微镜（IE500M，中国）观察不同涂层在浸泡实验前后划痕缺陷宽度以及 SVET 试验前后针锥缺陷的变化。

3.3.3　负载 8HQ 聚电解质改性 MgAl-LDH 复合膜层的组成、形貌和结构

采用 SEM 和 EDS 技术研究聚电解质修饰 LDH 涂层的表面形貌和组成的演变（图 3-25）。通过水热法在镁合金表面得到的 LDH 涂层由许多垂直于基底的不规则纳米片组成［图 3-25（b）和图 3-25（c）］，与 LDH 相形貌一致[22,92]。与单一 LDH 膜相比，PEI/PSS 膜表面致密，没有明显的间隙［图 3-25（e）］。高倍数图像［图 3-25（f）］显示，吸附在 LDH 表面的薄片显示出与基底平行的取向。该种类型的结构有助于阻止腐蚀性离子向基底的渗透。当缓蚀剂 8HQ 吸附于 PEI/PSS 膜层表面后，再次发现由无数垂直于基底片状物构成的表面形貌［图 3-25（h），（i）］，类似于直接吸附在 LDH 表面的 8HQ[53]。PEI/PSS/8HQ/PSS/PEI 涂层的表面形貌［图 3-25（k），（l）］与 PEI/PSS 涂层的表面形貌［图 3-25（e），（f）］相似。表面相对致密和平坦，没有明显的垂直生长纳米片的多孔结构，表明聚电解质薄膜成

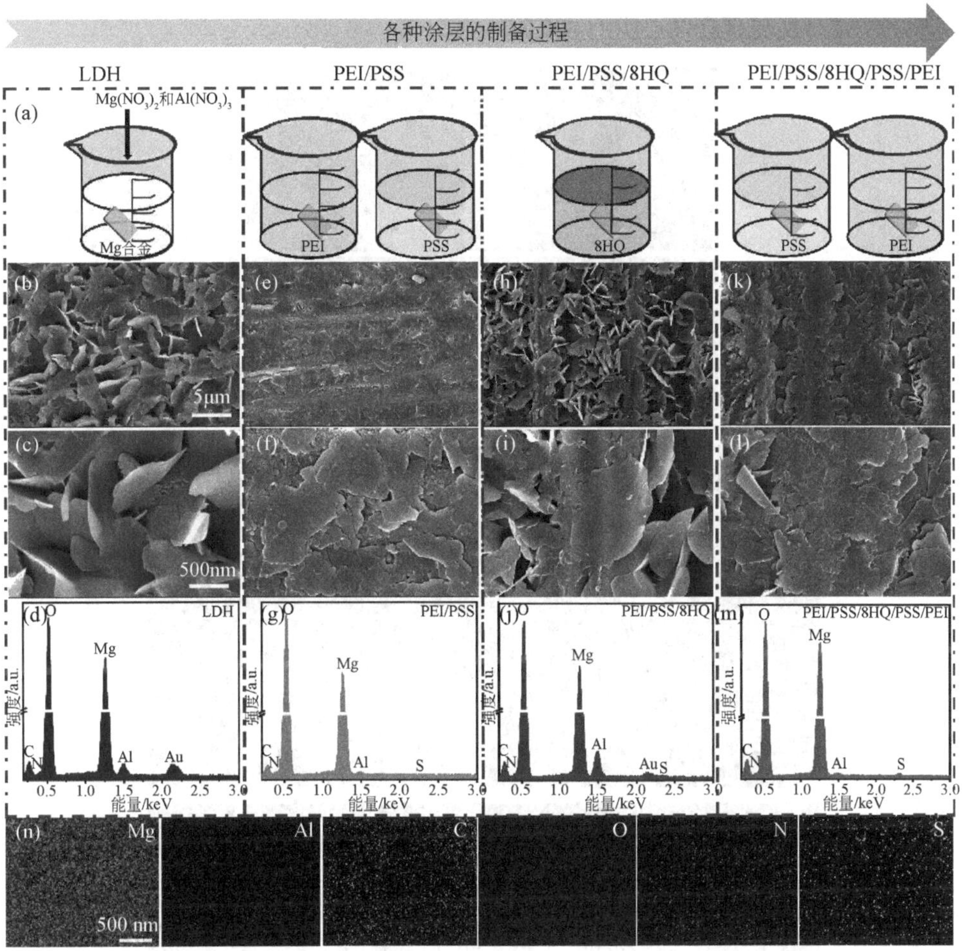

图 3-25　表面形貌和组成：（a）不同涂层的制备示意图，（b）～（m）SEM 图像和 EDS 谱图，（b）～（d）LDH，（e）～（g）PEI/PSS，（h）～（j）PEI/PSS/8HQ，（k）～（m）PEI/PSS/8HQ/PSS/PEI，（n）PEI/PSS/8HQ/PSS/ PEI 涂层的 EDS 图

功覆盖在 8HQ 层上。此外，还分析了元素组成［图 3-25（d）、（g）、（j）、（m）、（n）和图 3-26］。对于单一 LDH 涂层，检测到了 Mg、Al、C 和 O 元素。对沉积了聚电解质和负载缓蚀剂的基底进行分析时，还发现了 S 和 N 元素的存在，其中 S 和 N 元素分别主要来源于吸附的 PSS 以及 PEI 和 8HQ。根据四种涂层中不同元素的百分比，C、N、S 元素的含量随着聚电解质和缓蚀剂的逐步吸附而增加，表明有机 PEI、PSS 和 8HQ 在 LDH 膜表面逐层成功组装。聚电解质复合薄膜通过正电荷 PEI 和负电荷 PSS 之间的离子键自组装而成。缓蚀剂 8HQ 作为掺杂剂或聚电

解质的一部分而包裹在多层膜的纳米网络中。

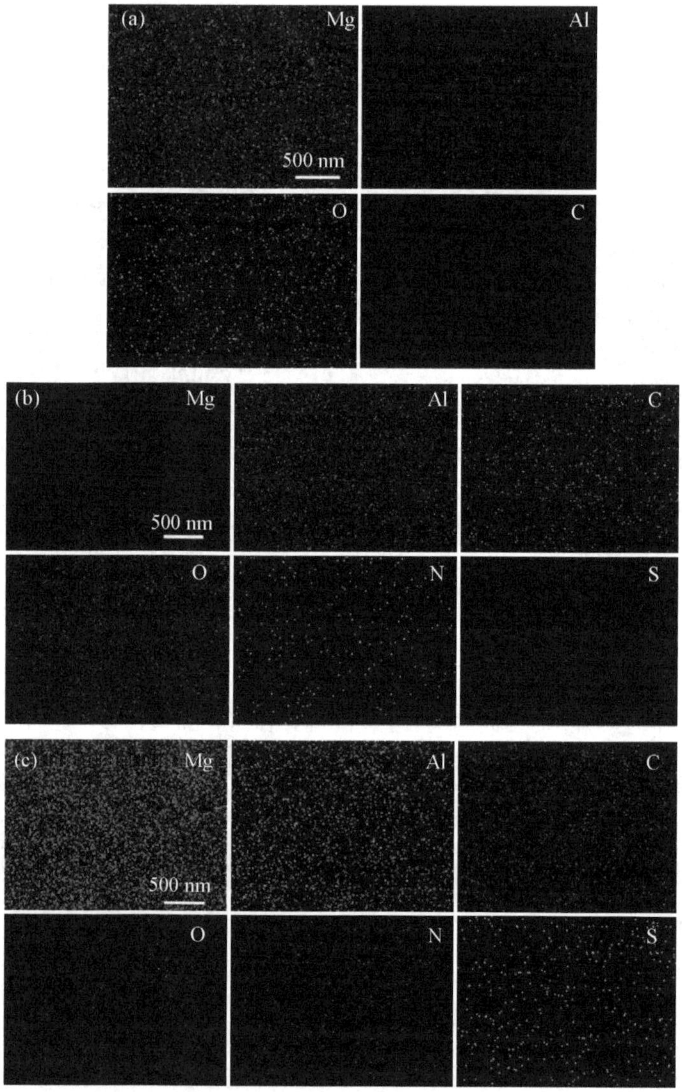

图 3-26　镁合金表面不同涂层的典型元素能谱图：LDH（a），PEI/PSS（b），PEI/PSS/8HQ（c）

镁合金表面生长 LDH 膜层后，除了在衍射角 2θ=32.5°、34.6°、47.2°、57.8°、63.6°、69.2°和 73.0°处出现来自基体镁的强衍射峰外（JCPDS NO.35–0821），在 59.0°处出现了一个弱衍射峰，归属于 $Mg(OH)_2$（JCPDS NO.41–1428）[图 3-27（a）]。LDH 相的特征峰（JCPDS NO.14–0525）出现在衍射角 2θ 为 11.7°、23.2°和 38.3°处，说明结晶性良好的 LDH 相已经在镁合金表面成功生成。在聚电解质

的 LBL 组装过程中，有机涂层厚度逐渐增加，X 射线穿透能力减弱。结果表明，在 2θ 为 11.7°和 23.2°处的归属于 LDH 相的特征峰强度逐渐减弱甚至消失，证明聚电解质在 LDH 相表面的吸附。

镁合金表面四种涂层的 FTIR 谱图显示，波数为 3689 cm^{-1} 处均有明显的吸收峰，对应于 LDH 相中水分子的伸缩振动［图 3-27（b）］[93]。LDH 相层间的碳酸根离子导致的不对称伸缩振动，使得波数为 1386 cm^{-1} 和 637 cm^{-1} 附近出现明显吸收带。低波数范围内的弱吸收峰则由 M—O 键（M=Mg，Al）的晶格振动引起[94]。对于 LDH/PEI/PSS 样品，波数 1184 cm^{-1} 和 1042 cm^{-1} 处的吸收峰分别对应阴离子聚电解质（即 PSS）中磺酸盐（SO_3^{2-}）的对称和不对称振动[95]；3440 cm^{-1} 处的吸收带归因于阳离子聚电解质（即 PEI）中的 N—H 键。在 8HQ 溶液中处理后，谱图中出现了更多新的吸收峰，包括波数 1280 cm^{-1} 处的 C—N/O—H 键、1093 cm^{-1} 处的 C—O（C—OH）键、3065 cm^{-1} 处的 C—H 键和 1571 cm^{-1}、1630 cm^{-1} 处的 C═N 键的伸缩振动[87,96,97]，这些峰都与缓蚀剂 8HQ 的结构有关，表明 8HQ 成功负载于聚电解质膜上。在 PEI/PSS/8HQ/PSS/PEI 涂层的 FTIR 光谱中，由于聚电解质在表面的进一步吸附，源于 PEI（3440 cm^{-1}）和 PSS（1184 cm^{-1} 和 1042 cm^{-1}）中 N—H 键的吸收峰强度明显增强。证明 PEI 和 PSS 聚电解质在 LDH 相表面成功组装，并负载 8HQ 缓蚀剂。

LDH 和 PEI/PSS/8HQ/PSS/PEI 涂层的 Mg 1s 和 Al 2p 高分辨率 XPS 能谱表明，LDH 相表面吸附聚电解质后，Mg—O 键的结合能从 1302.4 eV 增加到 1303.4 eV，增加了 1.0 eV，Al—O 键的结合能从 74.5 eV 降低到 74.1 eV，降低了 0.4 eV［图 3-27（c）和图 3-27（d）］。结合能的变化表明，聚电解质薄膜的形成和 8HQ 缓蚀剂的负载发生了化学吸附过程[98,99]。根据 LDH 和 PEI/PSS/8HQ/PSS/PEI 涂层的 C 1s 高分辨率 XPS 能谱，LDH 的 C 1s 光谱包括在 284.1 eV 处的污染碳峰，CO_3^{2-} 中的 C—O 单键（285.3 eV）和 C═O 双键（288.0 eV）的峰［图 3-27（e）底部曲线］。通过比较，PEI/PSS/8HQ/PSS/PEI 膜层的 C 1s 谱出现了新的特征峰 C—S/C═N（286.0 eV）和 C—H（284.5 eV）[100–102]。这些新出现的峰是由于在 LDH 表面吸附了 PEI 和 PSS 聚电解质以及 8HQ 缓蚀剂［图 3-27（e）的上侧曲线］。尽管 PEI 和 8HQ 中都存在 C—N 键，但因为 C—N 键和 C—O 键的特征峰位置相同（285.3 eV），因此无法在 C 1s 光谱中区分出这两者。同样，在 PSS 和 8HQ 中也很难区分 C═C 双键和 C—C 单键。单一 LDH 膜的 O 1s 高分辨率 XPS 能谱［图 3-27（f）底部］拟合为三个峰，即结合能为 531.8 eV 处的—OH 键，结合能为 531.0 eV 处的 M—OH/CO_3^{2-} 键和结合能为 529.7 eV 处的 M—O（M=Mg，Al）键。形成 PEI/PSS/8HQ/PSS/PEI 层后［图 3-27（f）顶部］，M—OH 的结合能为 531.4 eV，

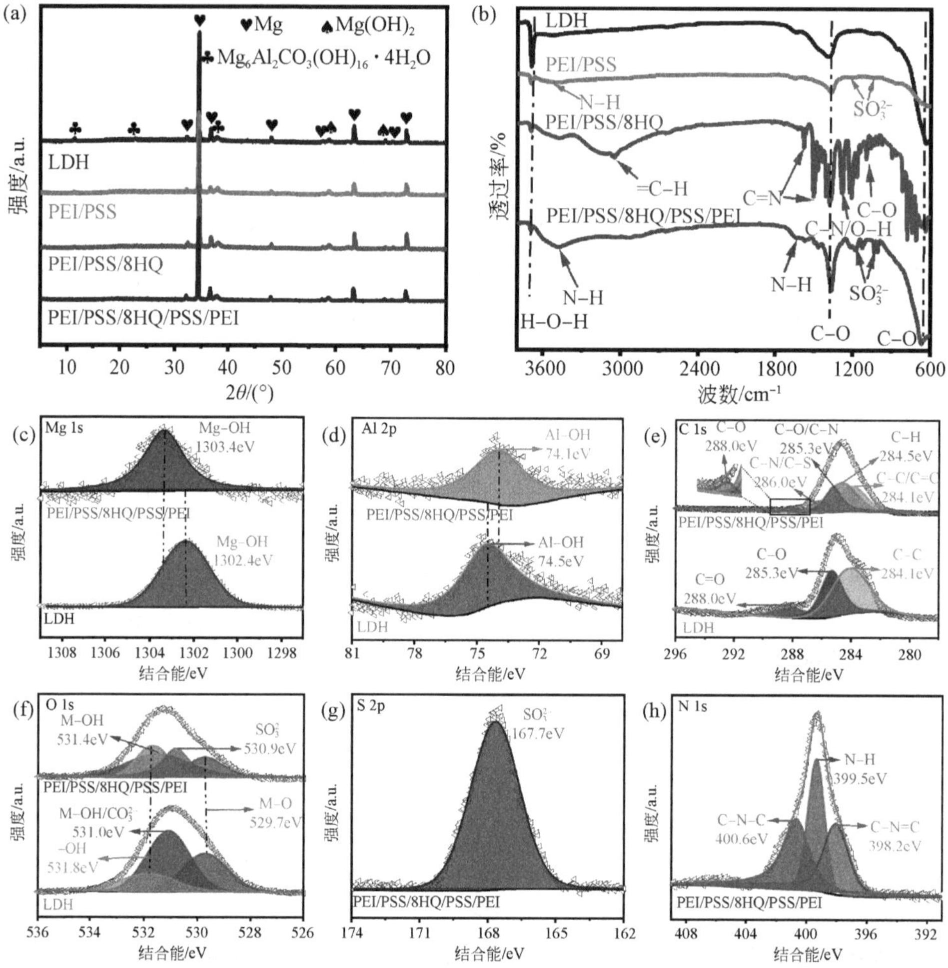

图 3-27　镁合金表面裸 LDH 和沉积不同聚电解质膜后的（a）XRD 和（b）FTIR 谱图以及纯 LDH 涂层和 PEI/PSS/8HQ/PSS/PEI 复合涂层的（c）Mg 1s，（d）Al 2p，（e）C 1s，（f）O 1s，（g）S 2p，（h）N 1s 高分辨率 XPS 能谱

较之前增加了 0.4 eV，进一步证明 LDH 相中的—OH 基团与聚电解质成键，与 Mg 1s 和 Al 2p 高分辨率 XPS 能谱结果吻合。此外，在结合能为 530.9 eV 处观察到 PSS 中 SO_3^{2-} 的特征峰[103]，这可由 S 2p 高分辨率 XPS 谱（167.7 eV，图 3-27g）证实。在 N 1s 的高分辨率 XPS 能谱中［图 3-27（h）］，N—H（399.5 eV）和 C—N—C（400.6 eV）键的两个特征峰源于 PEI 聚电解质。C—N═C 的特征峰（398.2 eV）由 8HQ 缓蚀剂引起[104]。XPS 结果进一步证实 LDH 层上成功沉积负载缓蚀剂的聚电解质膜。由于 LDH 相表面丰富的—OH 基团和 PEI 膜内的 N—H 键可以

成功形成 N—H···O 型氢键[95]，有望提高附着力，胶带测试方法证实了这一点（图 3-28）。

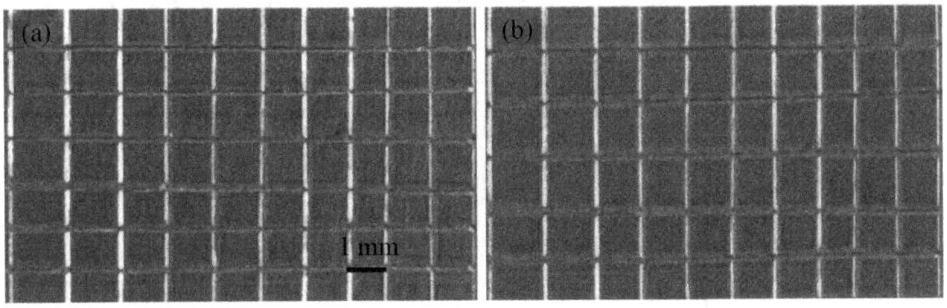

图 3-28　划痕后 PEI/PSS/8HQ/PSS/PEI 涂层数码照片：胶带测试前（a）和胶带测试后（b）

3.3.4　负载 8HQ 聚电解质改性 MgAl-LDH 复合膜层的腐蚀防护和自修复性能

EIS 谱图的高频、中频和低频区反映了涂层的外部、内部和基底/涂层界面特性[12,105]。EIS 结果表明，涂覆不同涂层的基底材料在全频段的阻抗值比裸露的镁合金都有明显的提高（图 3-29）。与单一 LDH 膜相比，在低频范围内，电解质涂层的阻抗有不同程度的增大［图 3-29（a)］。特别是吸附 8HQ 后，涂层在低频范围内阻抗值的增强最为显著。这种阻抗变化表明，8HQ 缓蚀剂的抑制作用和聚电解质膜的物理阻隔功能是复合涂层防腐功能的主要原因。并且，在高频区域内，可以通过相位角的大小对涂层的致密性进行定性确定。高频区相位角越接近 90°（绝对值），镀层越致密，耐蚀性越好[92]。从图 3-29（b）可以看出，裸露镁合金的高频相位角接近零，说明镁合金的自然氧化膜致密性和耐蚀性较差。不同 LDH 膜层，特别是 PEI/PSS/8HQ/PSS/PEI 涂层的高频相位角依次减小，在 10 kHz 频率下达到−87°，说明聚电解质的沉积和缓蚀剂的负载能有效改善 LDH 膜层的致密性和防腐能力。

除了上述定性比较外，采用 EC 模型拟合 EIS 谱图，可以定量评估不同涂层的耐蚀能力。LDH 和聚电解质（PEMu）改性 LDH 涂层的 EC 模型如图 3-30（a）和图 3-30（b）所示，其中 R_s 为溶液电阻，Q_{LDH} 和 R_{LDH} 分别为 LDH 层的 CPE 和电阻，Q_{dl} 和 R_{ct} 分别为双电层的 CPE 和电荷转移电阻，Z_W 为 Warburg 扩散阻抗，表示 LDH 相中存在离子交换作用[53]。与单一 LDH 层相比，图 3-30（b）中新的 Q_{PEMu} 和 R_{PEMu} 代表了不同电解质层的 CPE 和电阻。表 3-3 列出了不同涂层的拟合电化学参数。表中的 Y_{PEMu}，Y_{LDH} 和 Y_{dl} 分别表示 PEMu 层、LDH 层和双电层对应的 CPE 值。裸露镁合金在 3.5wt% NaCl 溶液中的 R_{ct} 值仅为 318 Ω·cm^2，这是由于其耐蚀性差，表面腐蚀严重[106]。利用 LDH 层的物理阻隔作用和离子交换能力，

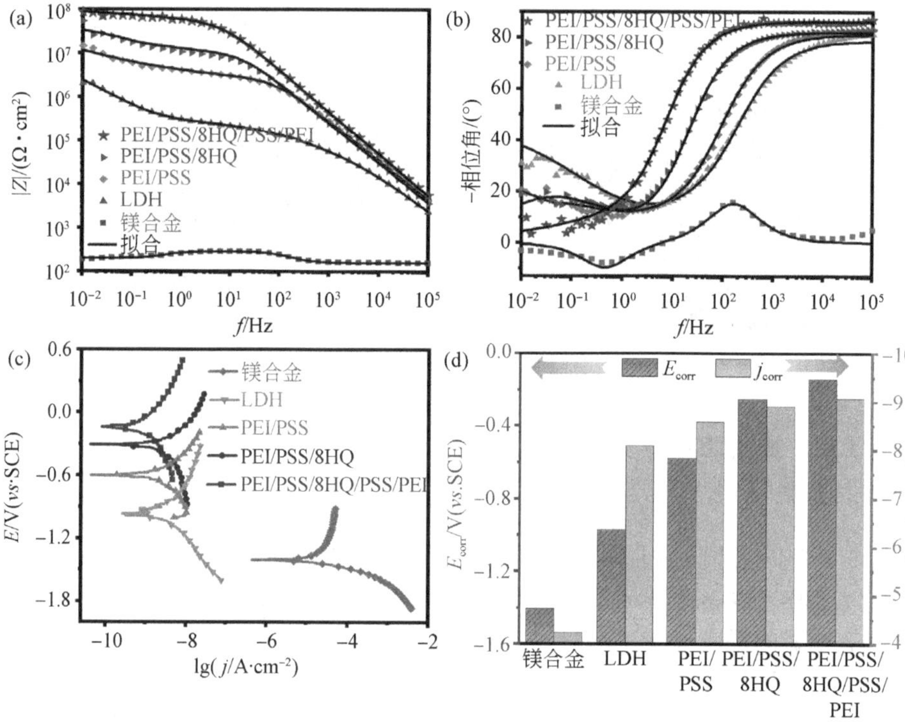

图 3-29 裸镁合金和 LDH、PEI/PSS、PEI/PSS/8HQ、PEI/PSS/8HQ/PSS/PEI 在 3.5wt% NaCl 溶液中的 Bode 幅频图（a）和 Bode 相频图（b）以及镁合金涂覆不同涂层前后的 Tafel 曲线（c），E_{corr} 和 j_{corr} 的变化（d）

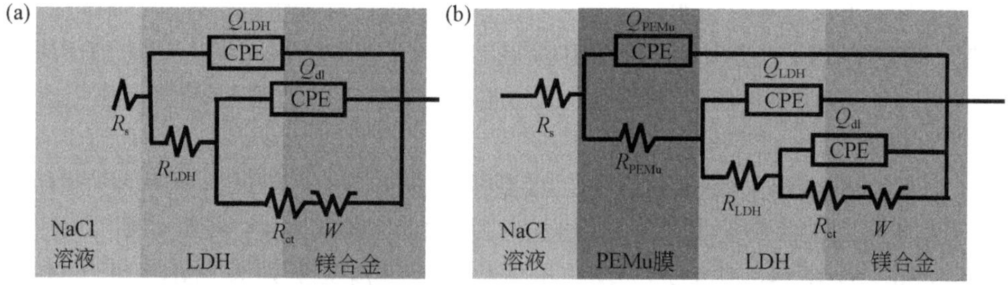

图 3-30 LDH（a）和镁合金表面 PEMu/LDH（b）涂层 EIS 谱的等效电路模型

使镁合金表面生长 LDH 相后的 R_{ct} 值跃升至 1.15 MΩ·cm^2，使其耐蚀性能得到明显改善。利用聚电解质层的物理屏障作用，使用 PEI/PSS 处理 LDH 后，涂层的 R_{ct} 值增加 3 倍以上，达到 3.57 MΩ·cm^2。负载 8HQ 缓蚀剂后，得到的 PEI/PSS/8HQ 涂层的 R_{ct} 值提高近 20 倍，达到 68.00 MΩ·cm^2，这主要归功于 8HQ 缓蚀剂的优异缓蚀能力。为了防止缓蚀剂向本体溶液中的无效扩散，提高缓蚀剂的缓蚀效率，利用静电作用在表面进一步形成 PSS/PEI 层，即得到 PEI/PSS/8HQ/PSS/PEI 涂层，其 R_{ct} 值提高到 86.8 MΩ·cm^2，这主要源于聚电解质膜的物理屏障功能能够有效隔离金属表面与腐蚀性介质之间的接触。简言之，通过 PEI/PSS/8HQ/PSS/PEI 涂层，可形成物理阻隔，封闭 LDH 层中的孔隙，充分发挥 8HQ 缓蚀剂的缓蚀作用，实现高效防腐。

表 3-3　基于 EIS 光谱的裸镁合金、LDH 和 PEMu/LDH 涂层的电化学参数

样品	R_s/(Ω·cm^2)	Y_{PEMu}/(nS·s^n·cm^{-2})	R_{PEMu}/(kΩ·cm^2)	Y_{LDH}/(nS·s^n·cm^{-2})	R_{LDH}/(MΩ·cm^2)	Z_W/(nS·s$^{0.5}$·cm^{-2})	Y_{dl}/(nS·s^n·cm^{-2})	R_{ct}/(kΩ·cm^2)	χ^2/10^{-3}
镁合金	2.5	—	—	—	—	—	102.8	0.318	1.53
LDH	2.5	—	—	20.5	0.978	454	21.0	1148	0.04
PEI/PSS	2.9	1.32	2480	20.1	4.64	391	99.5	3568	1.07
PEI/PSS/8HQ	8.4	0.958	30500	21.0	36.0	705	72.0	68000	1.10
PEI/PSS/8HQ/PSS/PEI	6.7	0.668	65640	12.5	63.8	566	14.7	86750	2.58

Tafel 曲线结果表明，PEI/PSS/8HQ/PSS/PEI 膜层具有最优异的防腐能力［图 3-29（c）］。与未涂覆膜层的镁合金相比，涂覆涂层后的 E_{corr} 向正方向显著移动，j_{corr} 显著减小。一般来说，涂层的 E_{corr} 值越高，表明其防腐蚀性能越好[107]。在这些样品中，裸镁合金表现出最负的 E_{corr}（−1410 mV）和最高的 j_{corr}（6.0×10^{-5} A/cm^2）［图 3-29（d）］。LDH 层具有较高的 E_{corr}（−972 mV）和较小的 j_{corr}（8.37 nA/cm^2），表明其抗腐蚀能力显著增强。与单一 LDH 层相比，沉积 PEI/PSS/8HQ/PSS/PEI 膜后形成的复合涂层具有最高的 E_{corr}（−142 mV）和最低的 j_{corr}（0.888 nA/cm^2）。复合涂层的防腐蚀效率达到 99.999%，表明复合涂层对镁合金具有优异的防腐蚀性能。

同样，采用 EIS 谱图和 Tafel 曲线比较 LDH 和 PEI/PSS/8HQ/PSS/PEI 涂层暴露于腐蚀性溶液中 15 天内的长期防腐性能（图 3-31 和表 3-4）。结果表明，LDH 膜具有良好的物理阻隔作用和离子交换功能，虽然 LDH 涂层的 R_{ct} 值随着浸泡时间的延长呈下降趋势，但浸泡 15 天后仍高于 0.43 MΩ·cm^2。与此形成对比的是，在相同浸泡时间后，PEI/PSS/8HQ/PSS/PEI 涂层的 R_{ct} 值为 15.69 MΩ·cm^2［图 3-31（c）、图 3-31（e）和表 3-4］，约为 LDH 涂层的 36 倍。此外，PEI/PSS/8HQ/PSS/PEI 涂层的 R_{ct} 值在浸泡 11 天后可能因为缓蚀剂的释放而有明显的增加。此外，随着浸泡时间增加，LDH 涂层高频（10 kHz）相位角绝对值从 80°逐渐减小到 60°［图

3-31（b）]，表明在浸泡过程中 LDH 层逐渐降解[108]。对于 PEI/PSS/8HQ/PSS/PEI 涂层，经过相同的浸泡时间后，相位角绝对值仅从 87°减小到 80°。与单一 LDH 层相比，具有更好的耐蚀性［图 3-31（d)]。从 Tafel 曲线［图 3-31（f)］可以看出，浸泡 15 天后，PEI/PSS/8HQ/PSS/PEI 和 LDH 涂层的腐蚀电位分别为−0.415 和−1.100 V，腐蚀电流密度分别为 4.66 和 10.80 nA/cm^2。与单一 LDH 涂层相比，PEI/PSS/8HQ/PSS/PEI 复合涂层在腐蚀介质中长期浸泡后，R_{ct} 值仍明显更大，E_{corr} 值更正，j_{corr} 值更低，表明更稳定的防腐性能。

表 3-4　LDH 和 PEI/PSS/8HQ/PSS/PEI 涂层在腐蚀介质中暴露不同时间后的电化学参数

样品	R_s/ ($\Omega\cdot cm^2$)	Y_{PEMu}/ ($nS\cdot s^n\cdot cm^{-2}$)	R_{PEMu}/ ($M\Omega\cdot cm^2$)	Y_{LDH}/ ($nS\cdot s^n\cdot cm^{-2}$)	R_{LDH}/ ($M\Omega\cdot cm^2$)	Z_W/ ($nS\cdot s^{0.5}\cdot cm^{-2}$)	Y_{dl}/ ($nS\cdot s^n\cdot cm^{-2}$)	R_{ct}/ ($M\Omega\cdot cm^2$)	χ^2 / 10^{-3}
PEI/PSS/8HQ/PSS/PEI-1 d	5.20	0.518	43.61	1.52	39.68	564	60.3	55.05	1.85
4 d	4.30	0.169	38.97	3.31	34.09	164	66.6	37.95	4.77
7 d	5.40	0.218	12.60	2.87	12.11	547	44.2	13.83	2.36
11 d	4.00	0.170	23.18	9.60	14.69	395	12.0	23.48	2.51
15 d	5.61	0.194	16.64	9.09	10.08	135	15.9	15.69	3.81
LDH-1 d	5.40	—	—	8.25	0.573	906	160.1	0.876	4.76
4 d	6.05	—	—	6.65	0.570	854	836.4	0.718	3.68
7 d	5.13	—	—	8.41	0.300	772	492.3	0.779	2.67
11 d	4.80	—	—	0.23	0.201	341	8354.0	0.589	1.05
15 d	1.94	—	—	0.29	0.163	572	701.0	0.437	1.28

通过一端封闭的滴管析氢实验也证实 PEI/PSS/8HQ/PSS/PEI 涂层优异的长期耐腐蚀性能(见图 3-31)。裸露镁合金在暴露过程中表现出非常明显的析氢体积[图 3-31（h)]。尽管在整个浸泡过程中，两种涂层的析氢含量都很小，但浸泡 15 天后，PEI/PSS/8HQ/PSS/PEI 涂层的氢含量仅为 0.01 mL/cm^2，显著低于单一 LDH 涂层的氢含量（0.31 mL/cm^2)。浸泡 5 天后，裸露的镁合金腐蚀严重，表面完全被腐蚀产物覆盖［图 3-31（i)]。相比之下，浸泡 15 天后，视觉上 LDH 和 PEI/PSS/8HQ/PSS/PEI 涂层与浸泡前相似，没有明显的腐蚀迹象。析氢结果和数码图像表明，LDH 和 PEI/PSS/8HQ/PSS/PEI 涂层具有相对稳定的耐蚀性，且后者比前者耐腐蚀性能更优异。后者防腐性能的提高无疑与缓蚀剂的缓蚀作用和聚电解质膜的物理屏障有关。

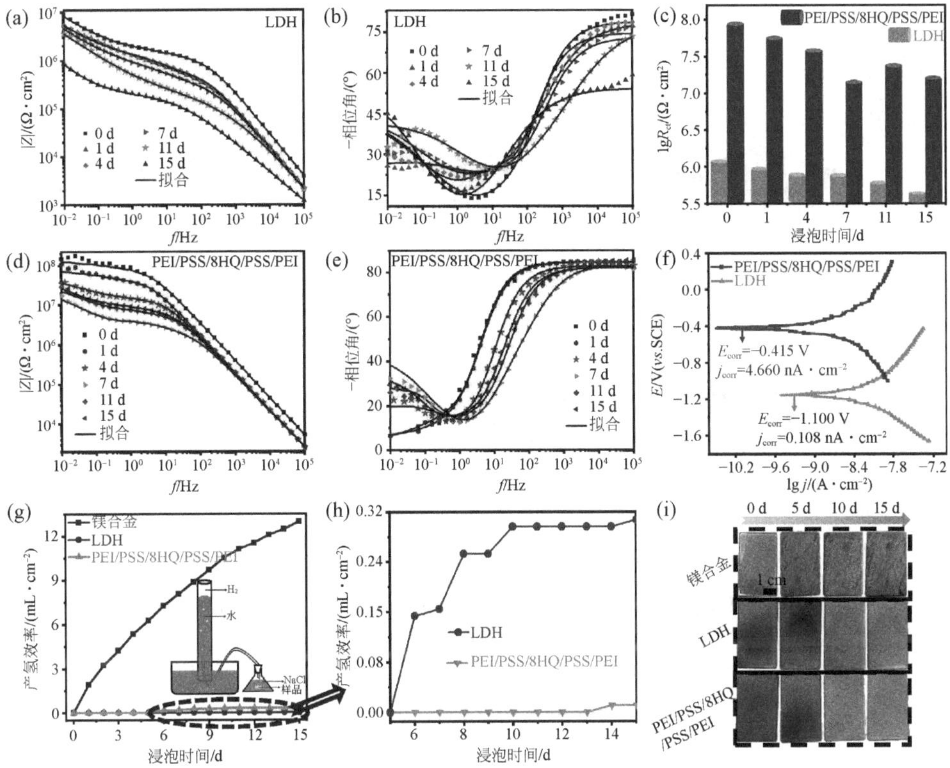

图 3-31 (a)、(b) LDH 和 (d)、(e) PEI/PSS/8HQ/PSS/PEI 膜层在氯化钠溶液中的 EIS 随浸泡时间的变化；(c) R_{ct} 的对数随时间的变化；(f) 暴露 15 天后的 Tafel 曲线；(g)、(h) 裸镁合金和涂覆 LDH 和 PEI/PSS/8HQ/PSS/PEI 涂层后的镁合金 [(25×15×2) mm^3] 在 50 mL NaCl 溶液中浸泡半个月内氢气的析出体积和 (i) 暴露不同天数后宏观形貌的数码照片

采用 SVET 法测量不同涂层表面电流密度，分析人工微缺陷处的阴极和阳极行为（图 3-32）。将只生长单一 LDH 涂层的镁合金暴露在 3.5wt% NaCl 溶液中，可以观察到明显的阳极行为 [图 3-32 (a)]。浸泡初期，腐蚀电流密度随浸泡时间的延长而增大。浸泡 18 h 后，缺陷处电流密度减小，可能是由于 LDH 相的自愈作用和腐蚀产物在缺陷处的堆积对腐蚀形成一定的抑制作用[109]。PEI/PSS/PEI/PSS 涂层在腐蚀介质中的电流密度变化与 LDH 涂层相似 [图 3-32 (b)]。随着时间增加，电流密度也有先增加后减少的趋势。不过，与单一 LDH 涂层相比，PEI/PSS/PEI/PSS 涂层在暴露仅 3 h 后电流密度开始略有下降。相比之下，后者自我修复所需时间大大减少，表明由于聚电解质的迁移性，防腐能力得到提高。随着浸泡时间延长，腐蚀电流密度再次显著增加，表明阳极过程没有得到充分抑制。浸泡 24 h

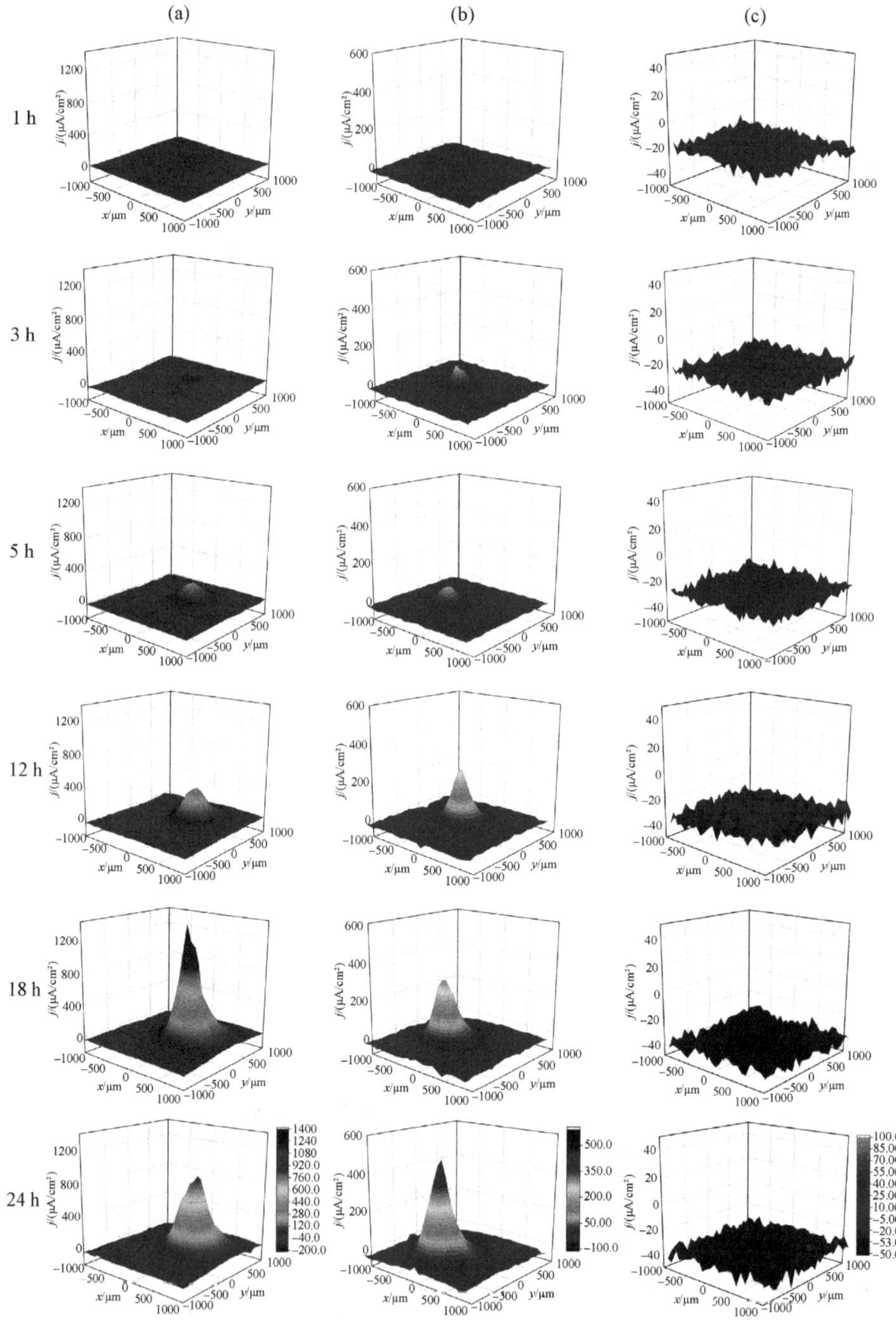

图 3-32　LDH（a），PEI/PSS/PEI/PSS（b）和 PEI/PSS/8HQ/PSS/PEI（c）涂层在腐蚀介质中不同暴露时间下表面人工缺陷处的三维 SVET 电流密度图

后，PEI/PSS/PEI/PSS 涂层的最大腐蚀电流密度显著降低，约为 482.5 μA/cm^2，仅为单一 LDH 涂层的三分之一。PEI/PSS/8HQ/PSS/PEI 涂层在 24 h 浸泡过程中表现出明显不同的电流密度变化［图 3-32（c）］。在浸泡实验中没有检测到明显的阳极电流，表明阳极氧化反应得到充分抑制。PEI/PSS/8HQ/PSS/PEI 涂层在 30 min 内的电流密度变化（图 3-33）表明，8HQ 作为一种混合型缓蚀剂，可以在很短时间内充分抑制阳极反应，同时将阴极反应控制在较慢的速度范围。阴极电流密度主要来源于水还原为氢气的反应[110]。开始时（1 min），阴极电流密度略高于 30 μA/cm^2，5 min 后由于 8HQ 缓蚀剂的持续释放，阴极电流密度被抑制并降至 15 μA/cm^2 左右。随后，虽然电流密度随时间缓慢增加，但在 30 min 后仅增加到约 30 μA/cm^2。三种涂层表面人工缺陷的初始直径均为～76 μm（图 3-34）。暴露 24 h 后，LDH 和 PEI/PSS/PEI/PSS 涂层表面的缺陷尺寸分别显著增大至 451 μm 和 315 μm 左右，

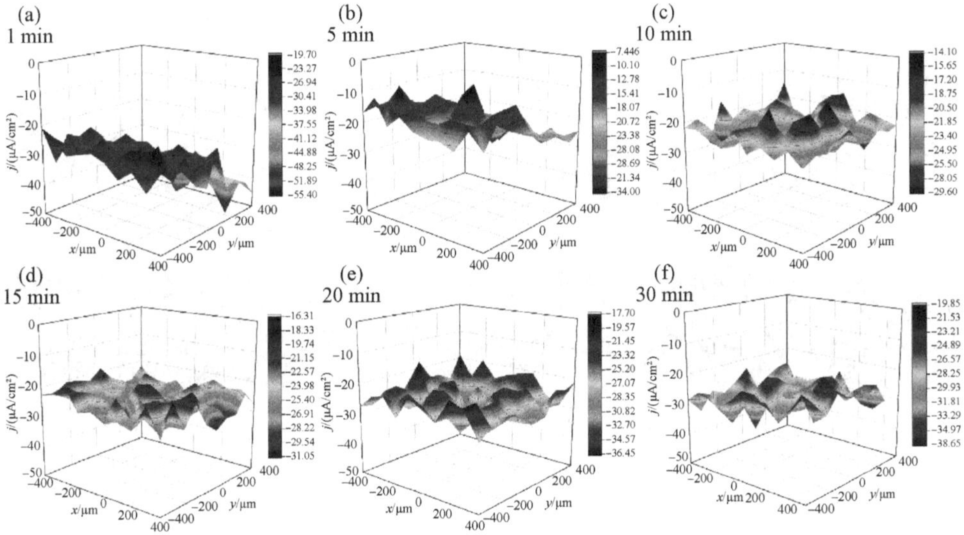

图 3-33　PEI/PSS/8HQ/PSS/PEI 复合涂层在 3.5wt% NaCl 溶液中浸泡不同时间的 SVET 图：（a）1 min、（b）5 min、（c）10 min、（d）15 min、（e）20 min、（f）30 min

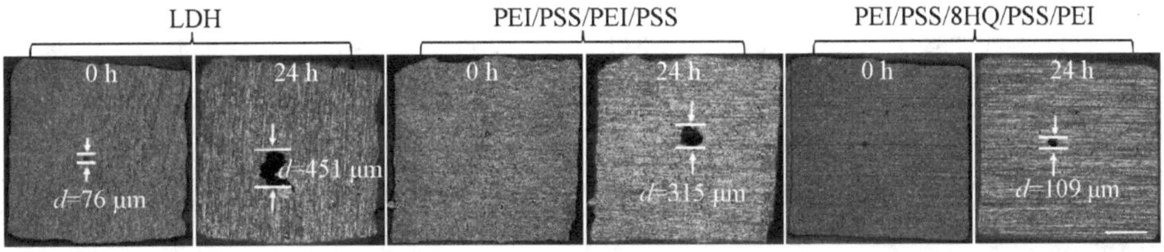

图 3-34　在 3.5wt% NaCl 溶液中不同 LDH 涂层进行 24 小时的 SVET 测试前后缺陷处的金相图像，表明复合涂层发生了自修复过程和具有优异的防腐蚀性能

而 PEI/PSS/8HQ/PSS/PEI 涂层缺陷的增加尺寸则要小得多。SVET 和金相图像证明，PEI/PSS/8HQ/PSS/PEI 涂层具有良好的自愈能力和耐腐蚀性。

将带有人工划痕的 LDH、PEI/PSS/PEI/PSS 和 PEI/PSS/8HQ/PSS/PEI 涂层浸泡在 3.5wt% NaCl 溶液中。观察金属表面的腐蚀程度和元素变化［图 3-35（a）～（c）］。金相图像显示，三种涂层的初始划痕深至基体并具有相似的宽度。在腐蚀介质中浸泡时，划痕附近发生化学反应，形成沉积物填充缺陷，浸泡后三种涂层表面的划痕深度变浅，不如开始时明显。不过，单一 LDH 和 PEI/PSS/PEI/PSS 涂层，特别是前者划痕区沉积物相对疏松，划痕区沉淀膜中有明显的微裂纹。原因是腐蚀介质渗透到镁合金基底表面，产生了疏松多孔的氢氧化镁和氧化镁沉积膜。相比之下，PEI/PSS/8HQ/PSS/PEI 涂层划痕区析出层非常平整致密。EDS 结果表明，与 PEI/PSS/PEI/PSS 涂层相比，PEI/PSS/8HQ/PSS/PEI 涂层在划痕区域的 N 元素含量明显更高［图 3-35（d）和表 3-5］，证实划痕区域存在 8HQ 缓蚀剂。

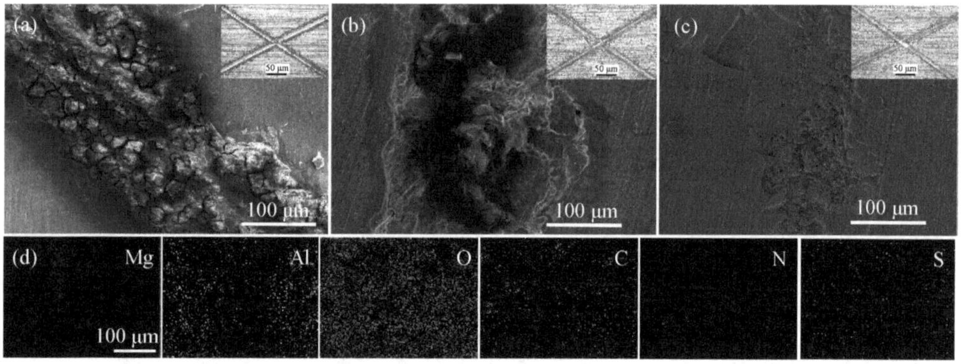

图 3-35　涂层和人工划痕的形貌和组成（a）LDH，（b）PEI/PSS/PEI/PSS 和（c）PEI/PSS/8HQ/PSS/PEI 涂层浸泡 24 小时后的 SEM 图像以及浸泡在腐蚀性介质之前划痕的金相图像（插图），（d）PEI/PSS/8HQ/PSS/PEI 涂层暴露于腐蚀介质后划伤区域附近的 EDS 元素分布图

表 3-5　LDH、PEI/PSS/PEI/PSS、浸泡两天后划痕处 PEI/PSS/8HQ/PSS/PEI 涂层的 EDS 成分（wt%）

	Mg	Al	C	O	N	S
LDH	34.74	5.12	8.98	50.51	—	—
PEI/PSS/PEI/PSS	35.61	3.01	12.90	47.56	0.75	0.06
PEI/PSS/8HQ/PSS/PEI	37.81	4.12	13.49	43.33	1.12	0.13

3.3.5　负载 8HQ 聚电解质改性 MgAl-LDH 复合膜层的自修复机理

本节开发的 PEI/PSS/8HQ/PSS/PEI 复合涂层具有自愈功能，表现出优异的耐

腐蚀性能。原因主要为 LDH 相的离子交换能力、8HQ 缓蚀剂的抑制作用以及聚电解质对多孔结构的封闭的共同作用。

首先，LDH 层的物理屏障和阴离子交换性是影响其自愈功能的关键因素。除了作为物理屏障外，LDH 膜层的离子交换功能同样非常重要。因为通过该功能，当膜层因机械或化学原因形成缺陷时，LDH 相能够捕获腐蚀性阴离子（例如 Cl^-），同时释放缓蚀剂来抑制腐蚀。通常，CO_3^{2-} 插入的 LDH 相不容易与其他腐蚀性阴离子进行离子交换。不过，沉积在镁合金上的 CO_3^{2-} 插层 LDH 相可以发生离子交换。原因在于 CO_3^{2-} 离子与 Mg^{2+} 反应生成 $MgCO_3$ 沉淀，促进了 CO_3^{2-} 和 Cl^- 之间的交换反应[51]。此外，由于 $MgCO_3$ 具有相对更高的溶度积常数，容易在腐蚀缺陷处转化为 $Mg(OH)_2$ 沉淀，阻碍进一步腐蚀。

其次，形成致密且耐腐蚀的 $Mg(HQ)_2$ 膜。镁合金复合涂层在长期服役时，不可避免地会发生机械或化学损伤。腐蚀介质（如 Cl^-）必然会穿透涂层到达基体表面，将金属镁氧化成 Mg^{2+} 离子。同时，聚电解质层之间的 8HQ 会释放并随腐蚀介质扩散到镁合金表面。它与 Mg^{2+} 结合，在缺陷处形成致密且不溶的 $Mg(HQ)_2$ 膜，抑制腐蚀反应[111]。

再次，由于聚电解质薄膜的固有特性，对多孔结构有密封作用。聚电解质薄膜平铺在 LDH 相和 8HQ 表面，与 LDH 纳米片垂直生长于镁合金表面不同，这种复合结构有效地封闭了 LDH 膜中的微纳米级孔隙（图 3-36）。而且，聚电解质具有良好 pH 缓冲和溶胀能力，有助于形成致密的屏障层，减少腐蚀介质的渗透[89]。与共价键相比，打破聚电解质间离子键所需的活化能较低。在暴露过程中，由于局部环境从腐蚀性电解质到温和环境的波动，部分离子键可断裂并重组形成热力学上更有利的聚合物结构，表现出迁移性和自愈性[95]。PEI/PSS/PEI/PSS 和 PEI/PSS/ 8HQ/PSS/PEI 涂层中，在划痕区域能够检测到均匀分布的 N 和 S 元素[图 3-35（d)，图 3-37 和图 3-38]，表明聚电解质在划痕区域确实发生了迁移。聚电解质的流动可有效地密封和修复受损坏部位（图 3-36），提高防腐性能。

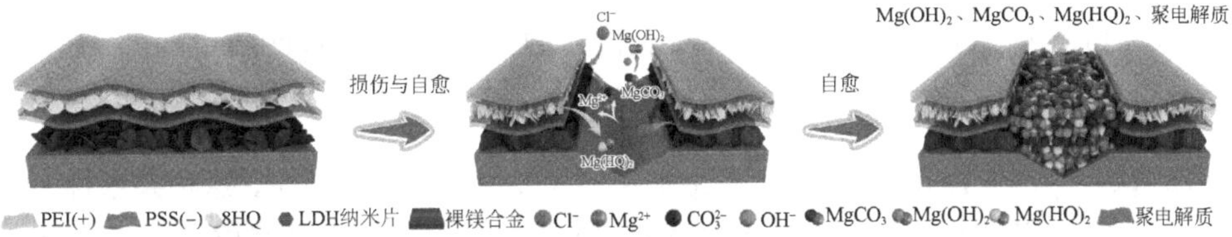

图 3-36　镁合金表面 PEI/PSS/8HQ/PSS/PEI 涂层的自愈机理示意图

最后，PEI/PSS/8HQ/PSS/PEI 复合涂层耐腐蚀能力相比于单一 LDH 层有所提升，与涂层表面疏水性的提升有关。通常，涂层表面接触角越大，疏水性和耐腐

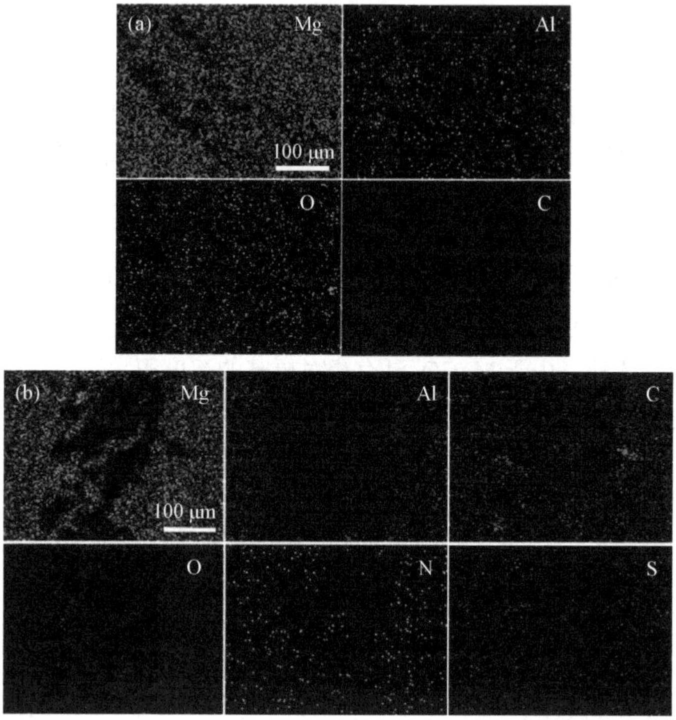

图 3-37　LDH（a）和 PEI/PSS/PEI/PSS（b）涂层浸泡两天后，不同元素在划痕处的 EDS 图

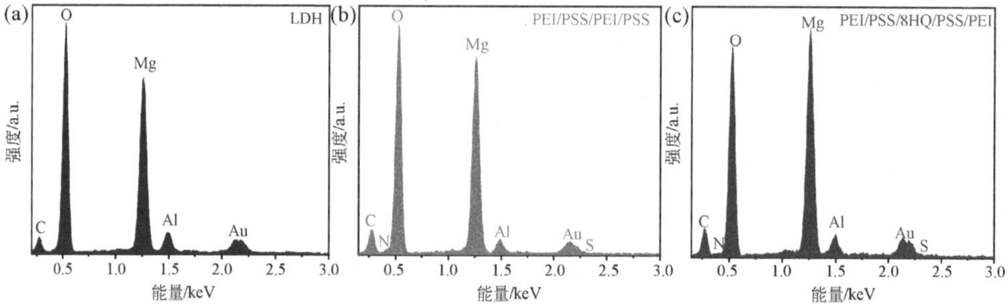

图 3-38　LDH（a）、PEI/PSS/PEI/PSS（b）、浸泡两天后，PEI/PSS/8HQ/PSS/PEI（c）涂层在划痕处的 EDS 能谱

蚀性越好[87]。纯 LDH 层表面的静态水接触角（WCA）仅为 9.5°，这种亲水性［图 3-39（a）］源于 LDH 相中丰富的亲水性基团—OH。沉积聚电解质和 8HQ 层后，WCA 值显著增加到约 50°［图 3-39（b）～（d）］。涂层表面亲水性的降低与耐蚀性的增强一致。

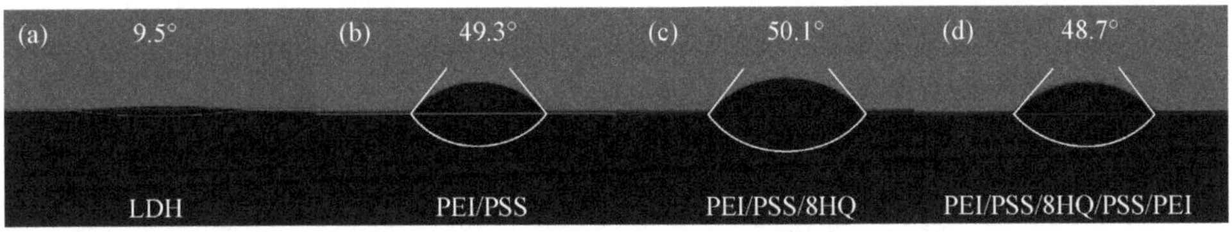

图 3-39　不同涂层表面水滴的静态接触角

3.3.6　小结

本小节研究提出并证实了一种在生长 LDH 膜的镁合金表面构建负载 8HQ 缓蚀剂的三明治状聚电解质膜的方法。通过 LBL 自组装形成的多层聚电解质膜具有良好的防腐蚀性能和自愈能力。聚电解质膜与 LDH 层的强附着力可有效封闭 LDH 膜中的微纳米级孔隙，降低腐蚀介质的渗透。聚电解质的流动特性和缓蚀剂与镁离子反应产生的 $Mg(HQ)_2$ 沉淀有助于封堵和修复机械裂纹和缺陷，有效抑制腐蚀过程。三明治状聚电解质膜结构有助于减少 8HQ 向本体溶液中的无效释放和扩散，使基体表面更长时间保持较高的缓蚀剂浓度，提高和延长缓蚀效果。本节开发的有效密封微/纳米孔的思想可为设计持久和高耐腐蚀的金属自愈涂层提供借鉴。

3.4　聚硅氧烷改性 LDH 膜层对镁合金化学沉积镍层电偶腐蚀的抑制性能

3.4.1　引言

本书绪论部分曾综述，化学沉积镍合金层是一种典型的镁合金表面处理方法，具有诸多优点。不过，镁合金-化学沉积镍体系是典型的阴极性保护镀层。镍镀层的孔隙率对镀镍镁合金体系的耐蚀性和使用寿命起着至关重要的作用[8]。当腐蚀性电解质利用孔隙穿透镀层，到达镁合金基底，则易发生强烈电偶腐蚀，不但不能起到耐腐蚀作用，反而会使镁合金加速腐蚀[8,74,112,113]。遗憾的是，在化学镀过程中，由于还原剂氧化产生 H_2 气体，化学镀镍（electroless nickel plating，ENP）层中的针孔尽管可以通过一些方法减少，但很难避免[8]，削弱了 ENP 涂层的腐蚀保护能力。为了减少孔隙对 Ni/Mg 体系的不利影响，已有文献开发了不同结构的双膜镍镀层，如 Ni—B/Ni—P[112] 和 Ni—P/Ni—Sn—P[74]。由于内外侧两层膜中缺陷的不匹配，形成穿透整个双膜复合镀层孔隙的机会大大低于单一膜镀层，从而提高耐腐蚀性能。

除了电偶腐蚀外，ENP 涂层还具有“结节”状结构的问题。由于“结节”之间存在胞界，特别是多条胞界的交叉处容易优先发生点蚀和裂纹[114]，该问题难以通过简单构建具有不同化学成分的内外双层结构来解决。即使采用其他金属元素（如 Zn 和 Cu）进行合金化以及通过 Ni—P 合金化形成三元甚至四元镍基镀层也难以避免胞界的形成[82]。迫切需要开发有效的方法来解决这两个问题。前文主要介绍了 LDH 以 MgAl-LDH 或者 ZnAl-LDH 等膜层的形式直接生成在镁或者铝合金表面，并通过物理屏障和离子交换功能实现腐蚀防护[115,116]。实际上，相较于 MAO 膜层，LDH 膜层中纳米片之间的间隙要小得多，因而也有文献将 LDH 膜生长于经 MAO 处理的镁合金表面，以降低或封闭氧化膜中存在的大量不规则孔隙[58]。前文主要探讨在具有高化学活性的镁合金表面生成 MgAl-LDH 膜，对于具有较高化学惰性的镀镍层表面能否原位生长 NiAl-LDH 膜层并不清楚。

尽管近年分别将 ENP 镀层和 LDH 涂层用于镁合金腐蚀防护都取得了不小进步，但并未见将两者结合起来以发挥各自优势的文献报道。本小节尝试开发一种新的策略，即通过水热法在镁合金 ENP 镀层表面原位生长 NiAl-LDH（即 ENP/LDH 涂层），利用 LDH 膜对 ENP 中的胞晶和孔隙进行封闭，以有效抑制电偶腐蚀问题。同时，考虑到 NiAl-LDH 膜仍存有孔隙，并且表面具有丰富的亲水羟基，有利于水性腐蚀介质渗透，不利于腐蚀防护。采用 1*H*，1*H*，2*H*，2*H*-全氟癸基三甲氧基硅烷（PFDTMS）对 LDH（若不特别说明，本小节下文中缩写中的 LDH 均表示 NiAl-LDH）表面进一步修饰，以形成耐腐蚀能力更强的 ENP/LDH/PFDTMS 复合涂层。本小节将对制备膜层的结构、形貌和组成进行表征，通过电化学和浸泡实验对耐蚀性进行评估。同时，对 ENP/LDH/PFDTMS 涂层的超疏水性和自清洁能力进行研究。

3.4.2 镁合金化学镍表面聚硅氧烷改性 LDH 膜层的制备和表征

材料和试剂：AZ31 镁合金板材（25 mm×15 mm×2.0 mm）的组成主要包括 2.75wt% Al，1.15wt% Zn，0.16wt% Mn 和剩余 Mg。$Al(NO_3)_3 \cdot 9H_2O$（≥99%），1*H*，1*H*，2*H*，2*H*-全氟癸基三甲氧基硅烷（PFDTMS，98%）和 NaCl（>99%）均购于中国上海阿拉丁公司。NaOH（≥99.9%）、Na_2CO_3（≥99.8%）和乙醇（C_2H_5OH，≥99.7%）购自中国成都国药化学试剂有限公司。

ENP/LDH/PFDTMS 涂层的制备：在化学镀镍前，用一系列不同目数碳化硅砂纸（最高为 1200 目）对镁合金片材进行抛光，并在丙酮和碱性溶液中进行超声波脱脂。将镁合金在磷酸溶液中进行酸洗，在含氟溶液中进行活化，除去氧化物，并形成临时的保护膜，并在此基础上进行镍合金层的沉积。将预处理后的镁合金浸没于加热至指定温度的镀液中进行施镀。各种溶液的组成及相应的化学镀工艺操作条件可参见文献[37]。用 ENP 表示在镁合金上仅沉积镍合金层的样品。

通过水热法在镍合金层表面生长 LDH 层得到了 ENP/LDH 样品。首先，配制 0.06 mol/L 硝酸铝和 0.01 mol/L 碳酸钠的混合溶液，用 NaOH 溶液（5.0 mol/L）将混合溶液 pH 调节约为 12.0；然后，将镀镍的镁合金片垂直放置在 50 mL 特氟龙内衬的高压釜中。向该高压釜中倒入配制好的碱性溶液。密封盖紧高压釜后，转移至 125℃烘箱中反应 6 h。反应结束并冷却至室温后，将样品从高压釜中移出，经去离子水洗涤，65℃烘箱过夜干燥，所得样品用 ENP/LDH-6 h 表示。采用上述同样方法，但反应时间分别为 12 h 和 24 h 所制得的样品标记为 ENP/LDH-12 h 和 ENP/LDH-24 h。温度为 25℃下，将 ENP/LDH 样品浸泡在组成为 0.3 g PFDTMS、20 mL C_2H_5OH 和 30 mL H_2O 的溶液中浸泡 24 h，然后用去离子水洗涤，并在 60℃烘箱中干燥 2 h，得到 ENP/LDH/PFDTMS 复合涂层（如图 3-40 所示）。

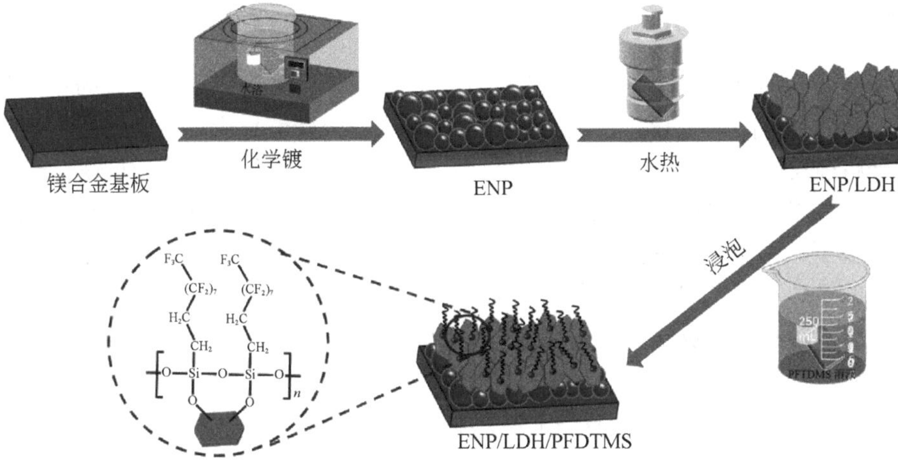

图 3-40　在镁合金表面制备 ENP/LDH/PFDTMS 复合涂层的流程示意图

膜层表征：采用 SEM（Hitachi SU8020）对膜层进行表面形貌、微观结构和截面的观察，并用 EDS 对膜层的化学成分进行表征。采用 XRD（D8 ADVANCE，German，Cu 靶，入射波长 λ=0.154 nm）对 ENP/LDH-12 h 的晶相结构进行表征，扫描速度为 5°/min，扫描范围为 5°～80°。利用共聚焦三维轮廓仪（Bruker Contour GT-X）研究复合涂层的微观结构和表面形貌。用 XPS（250Xi，Thermo-escalab，Waltham，MA，USA）测定膜层的组成和价态。利用外来碳的结合能（C 1s：284.8 eV）标定样品，并用 XPSPEAK41 软件分析 XPS 能谱。在波数为 500 cm^{-1} 到 4000 cm^{-1} 的范围内采集涂层的 FTIR 光谱（Nicolet 6700，Thermo Scientific，Waltham，MA，USA）。在温度为 25℃下，将体积为 5.0 μL 的水滴垂直滴在样品表面，利用光学接触角测量仪（SL200KS，USA）分析水的接触角（CA）和滑动角（SA）。

电化学测试：采用电化学工作站（Gamry，USA）在 3.5wt% NaCl 溶液中于 25℃下测试 Tafel 曲线和 EIS [117]。电化学测试均采用三电极体系，其中 SCE 作为参比电极，铂片作为对电极，暴露的镁合金、ENP、ENP/LDH 或 ENP/LDH/PFDTMS 样品作为工作电极（暴露面积：1.0 cm^2）。先使体系静止 20 min 以上，直至达到稳定的开路电位（OCP），然后再进行极化和 EIS 测量。EIS 测试频率范围为 10^5～10^{-2} Hz，施加振幅为 10 mV。为了评估膜层的耐久性，监测了 ENP/LDH 和 ENP/LDH/PFDTMS 涂层在不同暴露时间(最长 30 d)下的 EIS 光谱。采用 Gamry Analyst 软件通过不同 EC 模型对 EIS 数据进行拟合。Tafel 曲线测试扫描速率为 5 mV/s，电位范围为−500～500 mV（*vs.* OCP）。

3.4.3 化学镍表面制备聚硅氧烷改性 LDH 膜的组成、形貌以及结构

在 ENP 涂层的 SEM 图像中（图 3-41），可以清晰地观察到由于典型的花椰菜状镍晶胞而形成的许多长而直的胞界以及镀镍过程中析氢反应产生的针孔。胞界有利于腐蚀反应的发生 [118]。即使一个针孔穿透镍层，也会因镍合金与镁合金基体之间的强烈电偶腐蚀，对镀层造成严重破坏。在对样品进行水热处理的过程中，我们发现了一些显著的变化，镍合金镀层中原本典型的胞状组织不复存在，取而代之的是一种新的结构，即大量垂直排列且厚度各不相同的纳米片（图 3-42）。分析发现，随着水热反应时间的增加，纳米片层厚度和片层间距都呈现出逐渐增加的趋势。特别是当反应时间从 12 h 增加到 24 h 后，膜层厚度从 19.70 nm 增至 25.25 nm。值得注意的是，在较短的水热反应时间（6 h）时，得到的 LDH 膜层表

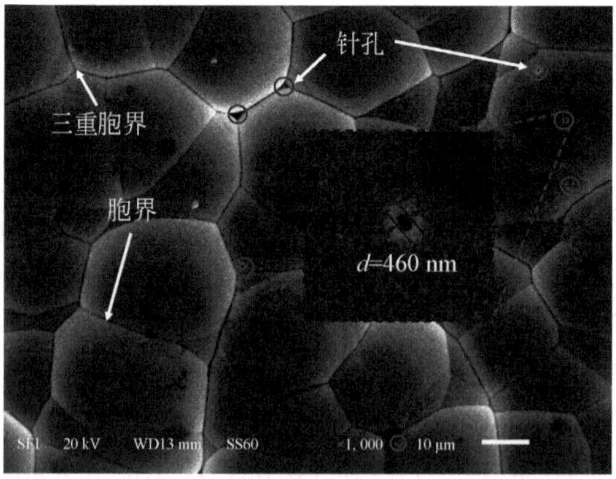

图 3-41 镁合金表面化学镀镍层的 SEM 图像

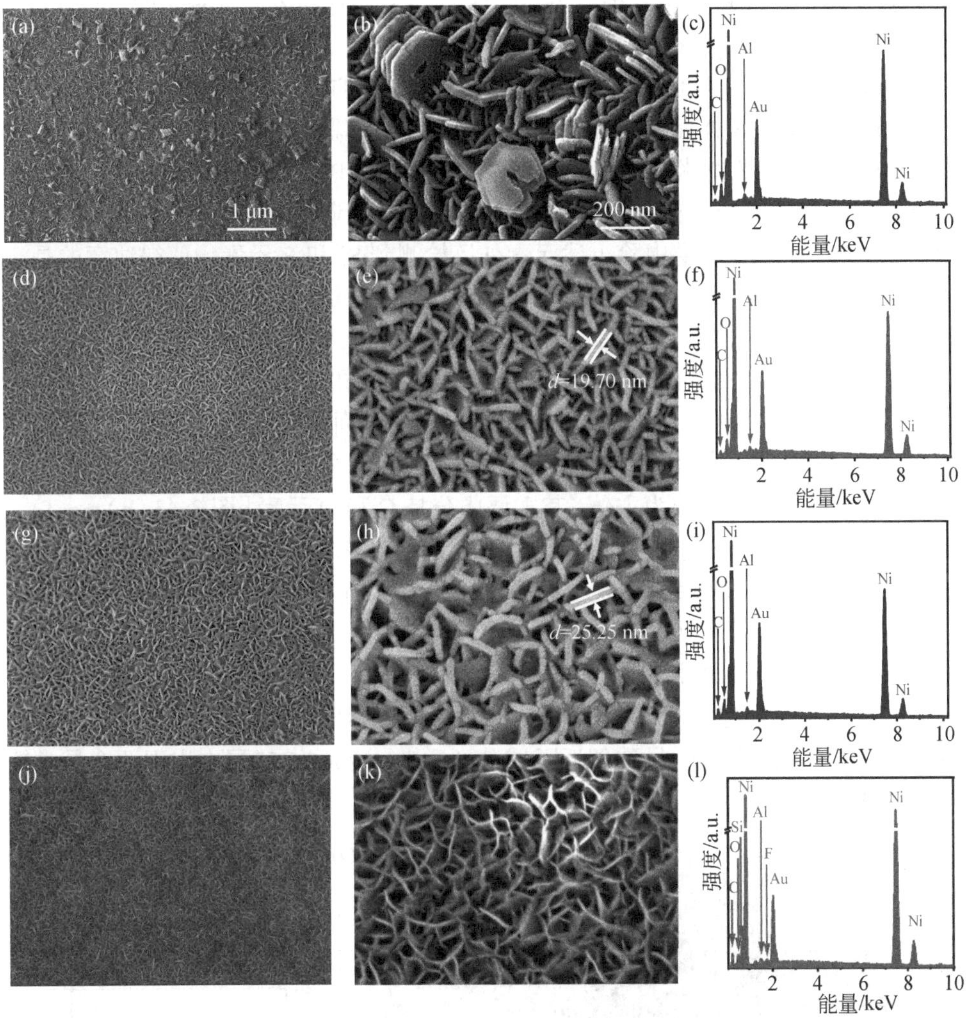

图 3-42　ENP/LDH-6 h（a）～（c）、ENP/LDH-12 h（d）～（f）、ENP/LDH-24 h（g）～（i）和 ENP/LDH/PFDTMS（j）～（l）涂层在镁合金表面的 SEM 图像和 EDS 谱图。左列和中间列为 SEM 图，放大倍数分别为 20 000 和 100 000 倍；右列为 EDS 图

面存在明显的不均匀性，许多大尺寸的晶体出现在表面［图 3-42（a）和图 3-42（b）］；在过长的水热反应时间时，纳米片之间的间隙得到扩大，从而为腐蚀电解质的渗入提供了有利条件［图 3-42（g）和图 3-42（h）］。基于这些观察，可以推断 ENP/LDH-12 h 样品具有最佳的耐腐蚀性能［图 3-42（d）和图 3-42（e）］。此

外，通过 EIS 和 Tafel 曲线等手段，这一推测也得到证实。因此，采用 PFDTMS 对 ENP/LDH-12 h 进一步修饰。PFDTMS 改性后的样品表面形貌［即 ENP/LDH/PFDTMS，图 3-42（j）和图 3-42（k）］没有明显变化，但与改性前相比更加致密。表面形貌的微小变化归因于硅氧烷在 LDH 纳米片的顶部和侧面的成功成膜。在 ENP/LDH/PFDTMS 样品的 SEM 俯视图像中，可以观察到顶部成膜导致纳米片层更薄，侧面成膜导致纳米片层间隙缩小。对比分析 ENP/LDH 和 ENP/LDH/PFDTMS 涂层的表面化学成分，在 ENP/LDH 涂层中仅检测到 Ni、Al、C 和 O 元素，而 ENP/LDH/PFDTMS 涂层中除上述元素外还检测到 Si 和 F 元素。值得注意的是，经 PFDTMS 改性后，LDH 膜表面 N 和 Al 元素的含量大幅降低，C 元素含量则明显增加，表明 PFDTMS 成功实现对 LDH 膜的修饰。

图 3-43 为 ENP/LDH-12 h 涂层的横截面 SEM 图、EDS 图和线扫描元素变化谱图，以证明在镍镀层上形成新膜。仔细观察横截面图可以看出，样品呈现出三种不同的区域。顶层区域以 Ni、P 和 O 元素为主；中间层以 Ni、Al、C 和 O 元素为主；底层则以树脂层为主体，其主要成分是 C 和 O 元素［图 3-43（b）～（f）］。通过 SEM 图像分析，三个区域的不同组成显示，在顶部镍磷合金层清晰可辨，中层是由 LDH 层构成，底部则是树脂层。此外，SEM 图像和线扫描光谱［图 3-43（g），图 3-44］显示，LDH 膜的厚度大约为 8.8 μm。镍磷合金层中有氧元素是由于制备横截面表面时的机械抛光和样品暴露在空气中而使镍氧化形成氧化镍。再者，在进行抛光处理的过程中，表面上的各种元素可能会受到水流的影响而沿着指定方向发生随机运动，导致邻近区域遭到污染，造成 LDH 层中出现两个异常镍峰［图 3-43（g）］。

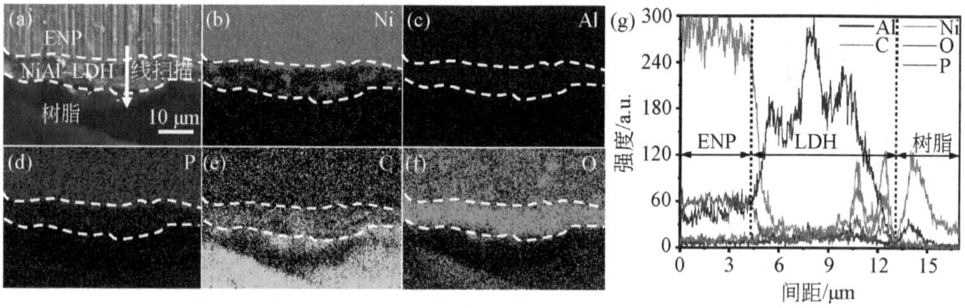

图 3-43　ENP/LDH-12 h 涂层的横截面（a）SEM 图像，（b）Ni、（c）Al、（d）P、（e）C、（f）O 元素对应的 EDS 图和（g）沿着（a）图中箭头的 EDS 线扫描图

通过对 ENP/LDH-12 h 样品的 XRD 图谱和 FTIR 光谱进行测定分析（图 3-45），证明 ENP 层上的纳米片确实为 LDH 相。图 3-45（a）可以看出，ENP/LDH-12 h 样

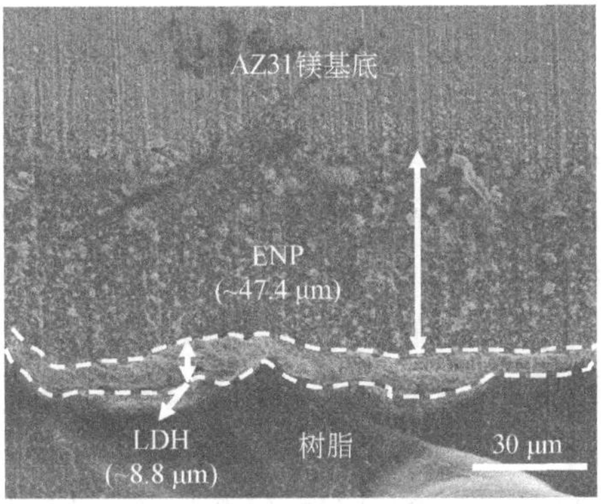

图 3-44　ENP/LDH-12 h 在镁合金表面的横截面图像

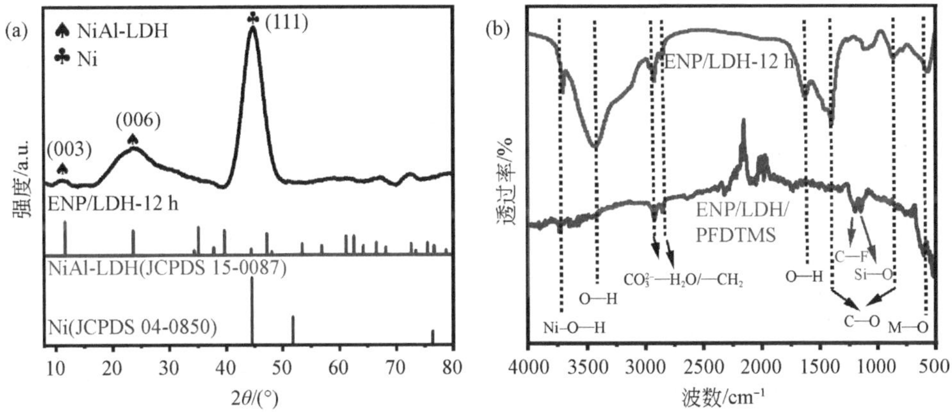

图 3-45　ENP/LDH-12 h 涂层的 XRD 谱图（a）以及 ENP/LDH-12 h 和 ENP/LDH/PFDTMS 涂层的 FTIR 谱图（b）。为了便于对比，XRD 图中同时给出 NiAl-LDH 和 Ni 的标准 JCPDS 谱

品的 XRD 图谱表明，除了底侧镍产生的强衍射峰外（44.48°，JCPDS NO.04–0850）[112]，在衍射角为 11.45°和 23.58°处有两个清晰的峰，源于 NiAl-LDH 相典型（003）和（006）晶面的衍射（JCPDS NO.15–0087）[116]，表明 LDH 相在 ENP 层上成功形成。与标准 LDH 相相比，由于 LDH 层相对较薄，X 射线能够透过涂层至底侧的 ENP 层，从而获得更强的镍信号，所以涂层的 XRD 图中出现很强的镍峰[图 3-45（a）]。ENP/LDH-12 h 的 FTIR 光谱进一步证实 LDH 相的成功形成［图 3-45（b）］。FTIR 光谱中波数低于 1000 cm^{-1} 的峰，如 571 cm^{-1} 附近的峰，通常认为是金属-氧键（M—O）的晶格振动[119]。波数为 3700 cm^{-1} 处的弱峰与八面体空间结构的 Ni—OH 的伸缩振动有关，而 3431 cm^{-1} 和 1630 cm^{-1} 处的吸收带源于层间水分子的氢键而产生的伸缩和弯曲振动[120]。波数为 1400 cm^{-1} 处的强吸收带和 1110 cm^{-1} 处的弱吸收带

分别对应于 LDH 相中插层 CO_3^{2-} 中的 C—O 键的不对称和对称伸缩振动[18]。根据已有研究，波数为 2925 cm^{-1} 和 2850 cm^{-1} 附近的小峰可能是—CH_2 的对称和不对称伸缩振动[121]，以及水与 CO_3^{2-} 之间的氢键[94,122]。可以推测，在 ENP/LDH 的 FTIR 光谱中，上述两个峰对应的是水与 CO_3^{2-} 之间的氢键，同时也可能与 ENP/LDH/PFDTMS 涂层中—CH_2 的伸缩振动有关。与 ENP/LDH 的 FTIR 光谱相比，在 ENP/LDH/PFDTMS 涂层的 FTIR 光谱中，波数位于 1200 cm^{-1} 和 1150 cm^{-1} 处可以清楚地观察到两个新峰，分别归属于 C—F 和 Si—O 键[58]。这些结果初步证明 ENP 合金上成功生长 LDH 膜，而 LDH 表面又成功形成 PFDTMS 膜。

在图 3-46 中，可以观察到 ENP/LDH-12 h 和 ENP/LDH/PFDTMS 涂层不同元素的高分辨率 XPS 能谱特征。在 ENP/LDH-12 h 涂层中［图 3-46（a）上侧谱图］，C 1s 谱图显示出一个以 284.8 eV 为结合能中心的主峰，这主要受外源碳的影响；

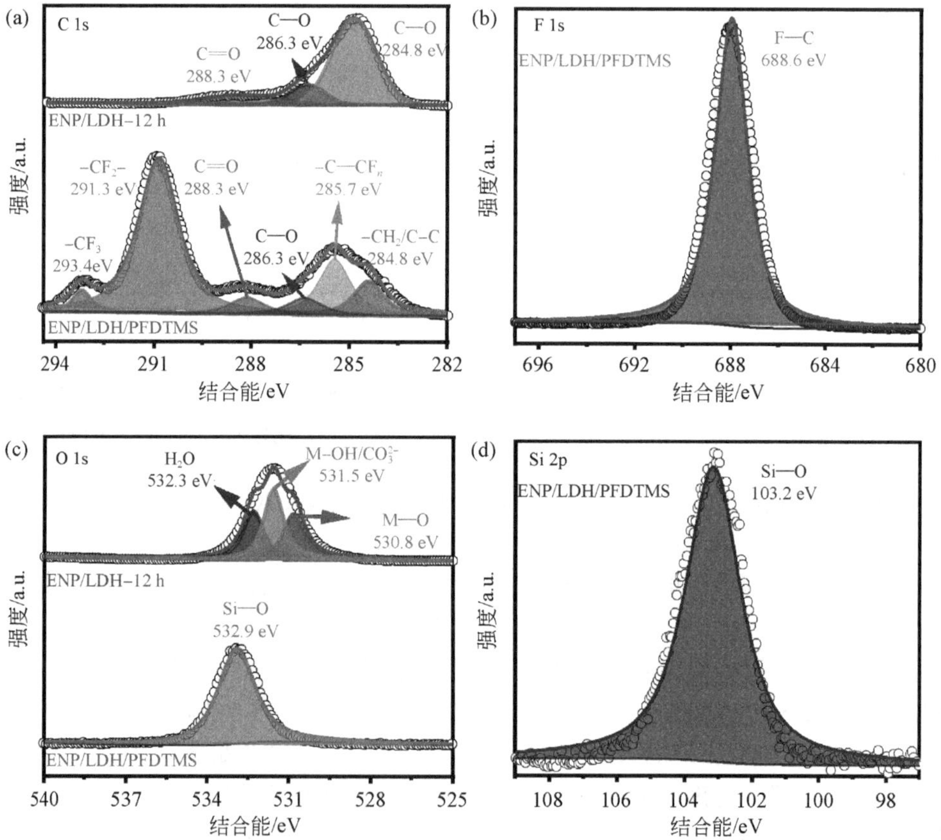

图 3-46　两种不同改性 LDH 涂层的（a）C 1s、（b）F 1s、（c）O 1s 和（d）Si 2p 高分辨率 XPS 能谱

同时，还注意到第二个和第三个相对较弱的峰，它们的结合能分别为 286.3 和 288.3 eV，推断与 LDH 相内 CO_3^{2-} 中的 C—O 和 C═O 键有密切的联系。在 PFDTMS 溶液中浸泡处理后，ENP/LDH/PFDTMS 样品的 C 1s 光谱可以拟合出 6 种不同的组分，除了上述两种类型的峰之外，还有 4 个不同的峰，结合能分别为 293.4、291.3（主峰）、285.7 和 284.8 eV，分别归属于—CF_3、—CF_2—、—C—CF_n 和—CH_2/C—C 键［图 3-46（a）底侧谱图］，证明 PFDTMS 在 LDH 层上成功接枝。该结论也可以通过 F 1s、O 1s 和 Si 2p 的高分辨率 XPS 能谱得到证实［图 3-46（b）～（d）］。图 3-46(b)显示，位于结合能为 688.6 eV 处的峰正是 PFDTMS 中 F—C 键的特征峰[123]。ENP/LDH 涂层的 O 1s 光谱分峰后，可得到 M—O（530.8 eV，M=Ni，Al）、CO_3^{2-}/M—OH（531.5 eV）和插层 H_2O（532.3 eV）三个峰［图 3-46（c）上侧谱图］[124]，而 PFDTMS 浸泡后，只有结合能为 532.9 eV 处归属于 Si—O 键的特征峰［图 3-46（c）底侧谱图］。ENP/LDH/PFDTMS 样品中 Si—O 键的存在也被 Si 2p 谱所证实，其结合能为 103.2 eV［图 3-46（d）］[20,58]。与新制备的 ENP/LDH-12 h 相比较，ENP/LDH/PFDTMS 样品的 C 1s 光谱中可以识别出 C—O 和 C═O 键对应的峰，而 ENP/LDH/PFDTMS 的 O 1s 光谱中无法识别出 M—O、CO_3^{2-}/M—OH 和插层 H_2O 对应的峰，表明 PFDTMS 膜的厚度可能在几至十纳米以上。由于 XPS 测试的穿透深度一般在 10 nm 以下，因此在测试区域，PFDTMS 膜厚度应低于临界值（～10 nm）时，才能获得底层 LDH 相的元素。

3.4.4　聚硅氧烷改性 LDH 膜表面的粗糙度、润湿性和自清洁性能

使用三维（3D）轮廓测量装置和光学接触角仪对 PFDTMS 修饰前后膜层的表面粗糙度和 CA 进行评估（图 3-47）。如图 3-47（a）和（b）所示，可以清晰观察到 ENP/LDH-12 h 和 ENP/LDH/PFDTMS 的表面形貌极为相似，两种膜层均展现出许多微米尺度的岛屿，其表面粗糙度（R_a）值约为 5 μm。这一结果表明经 PFDTMS 修饰后，涂层的表面微观结构并未发生显著变化，这与 SEM 图像中观察结果吻合（图 3-42）。根据三维表面轮廓和高倍 SEM 图像，可以得出涂层表面包含层级结构，即微米级镍岛和无数垂直于镍岛的 LDH 纳米片，与莲荚表面的分层结构相似。因此，可以预期，由这种 LDH 涂层制备而成的表面将展现出类似自然界中莲花的花瓣或是荷叶上的露珠般的超疏水特性。然而，如图 3-47（c）所示，我们发现 ENP/LDH 表面的静态水 CA 仅为 12.4°±2.4°，这表明该表面存在一定程度的亲水性，与超疏水材料的理想状态存在差距，这是由于 LDH 相表面存在大量亲水性—OH 基团。这一结果表明，对于 ENP/LDH 涂层，与层次结构相比，LDH

相中的亲水性—OH 基团对表面润湿性的影响更大。将 ENP/LDH 样品在 PFDTMS 溶液中简单浸泡后，—OH 基团会与水解后的 PFDTMS 中的羟基发生缩合反应，从而消耗掉—OH 基团，并通过化学键合形成具有低表面能的 PFDTMS 膜和超疏水表面。改性后的膜层表面静态接触角为 160.3°±1.3°，滑动角为 7.0°±0.5°［图 3-47（d）和图 3-47（e）］，表明表面由亲水性向超疏水性转变。由于 LDH 层的分级结构和 PFDTMS 的低表面能使 ENP/ LDH/PFDTMS 样品具有优异的超疏水性能。涂层的超疏水耐久性是实现镁合金长期腐蚀防护的关键。超疏水涂层的耐久性通过将样品暴露在空气中 3 个月和 NaCl 溶液中放置两周来评估［图 3-47（f）和图 3-47（g）］。与图 3-47（d）相比，由图 3-47（f）可知，在空气中暴露 3 个月后，ENP/LDH/PFDTMS 涂层静态水接触角基本不变，保持在 158.8°±2.5°。当暴露于更具侵略性的腐蚀环境（3.5wt% NaCl 溶液）两周后，ENP/LDH/PFDTMS 涂层接触角降至 151.1°±2.8°，表面仍具有超疏水性能。腐蚀环境暴露后的接触角试验表明，ENP/LDH/PFDTMS 膜具有良好的超疏水耐久性，是一种极具应用前景的户外防护材料。

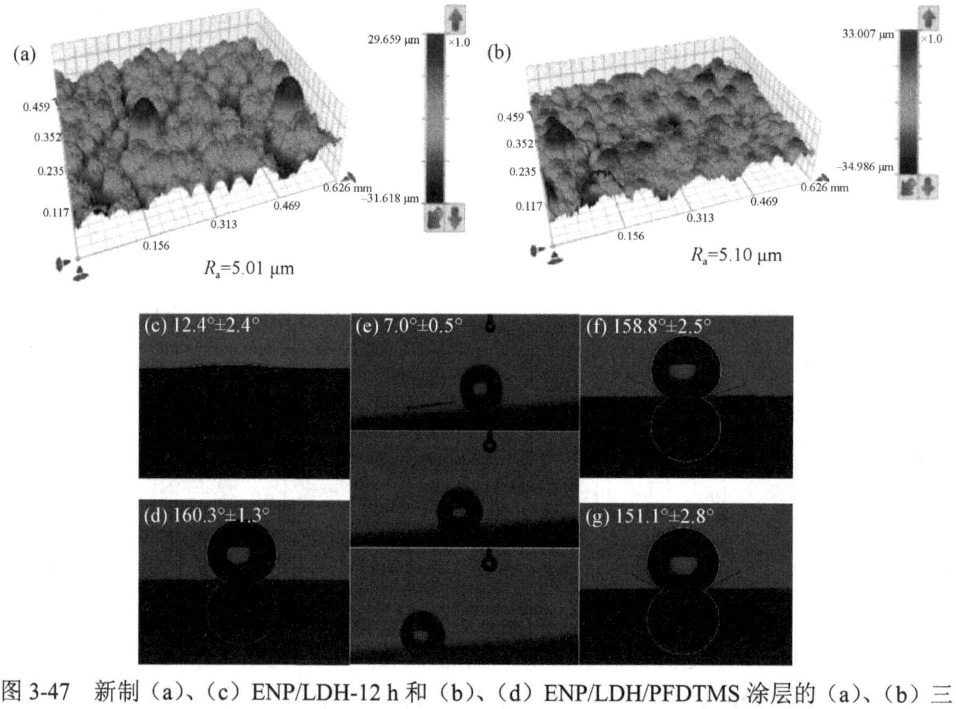

图 3-47　新制（a）、（c）ENP/LDH-12 h 和（b）、（d）ENP/LDH/PFDTMS 涂层的（a）、（b）三维表面粗糙度形貌和（c）、（d）静态水接触角光学图像，（e）新制 ENP/LDH/PFDTMS 表面 5 μL 水滴滑动时的光学图像，ENP/LDH/PFDTMS 涂层于 25℃（f）在空气中暴露 3 个月和（g）在 3.5wt%氯化钠溶液中暴露 14 天后静态水接触角的光学图像

为进一步研究 PFDTMS 处理后的 ENP/LDH 膜表面的超疏水性，进行了一系列静态接触角测试。将不同类型和浓度的液体滴在 ENP/LDH/PFDTMS 表面，包括可乐、牛奶、咖啡、HCl 溶液（pH=4）、NaOH 溶液（pH=12）等，以评估涂层在各种潜在应用环境下的适用性（图 3-48）。观察图 3-48（a），可以看出每个液滴几乎都保持着接近球形的形状，并且均匀立于 ENP/LDH/PFDTMS 表面。这表明，无论是对弱酸、弱碱溶液还是对日常生活中一些常见的饮品，该涂层均表现出稳定的润湿性和较好的化学稳定性。从图 3-48（b）可以看出，除 NaOH 溶液外（平均值为 143.5°），其余溶液表面的平均静态接触角均高于 150°，表明 ENP/LDH/PFDTMS 表面在与各种液滴接触时均具有良好的排斥性[32]。

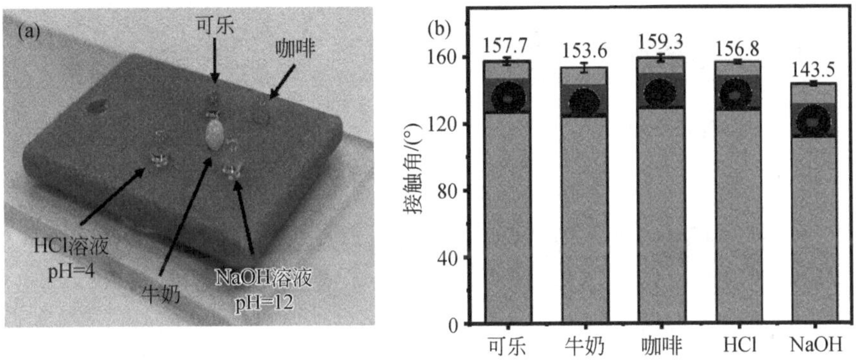

图 3-48　ENP/LDH/PFDTMS 涂层表面滴加不同腐蚀介质液滴的数码照片（a）和相应的静态接触角（b）

将 ENP/LDH-12 h［图 3-49（a1）］和 ENP/LDH/PFDTMS［图 3-49（b1）］以约 8°的倾斜角放置于培养皿内，以黑色石墨粉作为污染源随机地撒落在涂层表面，并使用水滴清洗，通过拍照记录不同时间涂层表面的状态变化情况，以直观比较其自清洁能力的差异性。具体而言，当向污染的 ENP/LDH-12 h 样品表面滴入大约 9 个水滴时，这些小水滴迅速聚集并融合成一个体积更大的液滴[图 3-49(a2)]。涂层本身具有较强的亲水性和受重力的影响，所以大液滴以扁平的形状被固定在涂层表面，导致石墨粉与水一起黏附在涂层表面。随着水滴数量的不断增加，由于重力的作用，水开始沿着斜面流下来，并将部分石墨粉带到培养皿中。用一支注射器的水将被污染的 ENP/LDH-12 h 表面全部冲洗后，少量水和石墨粉仍残留在表面［图 3-49（a3）］。实验中发现，当水滴滴在 ENP/LDH/PFDTMS 样品［图 3-49（b2）］表面后，呈近似球形，并在被石墨粉污染的表面快速滚动，且一旦接触亲水的培养皿，便立即铺展开。此样品使用一个注射器量的水滴可以很容易地将黑色石墨粉彻底清洗干净，并且冲洗后 ENP/LDH/PFDTMS 表面几乎看不到残余石墨粉［图 3-49（b3）］。由于 ENP 表面 LDH 纳米片之间丰富的纳米级间隙和超疏水性造就 ENP/LDH/PFDTMS 样品的自清洁特性(见图 3-42 所示 SEM 图像)。LDH 薄膜的纳米间隙非常小。但是，它们可以捕获大量空气，防止石墨粉（污垢）渗透到内部空间，减少固液界面的面积分数，最大限度地减少石墨粉与 ENP/LDH/PFDTMS 表面之间的接触面积和黏附力。这两种效应都会增加水滴和石墨之间的附着力。因此，石墨粉可以很容易地被液滴携带并从涂层表面完全冲走，使 ENP/LDH/PFDTMS 表面具有出色的自清洁性能。超疏水 ENP/LDH/PFDTMS 涂层良好的自清洁性能表明其在实际应用中具有防止镁合金污染的能力。

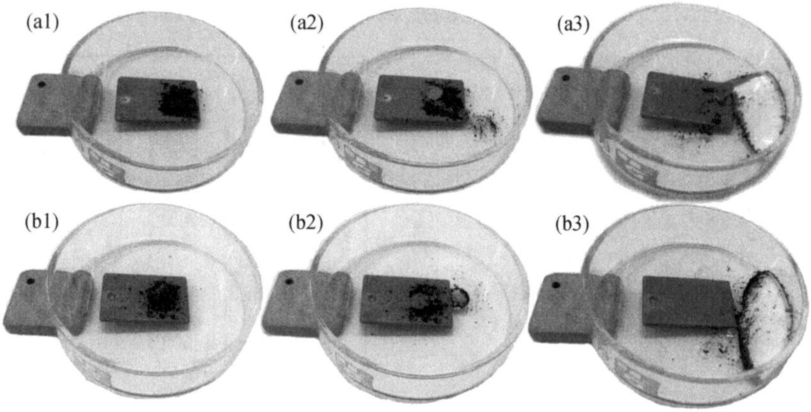

图 3-49　ENP/LDH-12 h（a）和 ENP/LDH/PFDTMS（b）涂层的自清洁实验：状态 1 为刚铺撒好石墨粉的涂层表面；状态 2 为水滴部分清洁后的涂层表面；状态 3 为经一支注射器水滴清洁后的涂层表面

3.4.5　镁合金化学镍经聚硅氧烷改性 LDH 膜层封闭后的抗电偶腐蚀性能

在 3.5wt% NaCl 腐蚀电解质中，测定裸镁合金和镀覆不同涂层镁合金的电化学阻抗谱和 Tafel 曲线以评价不同复合涂层的耐蚀性（图 3-50）。一般来说，EIS 低频阻抗模量越高，涂层的耐蚀性越强[121]。从图 3-50（a）中可以看出，经过涂层处理的所有样品在低频处的阻抗模量都远高于裸露的镁合金，表明镀覆不同涂层后耐蚀性均有所提高。通过比较可以看出，ENP、ENP/LDH-*x* h（*x*=6、12 和 24）和 ENP/LDH/PFDTMS 涂层的阻抗模量分别相对最低、中等和最高，说明 PFDTMS 改性 LDH 膜在 ENP 层表面生长有利于复合涂层的防腐。通过不同反应时间获得的三种 ENP/LDH-*x* h 涂层中，由于 LDH 相良好的结晶性和膜层致密的纳米片状结构（如图 3-42 中 SEM 图像所示），ENP/LDH-12 h 涂层在低频处显示

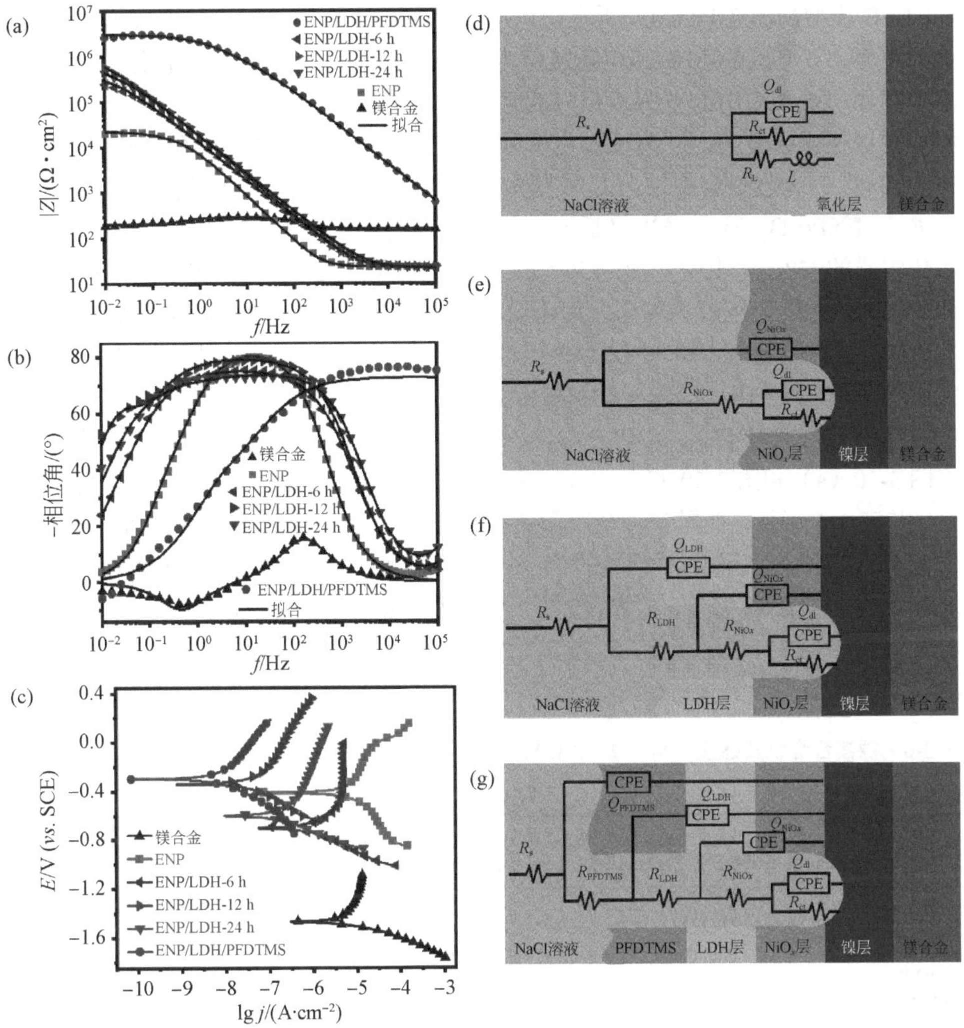

图 3-50　在 3.5wt%氯化钠溶液中，镁合金和不同 LDH 涂层的（a）、（b）EIS 和（c）Tafel 曲线，（d）裸镁合金和镀覆有（e）ENP、（f）ENP/LDH 和（g）ENP/LDH/PFDTMS 涂层后镁合金的 EC 模型

出相对最高的阻抗模量。如图 3-50（b）所示的 Bode 相频图也可以证明涂层的不同防腐能力。通常，EIS 高频处的相位角绝对值越大，涂层的耐蚀性越好[58]。由图 3-50（b）可以看出，ENP/LDH/PFDTMS 涂层的高频相位角最高，其次是 ENP/LDH 和 ENP 涂镀层，而裸露镁合金的高频相位角很低，接近 0°。

为了定量分析 EIS 数据，我们使用 Gamry Echem Analyst 软件中的不同 EC 模型对 EIS 进行拟合［图 3-50（d）～（g）］，所得电化学参数列于表 3-6。裸镁合金的 EC 模型如图 3-50（d）所示，包括 R_s、Q_{dl}、R_{ct}、L、R_L，分别表示 NaCl 溶液的电阻、双电层的 CPE 和电荷转移电阻、离子经镁合金腐蚀产物层扩散和生成的中间物质弛豫引用的电感和相应的感抗[74]。沉积镍磷合金层后，镍磷合金层完整地覆盖在镁合金表面。腐蚀性电解液在短时间内不能接触到镁合金基体。因此在此期间，镁合金不会腐蚀，EC 模型中不包括镁合金腐蚀产物引起的电路元件（L 和 R_L）。ENP/LDH 样品采用包括 Q_{NiO_x} 和 R_{NiO_x} 的 EC 模型，分别表示 ENP 表面上氧化镍膜的 CPE 和电阻［图 3-50（e）］。值得注意的是，ENP/LDH 模型中的 Q_{dl} 和 R_{ct} 分别代表镍/电解质界面，而不是 Mg/电解质界面的 CPE 和电荷转移电阻。在 LDH 膜表面进一步用 PFDTMS 修饰后，相应的 EC 模型中引入了代表新形成膜层的 CPE 和电阻，即与 LDH 膜相关的 Q_{LDH} 和 R_{LDH}［图 3-50（f）］，以及与 PFDTMS 膜相关的 Q_{PFDTMS} 和 R_{PFDTMS}［图 3-50（g）］。拟合结果用黑色实线表示，如图 3-50（a）和图 3-50（b）所示。表 3-6 显示卡方值（χ^2）很低，表明拟合度良好。从表 3-6 可知，裸露镁合金表面镀镍磷合金层后，R_{ct} 值增加约 70 倍，从基底的 318.0 $\Omega\cdot cm^2$ 增加至 ENP 样品的 21.76 $k\Omega\cdot cm^2$。在 ENP 层表面生长 ENP/LDH-12 h 层和使用 PFDTMS 修饰后，R_{ct} 值进一步增大，分别达到 243.0 和 3091.0 $k\Omega\cdot cm^2$。与 ENP/LDH-12 h 涂层相比，R_{ct} 显著增加，Y_{dl} 显著降低，表明 ENP/LDH/PFDTMS 涂层的防腐能力明显增强。

表 3-6　裸镁合金以及镀覆 ENP、ENP/LDH 和 ENP/LDH/PFDTMS 涂层后的 EIS 谱图的拟合电化学参数

样品	R_s/ ($\Omega\cdot cm^2$)	$Y_{PFDTMS}/10^{-8}$ ($S\cdot s^n\cdot cm^{-2}$)	R_{PFDTMS}/ ($k\Omega\cdot cm^2$)	$Y_{LDH}/10^{-7}$ ($S\cdot s^n\cdot cm^{-2}$)	R_{LDH}/ ($k\Omega\cdot cm^2$)	$Y_{NiO_x}/10^{-7}$ ($S\cdot s^n\cdot cm^{-2}$)	R_{NiO_x}/ ($k\Omega\cdot cm^2$)	$Y_{dl}/10^{-10}$ ($S\cdot s^n\cdot cm^{-2}$)	R_{ct}/ ($k\Omega\cdot cm^2$)	χ^2/ 10^{-3}
镁合金	32.04	—	—	—	—	—	—	102800	0.318	1.530
ENP	23.00	—	—	—	—	237.6	72.18	36080	21.76	0.056
ENP/LDH-6 h	23.07	—	—	163.3	278.9	393.1	167.5	2.048	158.0	0.854
ENP/LDH-12 h	23.27	—	—	114.6	865.2	301.3	609.0	2.118	243.0	3.588
ENP/LDH-24 h	22.05	—	—	118.2	589.6	704.7	395.3	7.608	200.9	1.638
ENP/LDH/PFDTMS	20.00	4.248	1514	1.510	2707.0	2.842	2643.0	9.474	3091.0	4.891

温度 25℃下，裸镁合金和不同涂层在 3.5wt% NaCl 水溶液中的 Tafel 曲线也可证实 ENP/LDH/PFDTMS 涂层优异的防腐性能［图 3-50（c）］。根据 Tafel 曲线可分别得到 E_{corr} 和 j_{corr}。由于与阳极支相比，阴极支的 Tafel 区更长、更明显，因此 j_{corr} 的值由阴极 Tafel 区外推得到。在镁合金基体上沉积不同涂层后，E_{corr} 值向

更正方向移动，j_{corr}值则显著降低。与裸露镁合金相比，ENP/LDH/PFDTMS 涂层表现出最大的E_{corr}位移和最大的j_{corr}下降，E_{corr}值从−1410 mV 正移至−287 mV 增大了 1123 mV，j_{corr}值则从 60.6 μA/cm^{2}变至 29.5 nA/cm^2，下降了 3 个数量级。从E_{corr}和j_{corr}值的变化可以看出，不同样品的耐蚀性从大至小的顺序依次为：ENP/LDH/PFDTMS＞ENP/LDH-x h＞ENP＞裸镁合金，与 EIS 结果很好吻合。

为了评估不同涂层的长期防腐能力，在温度为 25℃下 3.5wt% NaCl 溶液中浸泡处理 ENP、ENP/LDH-12 h 和 ENP/LDH/PFDTMS 涂层（图 3-51）。图 3-51（a）表明在浸泡前新制 ENP 涂层外表没有明显瑕疵。但是，在只暴露两天后，一个很大的蚀坑就在 ENP 表面形成，这是由于化学镀镍过程中穿透 ENP 层的小针孔迅速扩大（图 3-41）。针孔的扩大是由于镁合金与 Ni–P 合金之间存在较大的电位差，形成了典型的强电偶腐蚀。但是对于 ENP/LDH-12 h 和 ENP/LDH/PFDTMS 涂层，即使在 NaCl 溶液中暴露 30 天后，涂层表面也未出现腐蚀坑［图 3-51（b）和图 3-51（c）］。通过测量 ENP/LDH 和 ENP/LDH/PFDTMS 涂层 EIS，评估随着暴露时间增加耐蚀性的变化［图 3-52（a），（b）］。如图 3-50（f）和图 3-50（g）所示的 EC 模型同样适用于该阶段 EIS 的拟合，由于电解质在接触过程中并没有穿透 ENP 层到镁合金表面，所以不会发生电偶腐蚀。为了直观比较，以拟合得到的R_{ct}值作为暴露时间的函数绘制柱状图［图 3-52（c）］。在图中，两种涂层R_{ct}值均随着暴露时间的延长而逐渐减小，这一现象表明涂层表面物质不可避免发生了降解。ENP/LDH/PFDTMS 涂层在整个浸泡处理过程中，其R_{ct}值始终远高于同条件下的 ENP/LDH 涂层。即使在经历 30 天的浸泡处理后，ENP/LDH/PFDTMS 涂层的R_{ct}值仍保持在较高水平，达到了 518.4 kΩ·cm^2，约为 ENP/LDH 涂层（110.3 kΩ·cm^2）的 5 倍。同样，ENP/LDH 和 ENP/LDH/PFDTMS 涂层的 Tafel 曲线显示，与新制涂层相比，长期暴露后E_{corr}值负移，j_{corr}值明显下降［图 3-52（d）］。ENP/LDH/PFDTMS 涂层暴露 30 天后的j_{corr}值保持相对稳定且更低（102 nA/cm^2），远小于未处理的 ENP 涂层和裸露的镁合金，表明 ENP/LDH/PFDTMS 涂层对镁合金具有更长效的防腐保护作用。

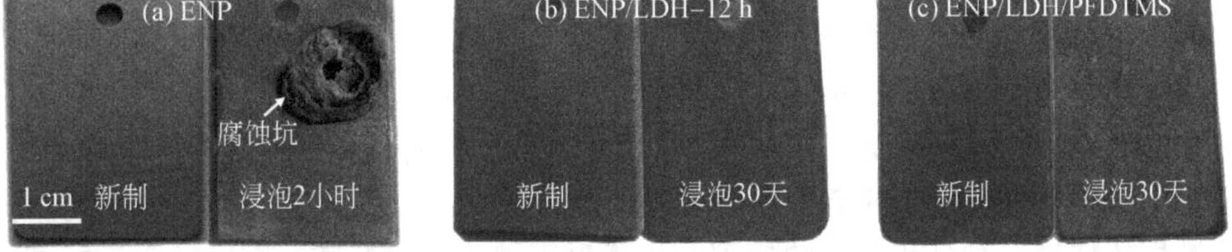

图 3-51　不同 ENP 涂层在 25℃下暴露于 3.5wt% NaCl 溶液中不同时间前后的数码照片

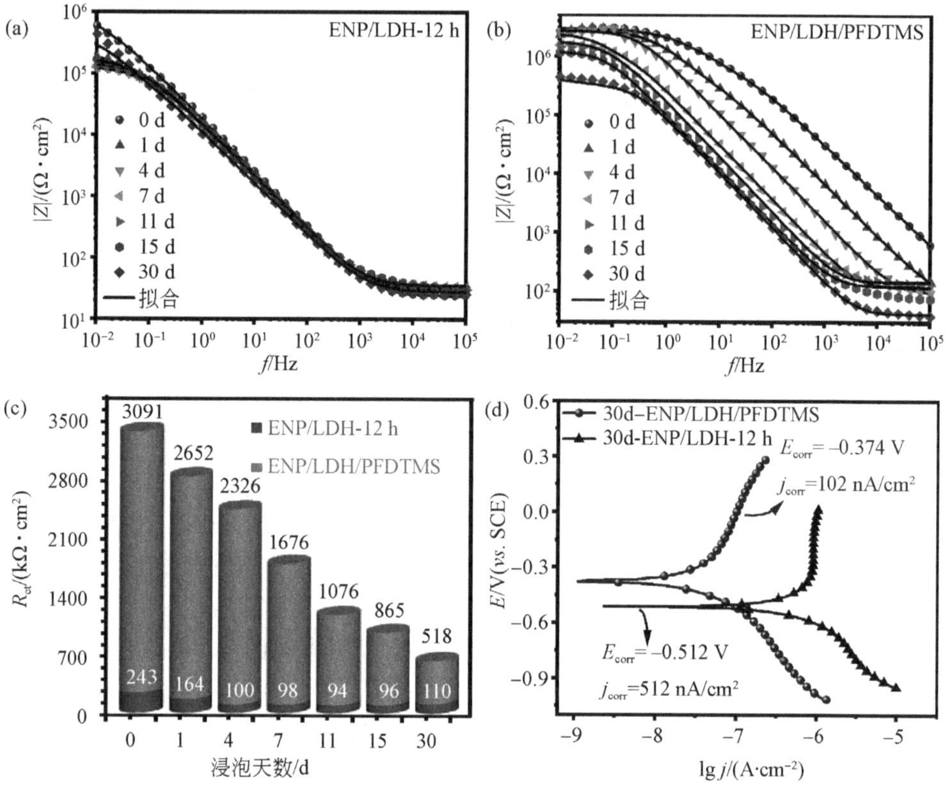

图 3-52　两种 LDH 基涂层在 3.5wt% NaCl 溶液中的（a）、（b）EIS 图和相应（c）R_{ct}值随浸泡时间的变化以及（d）暴露 30 天后的 Tafel 曲线

3.4.6　镁合金不同化学镍基镀覆层的腐蚀防护机理

图 3-53 展示了不同镀覆层在镁合金表面的防腐蚀机理。ENP/LDH/PFDTMS 复合涂层对镁合金高效持久的耐腐蚀性能至少归因于以下三个方面，包括 ENP 层的物理屏障、LDH 层对 ENP 层胞界和孔隙的物理屏障和封闭功能以及 PFDTMS 膜的拒液作用。

ENP 涂层作为一种简单、低成本的表面处理技术，具有良好的耐腐蚀性和抗磨损能力，商业上有广泛应用。镍磷合金层对基体的良好防腐作用归因于暴露在盐水溶液中后，涂层表面可形成由 $Ni(OH)_2$、NiO 和含磷物质组成的钝化膜[74]。在本实验中，在低 E_{corr} 的活性镁合金表面沉积 ENP 层，这种镀层具有典型的阴极性镀层的特性，被认为是危险镀层。由于采用镍磷镀层对镁合金进行全面包裹，它确实可以提供一个有效的保护层，从而保护镁合金免受腐蚀侵害。在这一阶段，可以观察到相对于基体的 E_{corr} 发生明显的变化，有正移的趋势，R_{ct} 也会增大，j_{corr} 呈现下降的趋势。然而，如果镍磷镀层存在一些显著缺陷，例如存在可垂直穿过 ENP 层的针孔［即通孔，如图 3-53（a）所示］，这些缺陷可能导致腐蚀性电解质能够穿透 ENP 镀层，一旦这种情况发生，电解质将能够在几小时内抵达镁合金表面，引起微电偶腐蚀，以镁合金为阳极加速氧化腐蚀［图 3-51（a）］。

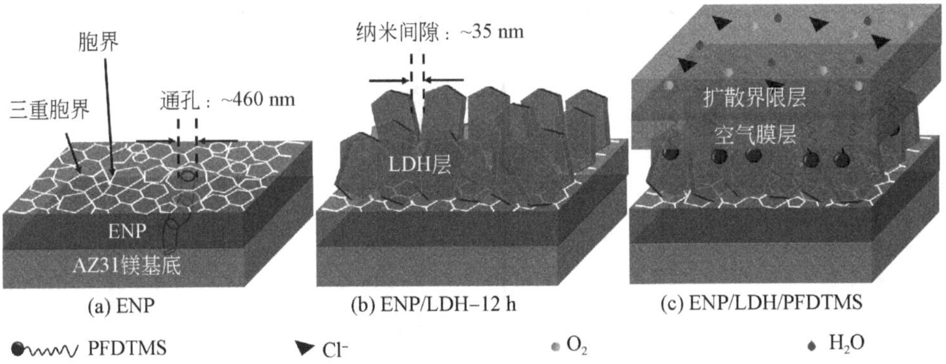

图 3-53　ENP（a）、ENP/LDH-12 h（b）、ENP/LDH/PFDTMS（c）对镁合金的防腐机理示意图

事实上，由于化学沉积过程中还原剂氧化产生 H_2 气体，在 ENP 层中不可避免地形成针孔，包括通孔和盲孔（没有穿透整个 ENP 层的针孔）（图 3-41 圆圈所示）[37]。ENP 镀层通常呈带有无数“结节”的花椰菜状结构。观察 ENP 镀层表面可以发现，“结节”之间存在许多胞界，甚至三条胞界相交的情况［见图 3-41 和图 3-53（a）中的标记］，这种胞界有利于点蚀和裂纹的优先发生和发展[114]。优先形成的细小和局部的损伤会逐步变大，甚至造成晶粒脱落，导致 ENP 镀层自身降解，部分盲孔可能转变为通孔，促进电偶腐蚀的发生。

通过形成 ENP/LDH 涂镀层，LDH 膜可以有效抑制 ENP 层中孔隙和胞界造成的负面影响。比较 ENP/LDH（图 3-42）和 ENP 样品（图 3-41）的 SEM 图像，可以发现，在 ENP 表面所生长的 LDH 纳米片，其典型的“结节”状微观结构已经完全消失，证明 LDH 层对针孔和胞界起到了良好的封闭作用。尽管 LDH 层的纳米片之间仍有大量纳米间隙，但其平均间隙尺寸已经减小到 35 nm［图 3-42（d）、图 3-42（e）和图 3-53（b）］，比 ENP 层针孔的平均直径［460 nm，见图 3-41 和图 3-53（a）］低一个多数量级。相对于 ENP 层中较大的孔隙直径，上述密封作用以及 LDH 层缝隙尺寸越小，对腐蚀性物质的扩散越不利，从而提升 ENP/LDH-12 h 涂层的耐腐蚀性能。形成 LDH 层的另一个好处是：与大多数腐蚀性离子（如 Cl^- 离子）相比，插入的碳酸盐离子（CO_3^{2-}）具有异常高的亲和力。通过比较 ENP/LDH

样品在 NaCl 溶液中浸泡 30 天前后的 EDS 结果与新制和对照样的 EDS 结果［图 3-54 和图 3-42（i）］，发现即使长期浸泡后样品表面也没有识别出明显的氯元素，可以证明浸泡过程没有发生阴离子交换。高亲和力使得 LDH 中间层中的 CO_3^{2-} 难以通过离子交换过程被腐蚀电解质中的 Cl^- 取代，从而能更好地维持其层状结构和阻止 Cl^- 的攻击，延缓了下层镍磷合金的腐蚀，表现出更优的防腐能力[18,125]。

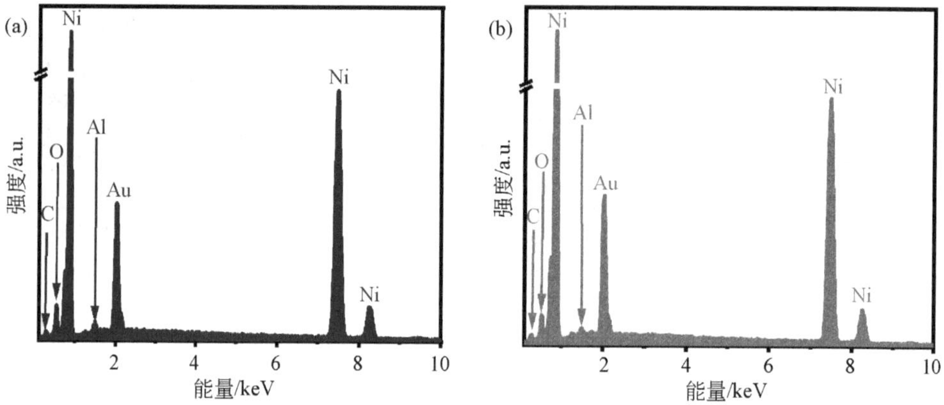

图 3-54 ENP/LDH-12 h 涂层在 3.5wt% NaCl 溶液中浸泡后的 EDS 能谱：（a）1.0 min（对照样品）；（b）30 天，两者都没有显示氯元素的信号

最后，ENP/LDH/PFDTMS 涂层中，因形成 PFDTMS 膜而使涂层表面具有的斥水性也是提高耐蚀性的关键因素。如果不生成 PFDTMS 膜，由于 LDH 表面的近超亲水性，长期暴露后，含有 Cl^- 的侵蚀性水溶液很容易接近 LDH 表面，并容易沿着纳米间隙穿过 LDH 层［图 3-47（b）］。化学键合 PFDTMS 薄膜后，LDH 膜的层次结构几乎保持不变［图 3-42（j）和图 3-42（k）］。多级孔结构能有效地截留气体以形成空气膜，使其变为超疏水材料［图 3-47（d）］。另外，LDH 层具有良好的绝缘性，水分子和侵略性离子很难进入并扩散。

3.4.7 小结

本小节在镁合金表面成功制备了以化学镀镍磷合金为底层、水热生长 LDH 为中间层和化学键合的 PFDTMS 膜为顶层的 ENP/LDH/PFDTMS 复合涂层。该复合涂层浸泡在 3.5wt% NaCl 溶液中时表现出优良的长效防腐性能，对水及多种常见饮品和污渍均表现出超疏水特性，且对石墨粉的污染也表现出较好的自清洁能力。除了 ENP 层可在镁合金表面形成一道物理屏障外，LDH 层可对 ENP 层中的孔隙和胞界形成封闭作用，加之 PFDTMS 膜优异的斥水性，使该复合涂层具有优异而稳定的防腐能力，实现对镁合金的高效耐蚀性。从防腐角度，生长 NiAl-LDH 层的最佳水热反应时间为 12 h，因为时间不足会导致 LDH 相结晶性不好、纳米片不均匀，而时间过长会导致 LDH 纳米片之间的纳米间隙扩大。本小节设计的 ENP/LDH/PFDTMS 涂镀层显著提升了镍磷合金层/镁合金基体之间电偶腐蚀的抑制能力，可为未来开发高效、多功能的镁合金或其他金属合金防腐涂层提供参考。

参 考 文 献

[1] Gharbi O, Thomas S, Smith C, Birbilis N. Chromate replacement: what does the future hold? npj Materials Degradation, 2018, 2: 12.

[2] Thomas S, Birbilis N, Venkatraman M S, Cole I S. Self-repairing oxides to protect zinc: Review, discussion and prospects. Corrosion Science, 2013, 69: 11-22.

[3] Seifzadeh D, Kazemi Mohsenabadi H, Rajabalizadeh Z. Electroless Ni–P plating on magnesium alloy by innovative, simple and non-toxic oxalate pretreatment and its corrosion protection. Rsc Advances, 2016, 6: 97241-97252.

[4] Miskovic D M, Pohl K, Birbilis N, Laws K J, Ferry M. Formation of a phosphate conversion coating on bioresorbable Mg-based metallic glasses and its effect on corrosion performance. Corrosion Science, 2017, 129: 214-225.

[5] Feng Z, Hurley B, Li J, Buchheit R. Corrosion inhibition study of aqueous vanadate on Mg alloy AZ31. Journal of the Electrochemical Society, 2018, 165: C94.

[6] Kannan B, Glover C F, McMurray H N, Williams G, Scully J R. Performance of a magnesium-rich primer on pretreated AA2024-T351 in full Immersion: a galvanic throwing power Investigation using a scanning vibrating electrode technique. Journal of the Electrochemical Society, 2018, 165: C27.

[7] Pourhashem S, Vaezi M R, Rashidi A, Bagherzadeh M R. Exploring corrosion protection properties of solvent based epoxy-graphene oxide nanocomposite coatings on mild steel. Corrosion Science, 2017, 115: 78-92.

[8] Xie Z H, Shan S. Nanocontainers-enhanced self-healing Ni coating for corrosion protection of Mg alloy. Journal of Materials Science, 2018, 53: 3744-3755.

[9] Leal D A, Riegel-Vidotti I C, Ferreira M G S, Marino C E B. Smart coating based on double stimuli-responsive microcapsules containing linseed oil and benzotriazole for active corrosion protection. Corrosion Science, 2018, 130: 56-63.

[10] Qian H, Xu D, Du C, Zhang D, Li X, Huang L, Deng L, Tu Y, Mol J M C, Terryn H A. Dual-action smart coatings with a self-healing superhydrophobic surface and anti-corrosion properties. Journal of Materials Chemistry A, 2017, 5: 2355-2364.

[11] Ding C, Xu J, Tong L, Gong G, Jiang W, Fu J. Design and fabrication of a novel stimulus-feedback anticorrosion coating featured by rapid self-healing functionality for the protection of magnesium alloy. ACS Applied Materials & Interfaces, 2017, 9: 21034-21047.

[12] Salzano de Luna M, Buonocore G G, Giuliani C, Messina E, Di Carlo G, Lavorgna M, Ambrosio L, Ingo G M. Long-lasting efficacy of coatings for bronze artwork conservation: the key role of layered double hydroxide nanocarriers in protecting corrosion Inhibitors from photodegradation. Angewandte Chemie International Edition, 2018, 57: 7380-7384.

[13] Tedim J, Zheludkevich M L, Bastos A C, Salak A N, Lisenkov A D, Ferreira M G S. Influence of preparation conditions of layered double hydroxide conversion films on corrosion protection. Electrochimica Acta, 2014, 117: 164-171.

[14] Wu L, Yang D, Zhang G, Zhang Z, Zhang S, Tang A, Pan F. Fabrication and characterization of Mg-M layered double hydroxide films on anodized magnesium alloy AZ31. Applied Surface Science, 2018, 431: 177-186.

[15] Yabuki A, Shiraiwa T, Fathona I W. pH-controlled self-healing polymer coatings with cellulose nanofibers providing an effective release of corrosion inhibitor. Corrosion Science, 2016, 103: 117-123.

[16] Zhao Y, Shi L, Ji X, Li J, Han Z, Li S, Zeng R, Zhang F, Wang Z. Corrosion resistance and antibacterial properties of polysiloxane modified layer-by-layer assembled self-healing coating on magnesium alloy. Journal of Colloid and Interface Science, 2018, 526: 43-50.

[17] Zahidah K A, Kakooei S, Ismail M C, Bothi Raja P. Halloysite nanotubes as nanocontainer for smart coating application: A review. Progress in Organic Coatings, 2017, 111: 175-185.

[18] Ye X, Jiang Z, Li L, Xie Z H. In-situ growth of NiAl-layered double hydroxide on AZ31 Mg alloy towards enhanced corrosion protection. Nanomaterials (Basel), 2018, 8: 411.

[19] Xu L, Wang Z, Chen X, Qu Z, Li F, Yang W. Ultrathin layered double hydroxide nanosheets with Ni(III) active species obtained by exfoliation for highly efficient ethanol electrooxidation. Electrochimica Acta, 2018, 260: 898-904.

[20] Yao Q S, Zhang F, Song L, Zeng R C, Cui L Y, Li S Q, Wang Z L, Han E H. Corrosion resistance of a ceria/polymethyltrimethoxysilane modified Mg-Al-layered double hydroxide on AZ31 magnesium alloy. Journal of Alloys and Compounds, 2018, 764: 913-928.

[21] Cao Y, Zheng D, Li X, Lin J, Wang C, Dong S, Lin C. Enhanced corrosion resistance of superhydrophobic layered double hydroxide films with long-term stability on Al substrate. ACS Applied Materials & Interfaces, 2018, 10: 15150-15162.

[22] Zhang G, Wu L, Tang A, Ma Y, Song G L, Zheng D, Jiang B, Atrens A, Pan F. Active corrosion protection by a smart coating based on a MgAl-layered double hydroxide on a cerium-modified

plasma electrolytic oxidation coating on Mg alloy AZ31. Corrosion Science, 2018, 139: 370-382.

[23] Guo L, Zhang F, Lu J C, Zeng R C, Li S Q, Song L, Zeng J M. A comparison of corrosion inhibition of magnesium aluminum and zinc aluminum vanadate intercalated layered double hydroxides on magnesium alloys. Frontiers of Materials Science, 2018, 12: 198-206.

[24] Serdechnova M, Mohedano M, Kuznetsov B, Mendis C L, Starykevich M, Karpushenkov S, Tedim J, Ferreira M G S, Blawert C, Zheludkevich M L. PEO coatings with active protection based on in-Situ formed LDH-nanocontainers. Journal of the Electrochemical Society, 2017, 164: C36.

[25] Peng F, Wang D, Tian Y, Cao H, Qiao Y, Liu X. Sealing the pores of PEO coating with Mg-Al layered double hydroxide: enhanced corrosion resistance, cytocompatibility and drug delivery ability. Scientific Reports, 2017, 7: 8167.

[26] Yan H, Wang J, Zhang Y, Hu W. Preparation and inhibition properties of molybdate intercalated ZnAlCe layered double hydroxide. Journal of Alloys and Compounds, 2016, 678: 171-178.

[27] Zeng R C, Liu Z G, Zhang F, Li S Q, Cui H Z, Han E H. Corrosion of molybdate intercalated hydrotalcite coating on AZ31 Mg alloy. Journal of Materials Chemistry A, 2014, 2: 13049-13057.

[28] Obot I B, Ankah N K, Sorour A A, Gasem Z M, Haruna K. 8-Hydroxyquinoline as an alternative green and sustainable acidizing oilfield corrosion inhibitor. Sustainable Materials and Technologies, 2017, 14: 1-10.

[29] Zong Q, Wang L, Sun W, Liu G. Active deposition of bis (8-hydroxyquinoline) magnesium coating for enhanced corrosion resistance of AZ91D alloy. Corrosion Science, 2014, 89: 127-136.

[30] Guo L, Wu W, Zhou Y, Zhang F, Zeng R, Zeng J. Layered double hydroxide coatings on magnesium alloys: A review. Journal of Materials Science & Technology, 2018, 34: 1455-1466.

[31] Nakamura K, Tsunakawa M, Shimada Y, Serizawa A, Ishizaki T. Formation mechanism of Mg-Al layered double hydroxide-containing magnesium hydroxide films prepared on Ca-added flame-resistant magnesium alloy by steam coating. Surface and Coatings Technology, 2017, 328: 436-443.

[32] Xiang T, Zhang M, Sadig H R, Li Z, Zhang M, Dong C, Yang L, Chan W, Li C. Slippery liquid-infused porous surface for corrosion protection with self-healing property. Chemical Engineering Journal, 2018, 345: 147-155.

[33] Zhang F, Liu Z G, Zeng R C, Li S Q, Cui H Z, Song L, Han E H. Corrosion resistance of Mg–Al-LDH coating on magnesium alloy AZ31. Surface and Coatings Technology, 2014, 258: 1152-1158.

[34] Wu L, Pan F, Liu Y, Zhang G, Tang A, Atrens A. Influence of pH on the growth behaviour of Mg–Al LDH films. Surface Engineering, 2018, 34: 674-681.

[35] Raza W, Raza N, Agbe H, Kumar R V, Kim K H, Yang J. Multistep sequestration and storage of CO_2 to form valuable products using forsterite. Energy, 2018, 155: 865-873.

[36] Momenian H R, Gholamrezaei S, Salavati-Niasari M, Pedram B, Mozaffar F, Ghanbari D. Sonochemical synthesis and photocatalytic properties of metal hydroxide and carbonate (M: Mg, Ca, Sr or Ba) nanoparticles. Journal of Cluster Science, 2013, 24: 1031-1042.

[37] Xie Z H, Li D, Skeete Z, Sharma A, Zhong C J. Nanocontainer-Enhanced Self-Healing for Corrosion-Resistant Ni Coating on Mg Alloy. ACS Applied Materials & Interfaces, 2017, 9: 36247-36260.

[38] Seifzadeh D, Hamzedoust-Hasankiadeh S, Shamkhali A N. Electrochemical and DFT studies of 8-hydroxyquinoline as corrosion inhibitor for AZ61 magnesium alloy in acidic media. Protection of Metals and Physical Chemistry of Surfaces, 2013, 49: 229-239.

[39] Zhang H, Chong K, Zhao W, Sun Z. Laser cladding in-situ micro and sub-micro/nano Ti-V carbides reinforced Fe-based layers by optimizing initial alloy powders size. Materials Letters, 2018, 220: 44-46.

[40] Zheng Q, Lü C. Size effects of surface roughness to superhydrophobicity. Procedia IUTAM, 2014, 10: 462-475.

[41] Ou G P, Gui W M, Jin S C, Zhang F J. Surface analysis for $LiBq_4$ growing on ITO and CuPc film using atomic force microscopy (AFM) and X-ray photoelectron spectroscopy (XPS). Applied Surface Science, 2006, 252: 3417-3427.

[42] Tang L, Li X, Si Y, Mu G, Liu G. The synergistic inhibition between 8-hydroxyquinoline and chloride ion for the corrosion of cold rolled steel in 0.5M sulfuric acid. Materials Chemistry and Physics, 2006, 95: 29-38.

[43] Shen S, Zuo Y, Zhao X. The effects of 8-hydroxyquinoline on corrosion performance of a Mg-rich coating on AZ91D magnesium alloy. Corrosion Science, 2013, 76: 275-283.

[44] Wang D H, Hu Y, Zhao J J, Zeng L L, Tao X M, Chen W. Holey reduced graphene oxide nanosheets for high performance room temperature gas sensing. Journal of Materials Chemistry A, 2014, 2: 17415-17420.

[45] Dou W, Wu J, Gu T, Wang P, Zhang D. Preparation of super-hydrophobic micro-needle CuO surface as a barrier against marine atmospheric corrosion. Corrosion Science, 2018, 131: 156-163.

[46] Ding S, Xiang T, Li C, Zheng S, Wang J, Zhang M, Dong C, Chan W. Fabrication of self-cleaning super-hydrophobic nickel/graphene hybrid film with improved corrosion resistance

on mild steel. Materials & Design, 2017, 117: 280-288.

[47] Maeztu J D, Rivero P J, Berlanga C, Bastidas D M, Palacio J F, Rodriguez R. Effect of graphene oxide and fluorinated polymeric chains incorporated in a multilayered sol-gel nanocoating for the design of corrosion resistant and hydrophobic surfaces. Applied Surface Science, 2017, 419: 138-149.

[48] Eiby S H J, Tobler D J, Nedel S, Bischoff A, Christiansen B C, Hansen A S, Kjaergaard H G, Stipp S L S. Competition between chloride and sulphate during the reformation of calcined hydrotalcite. Applied Clay Science, 2016, 132-133: 650-659.

[49] Liu Y, Yu T, Cai R, Li Y, Yang W, Caro J. One-pot synthesis of NiAl-CO_3 LDH anti-corrosion coatings from CO_2-saturated precursors. Rsc Advances, 2015, 5: 29552-29557.

[50] Boccalon E, Nocchetti M, Pica M, Romani A, Casciola M. Layered double hydroxide and zirconium phosphate as ion exchangers for the removal of 'black crusts' from the surface of ancient monuments. Dalton Transactions, 2018, 47: 2976-2985.

[51] Lin J K, Hsia C L, Uan J Y. Characterization of Mg, Al-hydrotalcite conversion film on Mg alloy and Cl^- and CO_3^{2-} anion-exchangeability of the film in a corrosive environment. Scripta Materialia, 2007, 56: 927-930.

[52] Gerengi H, Mielniczek M, Gece G, Solomon M M. Experimental and quantum chemical evaluation of 8-hydroxyquinoline as a corrosion inhibitor for copper in 0.1 M HCl. Industrial & Engineering Chemistry Research, 2016, 55: 9614-9624.

[53] Wang X, Li L, Xie Z H, Yu G. Duplex coating combining layered double hydroxide and 8-quinolinol layers on Mg alloy for corrosion protection. Electrochimica Acta, 2018, 283: 1845-1857.

[54] Yan L, Zhou M, Pang X, Gao K. One-step in situ synthesis of reduced graphene oxide/Zn–Al layered double hydroxide film for enhanced corrosion protection of magnesium alloys. Langmuir, 2019, 35: 6312-6320.

[55] Peng F, Wang D, Cao H, Liu X. Loading 5-Fluorouracil into calcined Mg/Al layered double hydroxide on AZ31 via memory effect. Materials Letters, 2018, 213: 383-386.

[56] Zhang Y, Li Y, Ren Y, Wang H, Chen F. Double-doped LDH films on aluminum alloys for active protection. Materials Letters, 2017, 192: 33-35.

[57] Li H, Peng F, Wang D, Qiao Y, Xu D, Liu X. Layered double hydroxide/poly-dopamine composite coating with surface heparinization on Mg alloys: improved anticorrosion, endothelialization and hemocompatibility. Biomaterials Science, 2018, 6: 1846-1858.

[58] Wu L, Wu J, Zhang Z, Zhang C, Zhang Y, Tang A, Li L, Zhang G, Zheng Z, Atrens A, Pan F. Corrosion resistance of fatty acid and fluoroalkylsilane-modified hydrophobic Mg-Al LDH films

on anodized magnesium alloy. Applied Surface Science, 2019, 487: 569-580.

[59] Yuwono J A, Birbilis N, Taylor C D, Williams K S, Samin A J, Medhekar N V. Aqueous electrochemistry of the magnesium surface: Thermodynamic and kinetic profiles. Corrosion Science, 2019, 147: 53-68.

[60] Li L X, Xie Z H, Fernandez C, Wu L, Cheng D, Jiang X H, Zhong C J. Development of a thiophene derivative modified LDH coating for Mg alloy corrosion protection. Electrochimica Acta, 2020, 330: 135186.

[61] Jiang D, Xia X, Hou J, Cai G, Zhang X, Dong Z. A novel coating system with self-reparable slippery surface and active corrosion inhibition for reliable protection of Mg alloy. Chemical Engineering Journal, 2019, 373: 285-297.

[62] Zhang M, Gao B, Fang J, Creamer A E, Ullman J L. Self-assembly of needle-like layered double hydroxide (LDH) nanocrystals on hydrochar: characterization and phosphate removal ability. Rsc Advances, 2014, 4: 28171-28175.

[63] Ryu H W, Kim Y S, Kim J H, Cheong I W. Direct synthetic route for water-dispersible polythiophene nanoparticles via surfactant-free oxidative polymerization. Polymer, 2014, 55: 806-812.

[64] Ermiş E. Synthesis, spectroscopic characterization and DFT calculations of novel Schiff base containing thiophene ring. Journal of Molecular Structure, 2018, 1156: 91-104.

[65] Damazio D, Campos E A, Diniz M F, Mattos E d C, Dutra R d C L. TLC/IR (UATR) off-line coupling for the characterization of additives in EPDM rubber compositions. Polímeros, 2016, 26: 74-80.

[66] Sharifi Golru S, Attar M M, Ramezanzadeh B. Studying the influence of nano-Al_2O_3 particles on the corrosion performance and hydrolytic degradation resistance of an epoxy/polyamide coating on AA-1050. Progress in Organic Coatings, 2014, 77: 1391-1399.

[67] Zhou Q S, Lin X Y, Qian J, Wang J, Luo X G. Porous zirconium alginate beads adsorbent for fluoride adsorption from aqueous solutions. Rsc Advances, 2015, 5: 2100-2112.

[68] Gu D, Gao S, Jiang T, Wang B. Solar-mediated thermo-electrochemical oxidation of sodium dodecyl benzene sulfonate by modulating the effective oxidation potential and pathway for green remediation of wastewater. Scientific Reports, 2017, 7: 44683.

[69] Castagno K R L, Dalmoro V, Azambuja D S. Characterization and corrosion of polypyrrole/sodium dodecylbenzene sulfonate electropolymerised on aluminum alloy 1100. Materials Chemistry and Physics, 2011, 130: 721-726.

[70] Bouraada M, Ouali M S, de Ménorval L C. Dodecylsulfate and dodecybenzenesulfonate intercalated hydrotalcites as adsorbent materials for the removal of BBR acid dye from aqueous

solutions. Journal of Saudi Chemical Society, 2016, 20: 397-404.

[71] Silva A J C, Ferreira S M F, Santos D d P, Navarro M, Tonholo J, Ribeiro A S. A multielectrochromic copolymer based on pyrrole and thiophene derivatives. Solar Energy Materials and Solar Cells, 2012, 103: 108-113.

[72] Patil S H, Gaikwad A P, Sathaye S D, Patil K R. To form layer by layer composite film in view of its application as supercapacitor electrode by exploiting the techniques of thin films formation just around the corner. Electrochimica Acta, 2018, 265: 556-568.

[73] Li J H, Li P, Xu J T, Luscombe C K, Fan Z Q. Straightening single-walled xarbon nanotubes by adsorbed rigid poly(3-hexylthiophene) chains via π–π interaction. The Journal of Physical Chemistry C, 2016, 120: 27665-27674.

[74] Gan R, Wang D, Xie Z H, He L. Improving surface characteristic and corrosion inhibition of coating on Mg alloy by trace stannous (II) chloride. Corrosion Science, 2017, 123: 147-157.

[75] Punith Kumar M K, Rekha M Y, Agrawal J, Agarwal T M, Srivastava C. Microstructure, morphology and electrochemical properties of ZnFe-Graphene composite coatings. Journal of Alloys and Compounds, 2019, 783: 820-827.

[76] M Y R, Srivastava C. Microstructure and corrosion properties of zinc-graphene oxide composite coatings. Corrosion Science, 2019, 152: 234-248.

[77] Feng X, Lu X, Zuo Y, Chen D. The passive behaviour of 304 stainless steels in saturated calcium hydroxide solution under different deformation. Corrosion Science, 2014, 82: 347-355.

[78] Feng X, Lu X, Zuo Y, Zhuang N, Chen D. The effect of deformation on metastable pitting of 304 stainless steel in chloride contaminated concrete pore solution. Corrosion Science, 2016, 103: 223-229.

[79] Zheng H, Guo M, Shao Y, Wang Y, Liu B, Meng G. Graphene oxide–poly (urea–formaldehyde) composites for corrosion protection of mild steel. Corrosion Science, 2018, 139: 1-12.

[80] Mahdavian M, Attar M M. Another approach in analysis of paint coatings with EIS measurement: Phase angle at high frequencies. Corrosion Science, 2006, 48: 4152-4157.

[81] Nezamdoust S, Seifzadeh D, Rajabalizadeh Z. Application of novel sol–gel composites on magnesium alloy. Journal of Magnesium and Alloys, 2019, 7: 419-432.

[82] Heshmati M, Seifzadeh D, Shoghi P, Gholizadeh-Gheshlaghi M. Duplex Ni-Zn-Cu-P/Ni-P electroless coating on magnesium alloy via maleic acid pretreatment. Surface and Coatings Technology, 2017, 328: 20-29.

[83] Tarzanagh Y J, Seifzadeh D, Samadianfard R. Combining the 8-hydroxyquinoline intercalated layered double hydroxide film and sol-gel coating for active corrosion protection of the magnesium alloy. International Journal of Minerals, Metallurgy and Materials, 2022, 29:

536-546.

[84] Rodriguez J, Bollen E, Nguyen T D, Portier A, Paint Y, Olivier M G. Incorporation of layered double hydroxides modified with benzotriazole into an epoxy resin for the corrosion protection of Zn-Mg coated steel. Progress in Organic Coatings, 2020, 149: 105894.

[85] Wu L, Chen Y, Dai X, Yao W, Wu J, Xie Z, Jiang B, Yuan Y, Pan F. Corrosion resistance of the GO/ZIF-8 hybrid loading benzotriazole as a multifunctional composite filler-modified MgAlY layered double hydroxide coating. Langmuir, 2022, 38: 10338-10350.

[86] Yimyai T, Thiramanas R, Phakkeeree T, Iamsaard S, Crespy D. Adaptive coatings with anticorrosion and antibiofouling properties. Advanced Functional Materials, 2021, 31: 2102568.

[87] Chen Y, Ren B, Gao S, Cao R. The sandwich-like structures of polydopamine and 8-hydroxyquinoline coated graphene oxide for excellent corrosion resistance of epoxy coatings. Journal of Colloid and Interface Science, 2020, 565: 436-448.

[88] Abu-Thabit N Y, Hamdy A S. Stimuli-responsive polyelectrolyte multilayers for fabrication of self-healing coatings – a review. Surface and Coatings Technology, 2016, 303: 406-424.

[89] Syed J A, Tang S, Lu H, Meng X. Smart PDDA/PAA multilayer coatings with enhanced stimuli responsive self-healing and anti-corrosion ability. Colloids and Surfaces A: Physicochemical and Engineering Aspects, 2015, 476: 48-56.

[90] Zhao Y B, Liu H P, Li C Y, Chen Y, Li S Q, Zeng R C, Wang Z L. Corrosion resistance and adhesion strength of a spin-assisted layer-by-layer assembled coating on AZ31 magnesium alloy. Applied Surface Science, 2018, 434: 787-795.

[91] Wu Y, Wu L, Zheludkevich M L, Chen Y, Serdechnova M, Yao W, Blawert C, Atrens A, Pan F. MgAl-$V_2O_7^{4-}$ LDHs/$(PEI/MXene)_{10}$ composite film for magnesium alloy corrosion protection. Journal of Materials Science & Technology, 2021, 91: 28-39.

[92] Chen Y, Wu L, Yao W, Zhong Z, Chen Y, Wu J, Pan F. One-step in situ synthesis of graphene oxide/MgAl-layered double hydroxide coating on a micro-arc oxidation coating for enhanced corrosion protection of magnesium alloys. Surface and Coatings Technology, 2021, 413: 127083.

[93] Wang L, Zhang K, He H, Sun W, Zong Q, Liu G. Enhanced corrosion resistance of MgAl hydrotalcite conversion coating on aluminum by chemical conversion treatment. Surface and Coatings Technology, 2013, 235: 484-488.

[94] Zhang G, Wu L, Tang A, Weng B, Atrens A, Ma S, Liu L, Pan F. Sealing of anodized magnesium alloy AZ31 with MgAl layered double hydroxides layers. RSC Advances, 2018, 8: 2248-2259.

[95] Andreeva D V, Fix D, Möhwald H, Shchukin D G. Self-Healing Anticorrosion Coatings Based on pH-Sensitive Polyelectrolyte/Inhibitor Sandwichlike Nanostructures. Advanced Materials, 2008, 20: 2789-2794.

[96] Zhang K, Wang L, Liu G. Copper (II) 8-hydroxyquinolinate 3D network film with corrosion inhibitor embedded for self-healing corrosion protection. Corrosion Science, 2013, 75: 38-46.

[97] Kim M, Hwang S, Yu J-S. Novel ordered nanoporous graphitic C_3N_4 as a support for Pt-Ru anode catalyst in direct methanol fuel cell. Journal of Materials Chemistry, 2007, 17: 1656-1659.

[98] Yu S, Wang X, Liu Y, Chen Z, Wu Y, Liu Y, Pang H, Song G, Chen J, Wang X. Efficient removal of uranium (VI) by layered double hydroxides supported nanoscale zero-valent iron: A combined experimental and spectroscopic studies. Chemical Engineering Journal, 2019, 365: 51-59.

[99] Cui Q, Jiao G, Zheng J, Wang T, Wu G, Li G. Synthesis of a novel magnetic Caragana korshinskii biochar/Mg–Al layered double hydroxide composite and its strong adsorption of phosphate in aqueous solutions. Rsc Advances, 2019, 9: 18641-18651.

[100] Zhang Y, Gao Z, Yang X, Chang J, Liu Z, Jiang K. Fish-scale-derived carbon dots as efficient fluorescent nanoprobes for detection of ferric ions. Rsc Advances, 2019, 9: 940-949.

[101] Sarkar A K, Bediako J K, Choi J W, Yun Y S. Functionalized magnetic biopolymeric graphene oxide with outstanding performance in water purification. Npg Asia Materials, 2019, 11: 4.

[102] Mahato S, Puigdollers J, Voz C, Mukhopadhyay M, Mukherjee M, Hazra S. Near 5% DMSO is the best: A structural investigation of PEDOT: PSS thin films with strong emphasis on surface and interface for hybrid solar cell. Applied Surface Science, 2020, 499: 143967.

[103] Temperton R H, O'Shea J N, Scurr D J. On the suitability of high vacuum electrospray deposition for the fabrication of molecular electronic devices. Chemical Physics Letters, 2017, 682: 15-19.

[104] Wang B, Li W, Liu Z, Duan Y, Zhao B, Wang Y, Liu J. Incorporating Ni-MOF structure with polypyrrole: enhanced capacitive behavior as electrode material for supercapacitor. Rsc Advances, 2020, 10: 12129-12134.

[105] Singh A P, Srivastava C. Effect of selective atomic clustering, surface texture and grain boundary constitution on the corrosion behaviour of electrodeposited Sn-xBi coatings. Corrosion Science, 2023, 215: 111039.

[106] Liu X, He H, Zhang T C, Ouyang L, Zhang Y X, Yuan S. Superhydrophobic and self-healing dual-function coatings based on mercaptabenzimidazole inhibitor-loaded magnesium silicate nanotubes for corrosion protection of AZ31B magnesium alloys. Chemical Engineering Journal, 2021, 404: 127106.

[107] Zhu Y X, Song G L, Wu P P, Huang J F, Zheng D J. A protective superhydrophobic Mg-Zn-Al LDH film on Surface-Alloyed Magnesium. Journal of Alloys and Compounds, 2021, 855: 157550.

[108] Sun W, Wang L, Wu T, Pan Y, Liu G. Communication—multi-layer boron nitride nanosheets as

corrosion-protective coating fillers. Journal of the Electrochemical Society, 2015, 163: C16-C18.

[109] Hu T, Ouyang Y, Xie Z H, Wu L. One-pot scalable in situ growth of highly corrosion-resistant MgAl-LDH/MBT composite coating on magnesium alloy under mild conditions. Journal of Materials Science & Technology, 2021, 92: 225-235.

[110] Vaghefinazari B, Lamaka S V, Blawert C, Serdechnova M, Scharnagl N, Karlova P, Wieland D C F, Zheludkevich M L. Exploring the corrosion inhibition mechanism of 8-hydroxyquinoline for a PEO-coated magnesium alloy. Corrosion Science, 2022, 203: 110344.

[111] Liu S, Li Z, Yu Q, Qi Y, Peng Z, Liang J. Dual self-healing composite coating on magnesium alloys for corrosion protection. Chemical Engineering Journal, 2021, 424: 130551.

[112] Zhang J, Xie Z H, Chen H, Hu C, Li L, Hu B, Song Z, Yan D, Yu G. Electroless deposition and characterization of a double-layered Ni-B/Ni-P coating on AZ91D Mg alloy from eco-friendly fluoride-free baths. Surface and Coatings Technology, 2018, 342: 178-189.

[113] Guo L, Yu B, Zhou P, Zhang T, Wang F. Fabrication of low-cost Ni-P composite coating on Mg alloys with a significant improvement of corrosion resistance: Critical role of mitigating the galvanic contact between the substrate and the coating. Corrosion Science, 2021, 183: 109329.

[114] Park I C, Kim S J. Effect of pH of the sulfuric acid bath on cavitation erosion behavior in natural seawater of electroless nickel plating coating. Applied Surface Science, 2019, 483: 194-204.

[115] Ma L, Qiang Y, Zhao W. Designing novel organic inhibitor loaded MgAl-LDHs nanocontainer for enhanced corrosion resistance. Chemical Engineering Journal, 2021, 408: 127367.

[116] Su Y, Qiu S, Yang D, Liu S, Zhao H, Wang L, Xue Q. Active anti-corrosion of epoxy coating by nitrite ions intercalated MgAl LDH. Journal of Hazardous materials, 2020, 391: 122215.

[117] Dong C, Zhang M, Xiang T, Yang L, Chan W, Li C. Novel self-healing anticorrosion coating based on L-valine and MBT-loaded halloysite nanotubes. Journal of Materials Science, 2018, 53: 7793-7808.

[118] Li D, Chen F, Xie Z H, Shan S, Zhong C J. Enhancing structure integrity and corrosion resistance of Mg alloy by a two-step deposition to avoid F ions etching to nano-SiO_2 reinforcement. Journal of Alloys and Compounds, 2017, 705: 70-78.

[119] Iqbal M, Fedel M. Effect of synthesis conditions on the controlled growth of MgAl–LDH corrosion resistance film: structure and corrosion resistance properties. Coatings, 2019, 9: 30.

[120] Xie Z, Wu L. Corrosion inhibition of layered double hydroxide coating for Mg alloy in acidic corrosive environments. Materials and Corrosion, 2020, 71: 118-124.

[121] Wang X, Jing C, Chen Y, Wang X, Zhao G, Zhang X, Wu L, Liu X, Dong B, Zhang Y. Active

corrosion protection of super-hydrophobic corrosion inhibitor intercalated Mg-Al layered double hydroxide coating on AZ31 magnesium alloy. Journal of Magnesium and Alloys, 2020, 8: 291-300.

[122] Lin K, Luo X, Pan X, Zhang C, Liu Y. Enhanced corrosion resistance of LiAl-layered double hydroxide (LDH) coating modified with a Schiff base salt on aluminum alloy by one step in-situ synthesis at low temperature. Applied Surface Science, 2019, 463: 1085-1096.

[123] Cao K, Yu Z, Zhu L, Yin D, Chen L, Jiang Y, Wang J. Fabrication of superhydrophobic layered double hydroxide composites to enhance the corrosion-resistant performances of epoxy coatings on Mg alloy. Surface and Coatings Technology, 2021, 407: 126763.

[124] Chen J, Liang S, Fu D, Fan W, Lin W, Ren W, Zou L, Cui X. Design and in situ prepare a novel composite coating on Mg alloy for active anti-corrosion protection. Journal of Alloys and Compounds, 2020, 831: 154580.

[125] Chen J, Song Y, Shan D, Han E H. Study of the in situ growth mechanism of Mg-Al hydrotalcite conversion film on AZ31 magnesium alloy. Corrosion Science, 2012, 63: 148-158.

第 4 章　温和条件下镁合金 MgAl-LDH 膜层的原位生长机理和耐腐蚀性能

4.1　无外加镁铝盐时镁合金 MgAl-LDH 膜的生长机理和耐腐蚀性能

4.1.1　引言

目前，在金属表面制备 LDH 膜层的方法包括尿素水解、电化学沉积、水热反应等[1,2]。在上一章节中，均采用高温高压水热方法在基底表面原位生长 LDH 涂层，这是因为该方法有助于获得致密度高和与基底间结合力强的 LDH 薄膜[3,4]。例如，在 160℃条件下，用水热法在镁合金 AZ31 上可获得结合力良好的碳酸根插层 LDH 薄膜[5]。利用阴离子交换性能在缓蚀剂溶液中进行后处理，并采用有机酸改性，可进一步提高涂层的耐腐蚀性和疏水性[6]。然而，利用反应釜在高温高压下制备 MgAl-LDH 涂层的方法不利于大规模的工业应用。近年研究发现，在螯合剂的辅助下，于相对温和的条件下（大气压力，温度低于 100℃），可在镁合金表面原位获得 LDH 层[7]。阳离子（如 Mg^{2+} 和 Al^{3+} ）同螯合剂［如乙二胺四乙酸（EDTA）、二乙烯三胺五乙酸（DTPA）和硝基三乙酸（NTA）］之间的螯合反应可促进镁合金的溶解和扩大自由金属离子存在的 pH 范围，有利于 LDH 相的形成[8,9]。温和条件下，已有研究在镁合金表面制备 LDH 层时，会同时向溶液中加入铝盐等金属盐。不过，研究表明，在高温和高压下制备 LDH 膜层时，可以无需外加金属盐，而是通过溶解镁合金基底提供 Mg^{2+} 和 Al^{3+} [10]。假设在不添加金属盐的温和条件下，也可以在镁合金表面原位生长 LDH 膜层。在这种情况下，工艺的环境友好性无疑更高，生产成本也可以显著降低。然而，此种前提下在镁合金表面原位生长 LDH 层的方法尚未见报道。而且，温和条件下镁合金表面原位生长 LDH 的机理目前也不甚清楚。

基于此，本小节首次开发了不外加金属阳离子盐（镁和铝盐）、通过螯合剂辅助、在镁合金表面原位生长 LDH 薄膜的方法。研究了大气压下，不同温度（75～95℃）、pH、EDTA 浓度和时间对镁合金表面形成沉积层的形貌、相结构、组成和耐腐蚀性的影响，得到了制备 MgAl-LDH 层的最佳参数和相应的生长机理。同时，本小节还对比了使用偏钒酸盐和钨酸盐溶液对制备的 MgAl-LDH 膜层进行阴离子交换处理后的耐腐蚀性能。

4.1.2　镁合金 MgAl-LDH 膜层的制备和表征

材料与试剂：镁合金 AZ31 片（30 mm×20 mm×2.0 mm）的组成主要包括 2.75wt% Al、1.15wt% Zn、0.16wt% Mn 和剩余 Mg。化学试剂包括 EDTA（98%）、NaOH（98%）、NaCl（>99%）、偏钒酸钠（$NaVO_3$，99%）、钨酸钠（Na_2WO_4，98%）、$NaNO_3$（AR）均购自阿拉丁工业公司。

LDH 膜层的制备：首先配制一系列含有螯合剂 EDTA（0.01、0.1 和 0.2 mol/L）和硝酸钠（0.25 mol/L）的水溶液。通过加入不同体积的氢氧化钠溶液（0.5 mol/L），将 pH 值分别调整为 9.0±0.1、10.0±0.1、11.0±0.1 和 12.0±0.1。将上述溶液分别加热到不同的温度（75℃±1℃、85℃±1℃、95℃±1℃）。在持续搅拌下，将镁合金片浸入已加热至指定温度的溶液中，并反应不同的时间（18 s～12 h）。将得到的样品命名为 LDH-*x* h（*x* 表示反应时间）。

缓蚀剂改性 LDH 膜层的制备：用 0.1 mol/L 氢氧化钠水溶液分别调节 Na_2WO_4（0.1 mol/L）和 $NaVO_3$（0.1 mol/L）溶液的 pH 值至 10.0±0.1 和 8.2±0.1。将生长有 LDH 覆盖层的镁合金浸没在两种含缓蚀剂的溶液中，在（95±1）℃下进行阴离子交换 4 小时。将 Na_2WO_4 和 $NaVO_3$ 处理后的样品用去离子水洗涤，在空气中干燥，并分别命名为 LDH-W 和 LDH-V。

膜层的表征和性能评估：采用 SEM（Hitachi SU8020）对 LDH-*x* h、LDH-W 和 LDH-V 涂层的表面和截面进行微观形貌表征，并通过连接的 EDS 能谱测定化学成分。用 XRD（D8 ADVANCE，德国）对 LDH、LDH-W 和 LDH-V 薄膜的晶相结构特征进行分析。XRD 表征的参数设置如下：衍射角（2θ）范围为 5°～80°，电压为 40 kV，电流为 30 mA，入射波长（λ）为 0.154 nm 以及扫描速度为 5°/min。根据布拉格定律计算 LDH 相的层间间距（d），即 $2d\sin\theta=n\lambda$，其中 $n=1$（一阶衍射）。用 XPS（250Xi，MA，USA）测定，并采用 XPSPEAK41 软件拟合分析不同涂层的化学成分。

在 25℃下，采用电化学工作站（Interface 1010E，Gamry，USA）测试镁合金在 EDTA 溶液的 OCP 变化以及 EIS 和 Tafel 曲线。所有电化学测试均采用三电极系统，包括 SCE 作为参比电极、铂片作为对电极和暴露面积为 1.0 cm^2 的工作电极。工作电极包括镁合金、LDH-*x* h、LDH-W 和 LDH-V 涂层。在 EIS 和 Tafel 测试之前，三电极系统在溶液中静置 20 min 以上，直到 OCP 稳定。EIS 谱图测试频率范围为 10^{-2}～10^5 Hz，扰动电位为 10 mV。采用 Gamry 分析软件对 EIS 数据进行分析。Tafel 曲线测试电位范围为−300～300 mV（*vs.* OCP），扫描速率为 1.0 mV/s。

4.1.3　镁合金 MgAl-LDH 膜层的生长机理、形貌及耐腐蚀性能

为了获得形成 MgAl-LDH 薄膜的最佳参数，测定了不同反应条件下，经含有 EDTA 电解质处理的镁合金的 XRD 谱图（图 4-1）。对于反应温度为 75℃的样品的 XRD 谱图，除了几个非常弱的峰外，主要在 2θ 值分别为 34.4°、63.1°和 72.5°处发现三个强峰［图 4-1（a）］，归因于基底中的镁相。在 2θ 分别为 11.6°和 23.3°处的衍射峰对应于 LDH 相（003）和（006）晶面特征峰，其强度随着温度的升高而逐渐增加[8]。除了 LDH 相的特征衍射峰外，不同温度下制备的样品在 2θ 为 18.5°和 38.0°处，也表现出一定强度归属于 $Mg(OH)_2$ 相的衍射峰（JCPDS NO.07-0239）。逐渐增强和锐化的衍射峰表明 LDH 和 $Mg(OH)_2$ 相的结晶度增加。当温度为 95℃时，LDH 相特征衍射峰最强，说明含量最高。图 4-1（b）为不同 EDTA 浓度下制备涂层的 XRD 谱图。当 EDTA 浓度为 0.01 mol/L 时，XRD 谱图显示样品主要为金属 Mg 和 $Mg(OH)_2$ 沉淀，表明 LDH 的量很低。当 EDTA 浓度为 0.1 mol/L 时，LDH 相的衍射峰明显增强和锐化，表明含量增加，结晶度提高。当 EDTA 浓度增加到 0.2 mol/L 时，LDH 的衍射峰强度明显降低，并略有宽化，表明与浓度为 0.1 mol/L 时相比，LDH 相含量降低，结晶度下降。当溶液 pH 为 9.0 时，除了来自镁基底的衍射峰外，还观察到 LDH 和 $Mg(OH)_2$ 的衍射峰。不过，LDH 相的峰较宽，表明结晶度较差［图 4-1（c）］。将溶液 pH 值提高到 10.0 时，LDH 相的衍射峰强度显著增加并变得尖锐，表明其含量和结晶度提高。进一步增加溶液 pH 值导致 LDH 相相应的衍射峰强度逐渐减小并变得宽泛。当 pH 值上升到 12.0 时，LDH 相的衍射峰非常弱，表面主要成分再次以 $Mg(OH)_2$ 为主。可见，形成 LDH 相最佳 pH 值为 10.0。

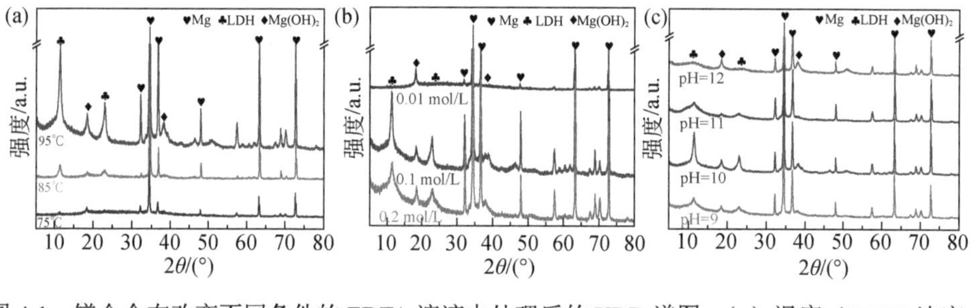

图 4-1　镁合金在改变不同条件的 EDTA 溶液中处理后的 XRD 谱图：（a）温度（EDTA 浓度：0.1 mol/L，pH=10.0，12 h）；（b）EDTA 浓度（95℃，pH=10.0，12 h）；（c）pH（95℃，12 h，EDTA 浓度：0.1 mol/L）

根据镁合金在 EDTA 溶液中随时间变化的 OCP 曲线（图 4-2），LDH 膜的形成过程可大体分为四个阶段。开始阶段，将镁合金浸入 EDTA 溶液后，OCP 在 19 s 内从−1.65 V 迅速下降到−1.69 V［图 4-2（a），阶段 I］，同时产生许多气泡。OCP 的下降源于基底与螯合剂 EDTA 反应形成镁和铝螯合物，导致镁合金表面氧化层溶解[11]。通常，使用碳化硅砂纸机械抛光过程中，会在镁合金表面形成大量的微凹槽或条纹。当反应时间为 18 s 时［图 4-2（a）中时间点 a］，SEM 图像显示，除了这些模糊的微划痕外，镁合金表面还形成了许多微坑。相应的 XRD 衍射图［t=18 s，图 4-2（c）］表明，样品表面没有 $Mg(OH)_2$ 和 LDH 相，说明该阶段为基底的溶解，导致形成微坑和 OCP 值降低。第二阶段（阶段 II，19～8400 s），随着时间延长到 100 s 左右，OCP 从−1.69 V 迅速增加至−1.40 V，并保持相对稳定。在这一阶段，SEM 图像中也没有观察到典型的 LDH 纳米片［t=280 s，图 4-2（a）中时间点 b］。在 XRD 图中只检测到 $Mg(OH)_2$ 相的衍射峰［图 4-2（c）］，说明这一阶段 OCP 的上升是由于 $Mg(OH)_2$ 沉淀的生成。在第三阶段（阶段 III，8400～9600 s），OCP 从约−1.40 V 逐渐增加到−1.27 V，镁合金表面变得更平整［t=9000 s 时的 SEM 图像，图 4-2（b）］。当反应时间延长至 9600 s 后（阶段 IV），OCP 的增长非常缓慢，镁合金表面观察到典型的 LDH 薄片［t=14.40 ks 时的 SEM 图像，图 4-2（b）］。当反应时间为 9000 s 时，XRD 衍射图中同时观察到 LDH 和 $Mg(OH)_2$ 相，尤其是后者的衍射峰，表明膜层中后者含量较高［图 4-2（c）］。随着反应时间从 9 ks 增加到 12 h，在 XRD 谱图中也同时发现属于 LDH 和 $Mg(OH)_2$ 相的衍射峰。不过，LDH 相（003）和（006）晶面的衍射峰逐渐增强，与 $Mg(OH)_2$ 相（001）晶面相对应峰的峰强比也明显增加［图 4-2（c）］。XRD 峰强度和 OCP 的变化表明，OCP 的升高是由于在阶段 III 时，涂层中 LDH 相含量逐渐增加。在第四阶段，膜层以 LDH 相为主，组成变化不大，OCP 值保持相对稳定。

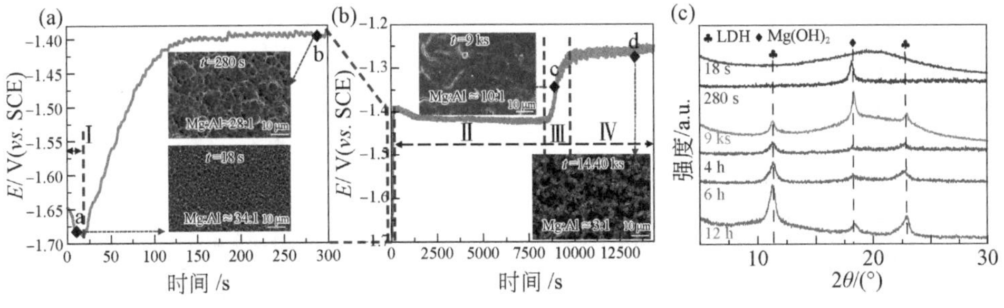

图 4-2　镁合金在 EDTA 溶液中的 OCP-t 曲线以及表面 SEM 图像（插图）：（a）300 s 前、（b）4 h 前（95℃，pH=10.0，EDTA 浓度为 0.1 mol/L）；（c）不同反应时间时膜层的 XRD 衍射图

根据 EDS 结果（图 4-3、图 4-4），随着反应时间延长，沉积物中铝（Al）含量逐渐增加。在反应时间为 4 h 时，沉积物中 Mg 与 Al 的元素比接近 3∶1，表明涂层主要为 LDH 相。LDH 的分子式可能为 $Mg_6Al_2(OH)_{18}\cdot 4H_2O$ 和 $Mg_6Al_2CO_3(OH)_{16}\cdot 4H_2O$ [12]。将反应时间延长至 6 和 12 h 后，涂层主要含有 Mg、Al、C 和 O 元素，Mg 与 Al 的比例仍接近 3∶1（图 4-4）。再次证实，在该段时间内，涂层表面组成的变化非常轻微，以有利于 MgAl-LDH 相的成分为主。不过，表面 SEM 图像显示，与较短时间相比［6 h，图 4-4（a），（b）］，反应时间为 12 h 时获得的 LDH 纳米片的分布［图 4-4（d）和图 4-4（e）］更加均匀和致密，可增强对腐蚀介质扩散的抵抗，有望实现更强的防腐能力。将反应时间增加到 14 h，导致 LDH 纳米片团簇之间形成更大的间隙（图 4-5），降低了耐腐蚀性能（图 4-6）。因此，本小节后续研究中采用的反应时间均为 12 h。

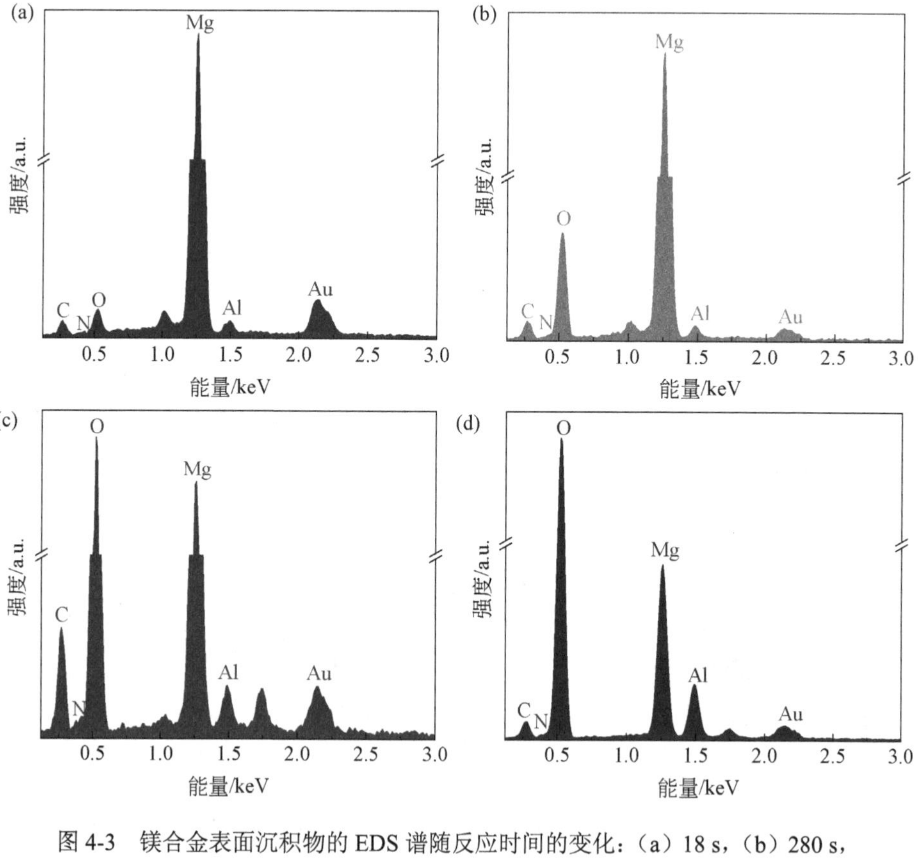

图 4-3　镁合金表面沉积物的 EDS 谱随反应时间的变化：（a）18 s，（b）280 s，（c）9 ks，（d）14.40 ks

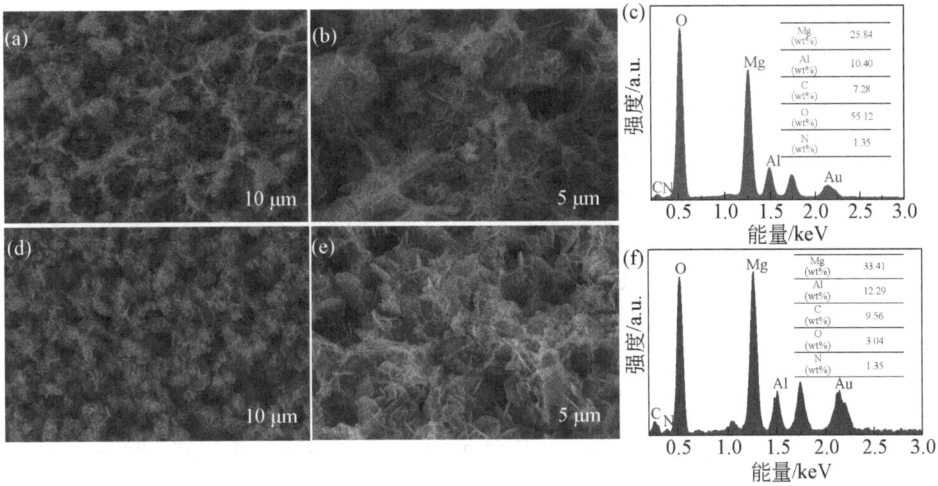

图 4-4 不同反应时间下镁合金表面沉积物膜层的（a）、（b）、（d）、（e）SEM 图像和（c）、（f）EDS 能谱：（a）～（c）LDH-6 h 和（d）～（f）LDH-12 h

图 4-5 LDH-14 h 的 SEM 图像

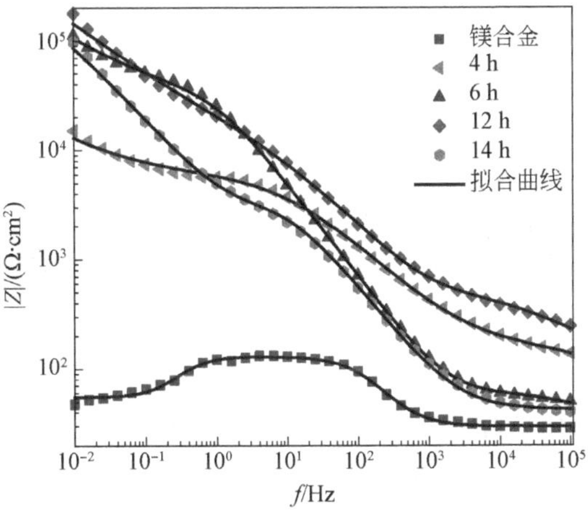

图 4-6 镁合金裸态与 LDH-x 涂层在氯化钠溶液（3.5wt%）中的 Bode 幅频图

图 4-7 为不同反应时间下镁合金表面铝的高分辨率 XPS 能谱。在反应时间为 18 s［图 4-7（a）］和 280 s［图 4-7（b）］时，Al 2p 高分辨 XPS 能谱可分为结合能位于 72.3 和 74.8 eV 的两个峰，归属于铝的氧化物（AlO_x，包括 Al_2O_3）[13]。当反应时间增加到 9 ks［图 4-7（c）］，Al 2p 高分辨率 XPS 能谱可以拟合为两个结合能位于 72.3 和 74.2 eV 的峰，后者归因于 Al—OH 键[14]。通过计算 XPS 谱的峰面积比，得到了沉积物中氧化铝的 LDH 相的相对含量。当反应时间为 9 ks 时，Al—O 键与 Al—OH 键的峰面积比为 1∶4，表明膜层中 AlO_x 的含量降低，主要成分为 LDH 相。当反应时间为 14.40 ks 时，Al 2p 高分辨 XPS 能谱中只在结合能为 74.2 eV 处观察到一个归属于 Al—OH 键的对称峰［图 4-7（d）］。不同时间沉积物的 Al 2p 高分辨率 XPS 能谱表明，随着反应时间增加，镁合金表面铝的氧化物的含量逐渐降低，而 LDH 相含量增加，与 XRD 结果一致［图 4-2（c）］。

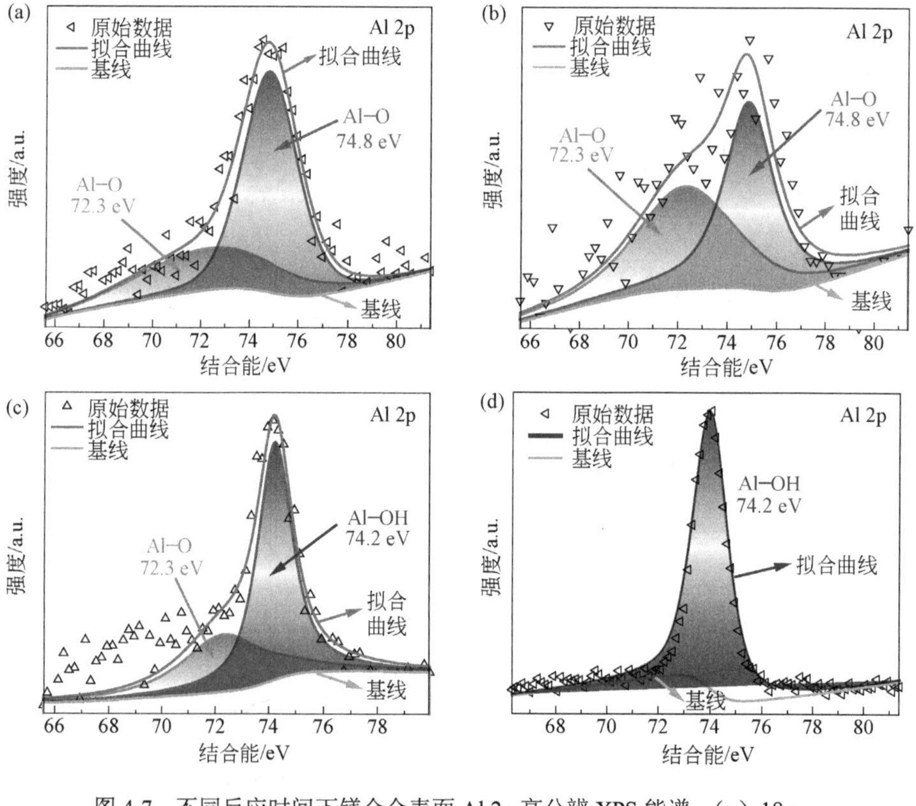

图 4-7 不同反应时间下镁合金表面 Al 2p 高分辨 XPS 能谱：（a）18 s、（b）280 s、（c）9 ks、（d）14.40 ks

图 4-8 为不同反应时间下镁合金表面膜层的截面 SEM 图像和相应 EDS 元素

分布图。涂层的横截面从上到下包括四个不同的区域，即树脂、LDH、$Mg(OH)_2$ 和基底。LDH 区主要由 Mg、Al、O 和 C 元素组成，$Mg(OH)_2$ 区主要为镁和氧元素。通过分析断面 SEM 图像以及 EDS 元素分布图中最上层 C 元素和最底侧 Mg 元素的分布，可以确定复合涂层的总厚度。因为铝元素包含在 LDH 相中，但不存在于 $Mg(OH)_2$ 层（由于样品制备过程中元素的随机扩散，实际实验中会检测到微量的铝），因而可以根据铝元素的分布，分别计算出 LDH 和 $Mg(OH)_2$ 层的厚度。随着反应时间从 6 h 延长到 12 h，LDH 膜的厚度从 17.6 μm 增加到 20.6 μm，结构更加致密［图 4-8（a）和图 4-8（c）］。同时，当反应时间延长到 12 h 时，$Mg(OH)_2$ 层的厚度从 10.6 μm 降低到 9.4 μm。

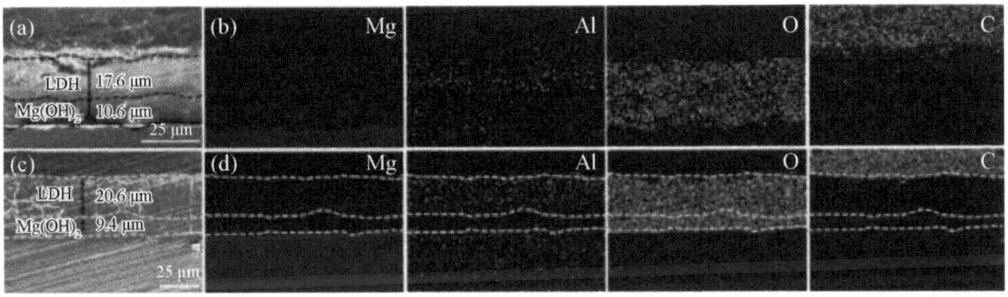

图 4-8　不同反应时间镁合金涂层的 SEM 图像和相应 EDS 元素分布图：LDH-6 h［(a)、(b)］和 LDH-12 h［(c)、(d)］

通过测定在 3.5wt%氯化钠腐蚀电解质中的电化学数据，以评估不同反应时间制备 LDH-*x* 涂层的耐腐蚀能力（图 4-9）。在 EIS 谱图中，通常低频下更高的阻抗模量值意味着更好的涂层耐腐蚀性能[15]。与裸镁合金相比，所有生长 LDH 涂层的镁合金在低频（通常参考的频率为 10 mHz）下都表现出显著增大的阻抗模量值［图 4-9（a）和图 4-6］，表明 LDH 涂层显著提升镁合金的防腐蚀性能。其中，LDH-12 h 涂层因良好的结晶度和致密结构，具有最高的阻抗模量，最强的防腐能力［图 4-4（d）和图 4-4（e）］。不同 LDH-*x* h 涂层的耐腐蚀性差异也可通过 Bode 相位角图验证。通常，在高频下，较高的相位角表明涂层拥有更好的耐腐蚀性能。涂层 LDH-12 h 在高频下表现出最大的相位角。同时，裸镁合金则具有很低的高频相位角，接近 0°［图 4-9（b）］。使用 EC 模型拟合 EIS 谱图，对涂层的耐腐蚀性变化进行定量分析。在 EC 模型［图 4-9（g）和图 4-9（h）］中，R_s 表示溶液电阻；L 和 R_L 表示与镁合金表面腐蚀产物引起的弛豫过程相关的电感和感抗[16]；Q_{LDH} 和 R_{LDH} 代表不同 LDH 膜层，包括 LDH-V 和 LDH-W 复合膜层的 CPE 和电阻；Q_c 和 R_c 代表内部 $Mg(OH)_2$ 层的 CPE 和电阻，Q_{dl} 和 R_{ct} 代表电双层的 CPE 和电荷转移电阻；Z_W 代表 Warburg 扩散电阻，表明 LDH 层存在阴离子交

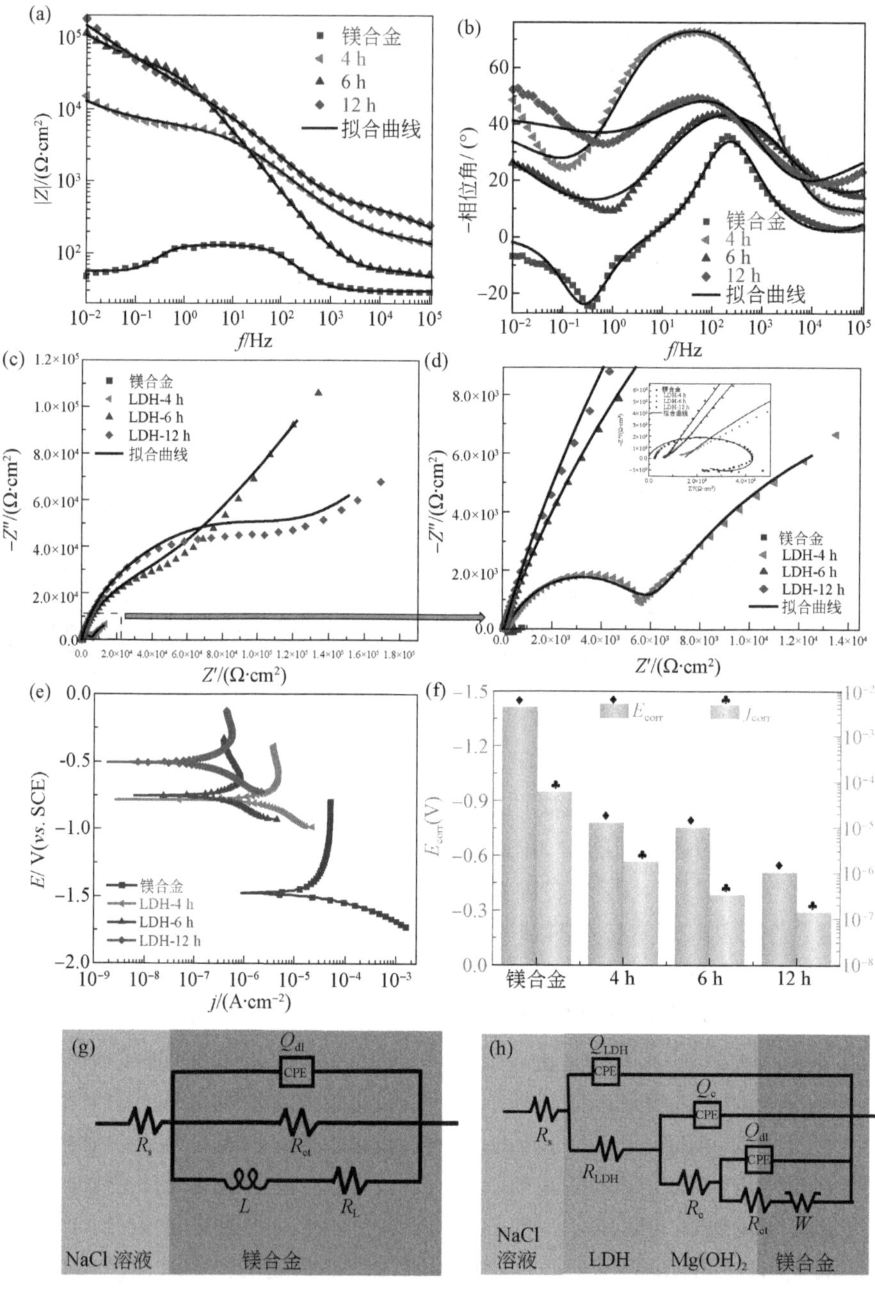

图 4-9　氯化钠溶液（3.5wt%）中裸镁合金和生长不同 LDH-x h 涂层后的电化学数据：(a) Bode 幅频图，(b) Bode 相频图，(c) 奈奎斯特图，(d) 局部放大的奈奎斯特图，(e) Tafel 曲线，(f) E_{corr} 和 j_{corr} 柱状图，(g) 裸镁合金和 (h) LDH 涂层的等效电路模型

换过程[17]。LDH 基涂层选择三个时间常数的 EC 模型主要基于以下原因：首先，Bode 相位角图中中频区域峰较宽且不对称［图 4-9（b）］，说明观察到的单峰实际为两个或两个以上的峰融合在一起，即包含两个或两个以上的时间常数。此外，镁合金表面的涂层体系包括内部 $Mg(OH)_2$ 层和外部具有许多微孔的 LDH 层（图 4-8、图 4-12 和图 4-4）。考虑到复合涂层的双层结构和每个电路元件的物理意义，采用三个时间常数的 EC 模型更合适。最后，拟合时我们还同时尝试了一个或两个时间常数的 EC 模型。相比之下，具有三个时间常数的 EC 模型输出的结果拟合度最好（卡方值为 10^{-3} 数量级）。根据 EC 模型拟合的 EIS 参数（表 4-1），裸镁合金的 R_{ct} 值仅为 0.37 kΩ·cm²。同时，LDH-12 h 涂层的 R_{ct} 值最高（40.86 kΩ·cm²），其次是 LDH-6 h（37.35 kΩ·cm²），而 LDH-4 h 的 R_{ct} 值最低（6.52 kΩ·cm²）。不同 LDH 涂层的奈奎斯特图的容抗弧直径也证实了上述耐腐蚀性的差异［图 4-9（c）和图 4-9（d）］。容抗弧直径越大，LDH 涂层的耐腐蚀性越好。显然，LDH-12 h 涂层具有最强的耐腐蚀能力。通过 Tafel 曲线和相应的拟合参数［图 4-9（e）和图 4-9（f）］，还可进一步证实 LDH-*x* h 涂层对镁合金腐蚀防护的增强作用。当反应时间为 12 h 时，LDH-12 h 涂层表现出最正的腐蚀电位（−506 mV）和最低的腐蚀电流密度（1.32×10^{-7} A/cm²）。

表 4-1 裸镁合金和 LDH-*x* h 涂层在不同反应时间下的电化学参数

样品	R_s/(Ω·cm²)	$Y_{LDH}/10^{-6}$ ($S·s^n·cm^{-2}$)	n_2	R_{LDH}/(kΩ·cm²)	$Y_c/10^{-9}$ ($S·s^n·cm^{-2}$)	n_1	R_c/(kΩ·cm²)	$Z_W/10^{-5}$ ($S·s^{0.5}·cm^{-2}$)	$Y_{dl}/10^{-6}$ ($S·s^n·cm^{-2}$)	n_{dl}	R_{ct}/(kΩ·cm²)	$\chi^2/10^{-3}$
镁合金	24.5	—	—	—	—	—	—	—	380.40	0.96	0.37	7.5
LDH-4 h	6.7	12.81	0.89	0.46	9.78	0.84	1.54	6.21	289.75	0.87	6.52	2.82
LDH-6 h	5.2	9.80	0.83	0.65	8.54	0.86	1.99	11.37	150.47	0.82	37.35	4.85
LDH-12 h	6.3	10.65	0.86	0.61	7.98	0.91	2.19	14.54	128.7	0.77	40.86	6.23

4.1.4 缓蚀剂改性 MgAl-LDH 膜层的结构、形貌和组成

镁合金表面制备的 LDH-12 h、LDH-W 和 LDH-V 薄膜的 XRD 衍射图如图 4-10 所示。LDH-12 h 未经缓蚀剂处理前，（006）和（003）晶面的特征衍射峰分别位于衍射角为 23.3°和 11.6°处，表明在 EDTA 溶液中制备的 LDH 相的层间阴离子主要为 CO_3^{2-} 或 NO_3^-[17]。缓蚀剂处理后，（006）和（003）晶面的特征衍射峰对于

LDH-W 移至 22.7°和 11.2°；对于 LDH-V 移至 22.9°和 11.5°［图 4-10（a）］[18]。衍射角降低是因为离子半径更大的缓蚀剂阴离子插入到 LDH 相层间，导致层间距离略有增加。根据 Bragg 方程计算可知，LDH-12 h、LDH-W 和 LDH-V 相的（003）晶面间距值分别为 0.762 nm、0.794 nm 和 0.770 nm。对于 FTIR 谱图，与未改性 LDH 涂层相比，LDH-W 涂层在波数为 850 cm^{-1} 处有一个新的吸收峰，归属于 W—O—W 键的不对称伸缩振动［图 4-10（b）和图 4-10（c）］[19]；LDH-V 涂层则在波数为 921 cm^{-1} 处有一个新的吸收峰，源于 V═O 键的拉伸振动，同时在 861 和 803 cm^{-1} 处也有吸收带，归因于 V—O 和 V═O 键的伸缩振动[20]。XRD 衍射图和 FTIR 光谱证实，缓蚀剂通过离子交换作用成功插入到 LDH 相层间。

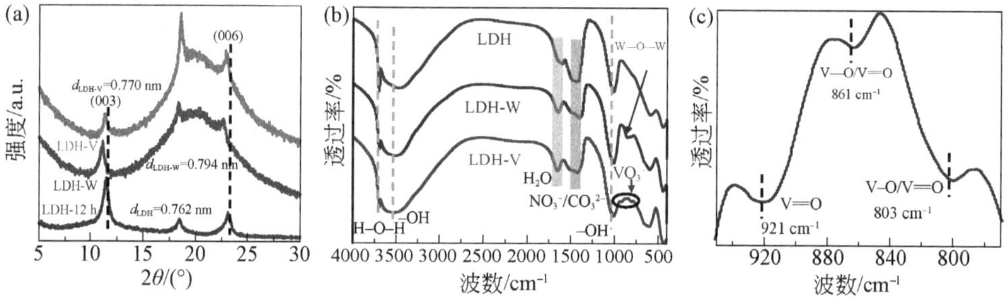

图 4-10 镁合金表面 LDH-12 h、LDH-V 和 LDH-W 涂层的 XRD 图谱（a），FTIR 光谱（b）以及 LDH-V 涂层 FTIR 光谱的局部放大图（c）

与未修饰的 LDH-12 h 膜［图 4-4（d）和图 4-4（e）］相比较，缓蚀剂插层的 LDH-W 和 LDH-V 涂层，并未观察到明显的表面形貌差异（图 4-11）。在 LDH-W 和 LDH-V 涂层的表面上也都可以观察到 LDH 相典型的六边纳米片结构。但是，EDS 结果也表明，与未改性的 LDH 膜相比，LDH-W 和 LDH-V 涂层表面含有丰富的 W 和 V 元素［图 4-11（c），（f）～（h）和图 4-13］，证实缓蚀剂对 LDH 涂层的成功改性。

缓蚀剂改性制备的 LDH-W 和 LDH-V 涂层的断面 SEM 图像和相应的 EDS 图如图 4-12 所示。根据不同元素的面分布可得到，LDH-W 和 LDH-V 薄膜的厚度分别为 16.96 μm 和 17.30 μm。由图 4-8 可知，缓蚀剂改性前的 LDH 膜厚度为 20.6 μm，说明在离子交换过程中部分 LDH 发生溶解。阴离子交换并不是直接的交换过程，而是涉及两步的过程，包括 LDH 溶解成 Mg^{2+}、Al^{3+} 和 OH^-，然后再与其他阴离子沉积形成 LDH 相[21]。截面 EDS 图显示，在 LDH-W 和 LDH-V 涂层中存在大量的 W 和 V 元素，两种元素渗透至整个 LDH 膜，再次证明缓蚀剂成功掺入 LDH 膜中，而非仅仅在表面吸附。相较于 LDH-V 膜中的 V 元素，LDH-W 层中的 W

元素分布更均匀，含量更高，有助于获得更强的防腐能力（图 4-5）。

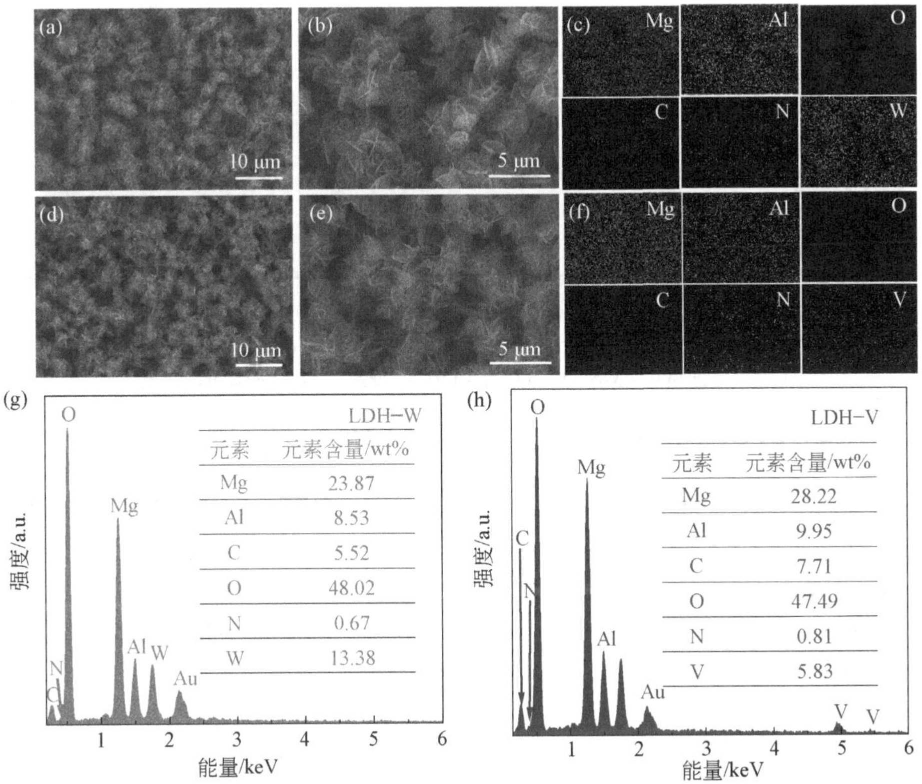

图 4-11　（a）～（c）LDH-W 和（d）～（f）LDH-V 涂层的（a）、（b）、（d）、（e）SEM 图像，（c）、（f）相应 EDS 元素分布图以及（g）、（h）EDS 谱图和元素含量

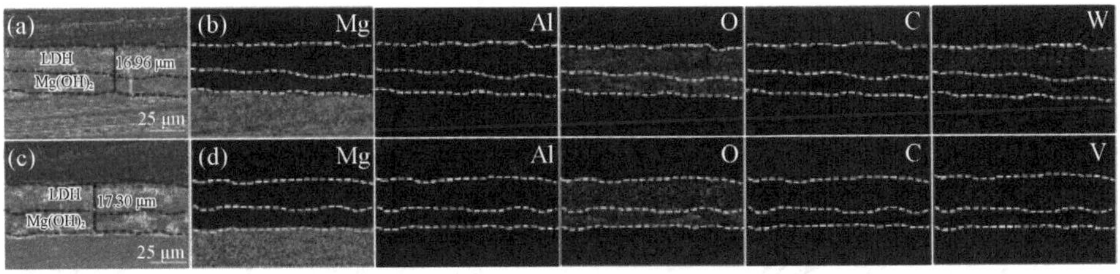

图 4-12　LDH-W［（a）、（b）］和 LDH-V［（c）、（d）］涂层的断面 SEM 图像［（a）、（c）］和相应 EDS 元素面分布图［（b）、（d）］

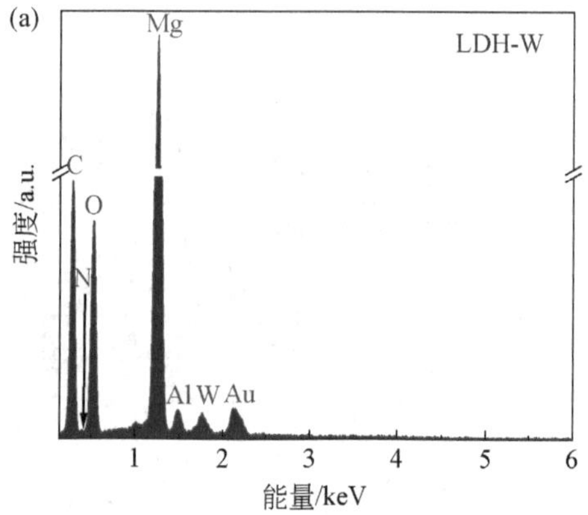

图 4-13 横截面 EDS 图（a）为 LDH-W 涂层，（b）为 LDH-V 涂层

4.1.5 缓蚀剂改性 MgAl-LDH 膜层的长期耐腐蚀性能

测定未经缓蚀剂改性 LDH-12 h 和改性后的 LDH-V 和 LDH-W 涂层在氯化钠溶液（3.5wt%）中的 EIS 谱图，评价不同 LDH 涂层的防腐性能随暴露时间的变化（图 4-14）。LDH-12 h 的低频模量值随着暴露时间的增加而迅速降低。相比之下，LDH-V 涂层的模量值的下降速率要慢得多，而 LDH-W 涂层则保持相对稳定。同样，未改性 LDH 涂层的高频相位角也随暴露时间增加而明显下降。与纯 LDH 层相比，LDH-W 和 LDH-V 涂层相应频率处的相位角值的下降更慢，表明后者具有更优的防腐性能。采用图 4-9（h）中的 EC 模型对 EIS 进行拟合后发现（表 4-2），未改性 LDH-12 h 涂层的 R_{ct} 值从最初的 40.86 kΩ·cm^2 迅速下降到最后的 8.60 kΩ·cm^2。暴露 7 天后，LDH-V 的 R_{ct} 值为 18.21 kΩ·cm^2，远远大于纯 LDH-12 h 涂层。LDH-W 涂层在暴露过程中 R_{ct} 值最为稳定，仅从 39.9 kΩ·cm^2 略有下降到

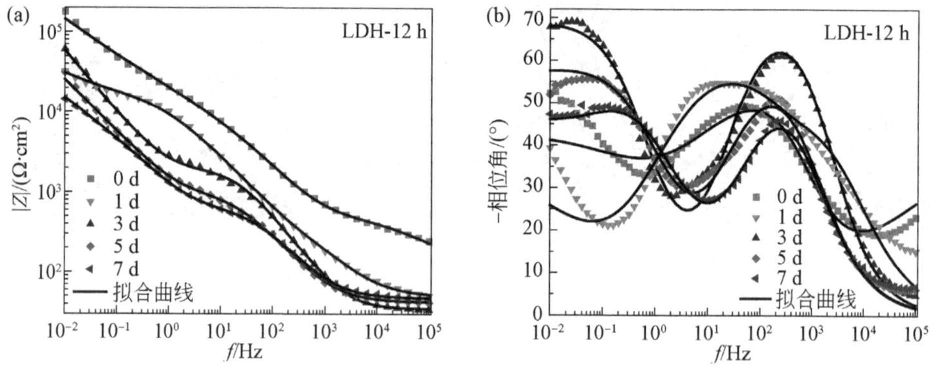

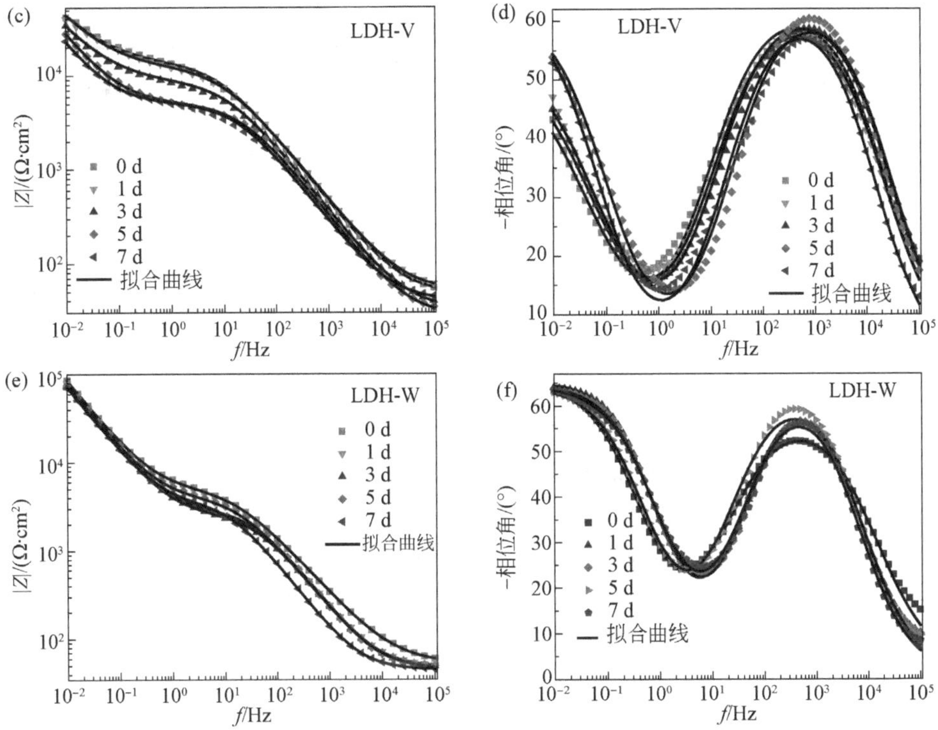

图 4-14　(a)、(b) LDH-12 h，(c)、(d) LDH-V 和 (e)、(f) LDH-W 涂层在氯化钠溶液（3.5wt%）中暴露 7 天内的 EIS 变化

表 4-2　未改性和加载缓蚀剂的 LDH 涂层在不同暴露天数下的电化学参数

样品	R_s/(Ω·cm²)	n_2	$Y_{LDH}/10^{-6}$ (S·s^n·cm^{-2})	R_{LDH}/(kΩ·cm²)	n_1	$Y_c/10^{-9}$ (S·s^n·cm^{-2})	R_c/(kΩ·cm²)	$Z_W/10^{-5}$ (S·s$^{0.5}$·cm^{-2})	$Y_{dl}/10^{-6}$ (S·s^n·cm^{-2})	n_{dl}	R_{ct}/(kΩ·cm²)	χ^2/10^{-3}
LDH-12 h-0 d	6.3	0.86	10.65	0.61	0.91	7.98	2.19	14.54	128.7	0.90	40.86	6.23
1 d	34.3	0.84	8.84	1.95	0.88	5.13	4.00	9.39	145.3	0.83	30.10	3.30
3 d	41.8	0.89	9.15	1.00	0.83	5.59	3.80	12.53	131.5	0.80	19.82	2.26
5 d	42.0	0.81	10.77	0.60	0.85	6.95	3.17	10.44	139.0	0.89	15.48	5.95
7 d	46.7	0.92	10.69	0.61	0.94	11.10	1.01	12.42	132.6	0.84	8.60	1.09
LDH-V-0 d	46	0.89	4.35	14.12	0.75	7.25	2.92	12.10	136.2	0.93	25.60	1.61
1 d	42.3	0.90	4.38	12.61	0.82	7.17	2.95	12.22	134.3	0.89	25.00	1.03
3 d	31.4	0.89	4.89	8.99	0.81	7.47	2.85	15.36	126.4	0.91	23.30	1.99
5 d	26.6	0.86	5.41	5.20	0.79	8.47	1.55	18.66	103.7	0.88	21.50	2.34

续表

样品	R_s/(Ω·cm²)	n_2	$Y_{LDH}/10^{-6}$ (S·s^n·cm^{-2})	R_{LDH}/(kΩ·cm²)	n_1	$Y_c/10^{-9}$ (S·s^n·cm^{-2})	R_c/(kΩ·cm²)	$Z_W/10^{-5}$ (S·s$^{0.5}$·cm^{-2})	$Y_{dl}/10^{-6}$ (S·s^n·cm^{-2})	n_{dl}	R_{ct}/(kΩ·cm²)	χ^2/10^{-3}
7 d	39.3	0.90	6.05	5.21	0.85	8.27	1.65	17.54	112.4	0.89	18.21	2.22
LDH-W-0 d	40.1	0.91	5.82	5.50	0.80	4.95	4.30	9.82	142.5	0.85	39.9	2.40
1 d	44.8	0.84	5.68	2.98	0.81	5.35	3.76	8.02	151.3	0.79	38.87	3.36
3 d	45.2	0.90	5.70	3.21	0.84	5.78	3.21	6.62	158.5	0.83	38.02	1.45
5 d	43.6	0.85	6.96	2.4	0.82	5.86	3.01	6.82	154.5	0.79	37.57	1.49
7 d	45.7	0.88	5.54	3.68	0.76	5.14	3.85	12.17	135.3	0.80	36.08	1.72

36.08 kΩ·cm²。与未改性的 LDH 和 LDH-V 涂层相比，钨酸盐改性的 LDH-W 涂层对镁合金具有最优的耐腐蚀性能。

通过浸没法和析氢实验进一步考察缓蚀剂改性对 LDH 涂层长期耐腐蚀性的影响（图 4-15）。裸镁合金和不同 LDH 基涂层经不同浸泡时间后的数码照片直观证实了 LDH-W 涂层更优越的防腐蚀性能［图 4-15（a）］。浸泡 7 天后，裸镁

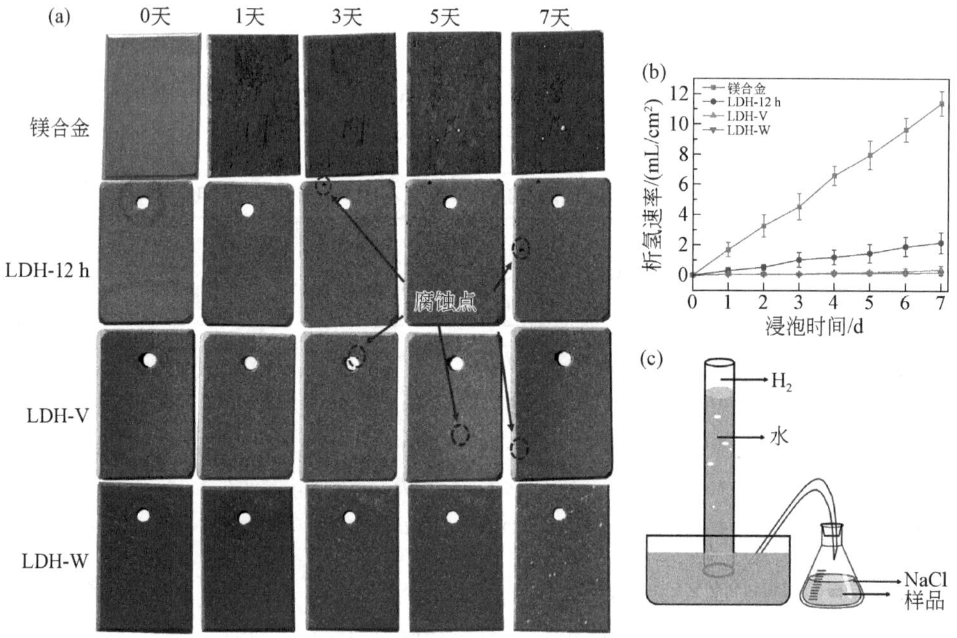

图 4-15　镁合金、LDH-12 h、LDH-V 和 LDH-W 涂层暴露于氯化钠溶液（3.5wt%）中不同时间后的（a）数码照片、（b）析氢曲线和（c）相应测定装置图

合金表面呈现严重腐蚀，形成许多腐蚀坑，并有大量腐蚀产物。LDH-12 h 和 LDH-V 涂层在浸泡 3 天后，局部区域出现明显腐蚀坑。LDH-W 涂层在较长时间浸泡（7 天）后，裸眼并没有发现腐蚀坑。镁合金和不同 LDH 涂层析氢体积相对浸没时间的曲线如图 4-15（b）所示。裸镁合金产生大量的氢气，暴露 7 天后，总体积为 11.45 mL/cm^2。三种 LDH 涂层在整个浸泡期间，产生的氢气含量要低得多。LDH-W 涂层的氢气体积仅为 0.074 mL/cm^2，明显低于 LDH-12 h（1.977 mL/cm^2）和 LDH-V（0.308 mL/cm^2）涂层，再次证实 LDH-W 涂层最优的耐腐蚀性能。

4.1.6 MgAl-LDH 膜层的形成机理和缓蚀剂负载过程

LDH 膜形成机理和缓蚀剂负载过程示意图如图 4-16 所示。当溶液的 pH 值等于 10 时，EDTA 主要以四价阴离子（Y^{4-}）形式存在，具有较强的螯合能力。将镁合金浸入 EDTA 溶液中后，表面的氧化物溶解，产生 Mg^{2+} 和 Al^{3+} 阳离子，导致 OCP 降低［图 4-16 中的步骤①和图 4-2（a）中的阶段 I］。由 α-Mg 基体产生的 Mg^{2+} 阳离子与 Y^{4-}反应形成可溶性螯合物 MgY^{2-}，见式（4-1）。来自镁合金基体中第二相（$Mg_{17}Al_{12}$ 和 Al_8Mn_5）溶解的 Al^{3+} 阳离子与氢氧化物阴离子结合生成复合物 $Al(OH)_4^-$，见式（4-2）[9]。同时，金属阳离子与 OH^- 阴离子结合产生不溶性 $Mg(OH)_2$（主要）和 $Al(OH)_3$（次要）沉淀，附着在基底表面形成薄膜，见式（4-3）和图 4-16 中的步骤②。金属离子与 Y^{4-}或氢氧化物的反应相互竞争，前者促进镁合金基底的溶解和 OCP 的降低；相反，与 OH^- 反应形成保护膜，抑制基底溶解，导致 OCP 值增加。一旦基底表面沉积的 $Mg(OH)_2$ 薄膜达到一定厚度，镁或铝的溶解变得困难。随后，溶液中游离的 Mg^{2+} 与 OH^- 反应，产生更多的 $Mg(OH)_2$ 沉淀，增加膜层厚度。这一阶段薄膜的主要成分为 $Mg(OH)_2$，显示出相对稳定性的 OCP 值［图 4-2（b）中的第 II 阶段］。在 $Mg(OH)_2$ 膜增厚的过程中，消耗的游离 Mg^{2+} 可以通过 MgY^{2-} 的解离补充，见式（4-4）和图 4-16 中的步骤③。由 $Al(OH)_4^-$ 电离产生的 Al^{3+} 部分取代 $Mg(OH)_2$ 相中的 Mg^{2+}，形成 $Mg_2Al(OH)_7$，见式（4-5）和图 4-16 中步骤③。Al^{3+} 的浓度对部分取代 $Mg(OH)_2$ 相中的 Mg^{2+} 以形成 LDH 前驱体起着关键作用。给定的条件下使镁合金基体表面富铝相（$Mg_{17}Al_{12}$ 和 Al_8Mn_5）充分暴露以形成足够浓度的可溶解离子态铝，包括 $Al(OH)_4^-$，对促进后续 LDH 膜的生长和腐蚀保护的提高起着至关重要的作用[9,22]。根据 XRD 衍射图，该条件要求温度高于 85℃，EDTA 浓度大于 0.1 mol/L（图 4-1）。前期形成的 $Mg_2Al(OH)_7$ 相很容易转化为 $Mg_6Al_2(OH)_{18}\cdot 4H_2O$，因为后者的 Mg/Al 摩尔比为 3，热力学上更稳定，见式（4-6）和图 4-16 中步骤④。在步骤③和④中，由于二氧化碳气体溶解到溶液中形成的 CO_3^{2-} 阴离子与 LDH 相之间具有较高的亲和性，部分 $Mg_6Al_2(OH)_{18}\cdot 4H_2O$ 转化为 CO_3^{2-} 插层结构，见式（4-7）。

本研究中，溶液中的 Al^{3+} 只能通过溶解基底而无法通过外部添加铝盐来获得，其浓度受到限制。三价铝阳离子浓度的不足导致 $Mg(OH)_2$ 相无法完全转化为 LDH 相，从而形成由外侧 LDH 层和内侧 $Mg(OH)_2$ 层组成的双膜复合涂层[图 4-8(b)]。薄膜表面的 $Mg(OH)_2$ 相逐渐向 LDH 相转化的过程中，随着后者含量的增加，OCP 逐渐增大［图 4-2（b）中阶段 III］，直到表面主要由 LDH 相组成，OCP 达到最大值且保持相对稳定［图 4-2（b）阶段 IV］。当将生长有 LDH-12 h 涂层的镁合金浸入缓蚀剂溶液后，缓蚀剂阴离子即 WO_4^{2-} 和 VO_3^- 与 LDH 相发生作用，使得原 LDH 相中间层中的 OH^- 和 CO_3^{2-} 被替代，形成 WO_4^{2-} 和 VO_3^- 插层的 LDH，见图 4-16 中步骤⑤。

$$Mg^{2+} + Y^{4-} \longrightarrow MgY^{2-} \tag{4-1}$$

$$Al^{3+} + 4OH^- \longrightarrow Al(OH)_4^- \tag{4-2}$$

$$Mg^{2+} + 2OH^- \longrightarrow Mg(OH)_2 \tag{4-3}$$

$$MgY^{2-} \longrightarrow Mg^{2+} + Y^{4-} \tag{4-4}$$

$$2Mg(OH)_2 + Al^{3+} + 3OH^- \longrightarrow Mg_2Al(OH)_7 \tag{4-5}$$

$$3Mg_2Al(OH)_7 + OH^- + 4H_2O \longrightarrow Mg_6Al_2(OH)_{18}\cdot 4H_2O + Al(OH)_4^- \tag{4-6}$$

$$Mg_6Al_2(OH)_{18}\cdot 4H_2O + CO_3^{2-} \longrightarrow Mg_6Al_2CO_3(OH)_{16}\cdot 4H_2O + 2OH^- \tag{4-7}$$

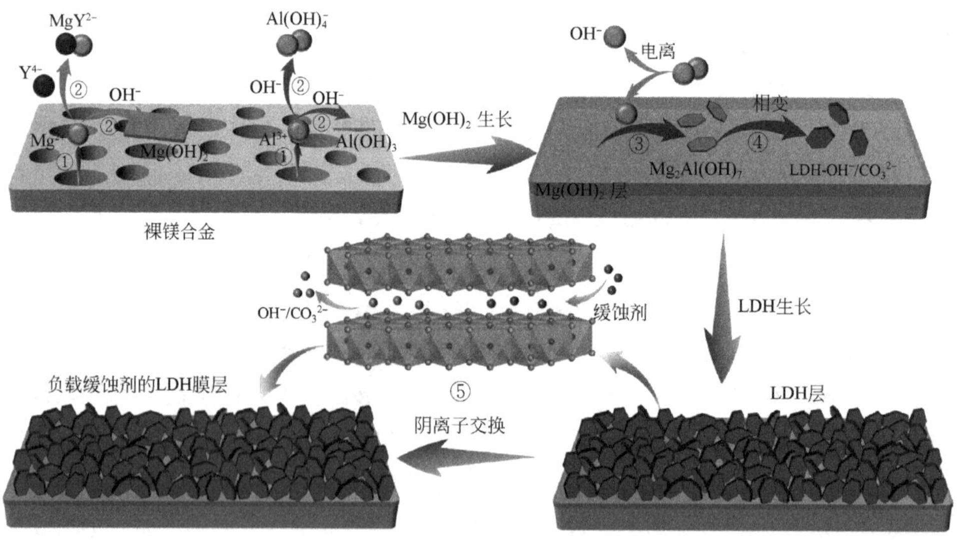

图 4-16　常压、相对较低温度下，溶液中无额外添加镁盐和铝盐的情况下，LDH 薄膜在镁合金表面的原位生长机理和负载缓蚀剂的示意图

4.1.7 小结

本小节利用螯合剂 EDTA 在常压和较低温度以及不外加金属盐引入 Mg^{2+} 和 Al^{3+} 阳离子的前提下，在镁合金表面成功制备了 MgAl-LDH 涂层。MgAl-LDH 薄膜在镁合金表面的原位形成涉及四个关键阶段：基底的溶解，$Mg(OH)_2$ 的沉淀，以及 $Mg(OH)_2$ 相向 MgAl-LDH 相转变时的成核和生长。

制备具有良好防护能力 MgAl-LDH 薄膜的最优条件为：温度高于 85℃，EDTA 浓度大于 0.1 mol/L，反应时间 12 h。反应时间过短形成的 LDH 纳米片尺寸较小，膜层较薄且不均匀，而反应时间过长导致 LDH 纳米片分布不均匀，片间孔隙尺寸偏大。

通过在含缓蚀剂的溶液中进行离子交换处理，可以提高原位生长 MgAl-LDH 薄膜的耐蚀性。与 LDH（$8.60\ k\Omega\cdot cm^2$）和 LDH-V（$18.21\ k\Omega\cdot cm^2$）涂层相比，LDH-W 涂层暴露在氯化钠溶液（3.5wt%）7 天后显示出最大的 R_{ct} 值（$36.08\ k\Omega\cdot cm^2$），显示出更优的长期耐腐蚀性。

本节结果表明，在相对温和的条件下原位制备缓蚀剂改性的 MgAl-LDH 涂层可行，适用于大规模的工业化应用。不过，与高温高压水热反应制备的 LDH 薄膜相比，本方法制备涂层的耐腐蚀能力明显更弱，说明还有必要进一步对制备工艺进行优化、对 LDH 进行改性处理，以获得长效高耐腐蚀的镁合金 LDH 防护膜层。

4.2 硅氧烷改性镁合金 MgAl-LDH 膜层的疏水耐腐蚀性能

4.2.1 引言

根据前面章节可知，LDH 层中固有的微/纳米级孔隙很容易成为水性腐蚀介质的扩散通道。而且，在常压相对较低温度下，原位生长 LDH 膜层的腐蚀防护性能还不及水热原位生长方法，有必要对制备的 LDH 膜层改性处理。超疏水表面因其出色的自清洁和斥水能力，有助于延长腐蚀性介质到达金属基底的时间，是提高防腐性能的有效方法之一[23]。

虽然制备超疏水涂层的方法很多，但大多数都集中在构建具有微/纳米级的粗糙结构和降低表面能两个主要方面[24]。例如，通过在微弧氧化涂层上喷涂 SiO_2 改性聚二甲基硅氧烷膜制备的复合涂层，在酸性、碱性、高/低温和紫外线辐射环境中都能保持超疏水性；在中性腐蚀性溶液中表现出良好耐腐蚀能力[25]。电沉积法制备的十二烷基三甲氧基硅烷改性氢氧化镁超疏水涂层的接触角为（165.1±2.1)°，腐蚀电流密度比裸 AZ31 镁合金降低了 3 个数量级[26]。因为 LDH 薄膜自身由许多垂直生长的纳米片组成，呈现微/纳米级的粗糙结构，因而构建超疏水表面的侧重点可集中在如何降低表面能。表面硅烷化是提供涂层低表面能的一种低成本且有效的方法。研究表明，由氟硅烷水解生成的硅醇基（Si—OH）与金属表面上的羟基（Me—OH）可生成 Me—O—Si 键。同时，不同 Si—OH 键之间的脱水聚合可形成 Si—O—Si 键，形成化学性质稳定且耐腐蚀的聚硅氧烷薄膜[27]。类似地，LDH 膜层具有丰富的羟基（—OH），对其进行硅烷化处理后，表面也可发生缩合反应，有利于形成附着力良好的超疏水涂层[15]。

本小节将先采用 4.1 节所述方法制备 LDH 膜，也即在较温和条件下，通过螯合剂辅助，在镁合金表面原位生长钨酸盐插层 MgAl-LDH 膜，然后再以 1*H*，1*H*，2*H*，2*H*-全氟癸基三甲氧基硅烷（PFDTMS）作为低表面能物质对 LDH 相进行改性，制备 LDH-W/PFDTMS 复合涂层。通过对复合涂层的表面形貌、成分和结构的表征，确认 PFDTMS 对 LDH 涂层的成功改性。通过电化学测试、浸泡实验和接触角测试，研究新制备 LDH-W/PFDTMS 复合涂层的耐蚀性能，超疏水性能和自清洁能力。

4.2.2 硅氧烷改性镁合金 MgAl-LDH 膜层的制备和表征

试剂和材料：除了 4.1 节所需要材料外，本节另外使用的试剂为 1*H*，1*H*，2*H*，2*H*-全氟癸基三甲氧基硅烷（PFDTMS，≥97%）。

MgAl-LDH 薄膜的制备：配制含有螯合剂 EDTA（0.1 mol/L）和硝酸钠（0.25 mol/L）的水溶液。用 0.5 mol/L 的氢氧化钠溶液调节溶液 pH 值为 10.0±0.1。在连续搅拌下，将抛光的 AZ31 样品浸入 200 mL 溶液中，在（95±1）℃条件下反应 12 小时。

缓蚀剂插层 MgAl-LDH 膜的制备：用 0.1 mol/L 的 Na_2WO_4 溶液和 0.1 mol/L 的氢氧化钠溶液调节溶液 pH 值至 10.0±0.1。连续搅拌下，将表面生长有 MgAl-LDH 膜的镁合金浸入缓蚀剂溶液中，在 95℃下进行离子交换反应 4 小时，然后用去离子水洗涤，在空气中干燥，命名为 LDH-W。

LDH-W/PFDTMS 涂层的制备：根据 4.1.2 节所述方法在镁合金表面制备 LDH-W 样品，再将其浸泡在含有 PFDTMS（0.1 mol/L）的甲醇和水［50∶50（v/v）］的混合物中，于常温常压下分别反应 12、18、24 和 30 小时进行改性处理。改性后的样品用乙醇和去离子水彻底清洗，在 60℃的烘箱中干燥 2 小时，得到样品标记为 LDH-W/PFDTMS-*x* h（*x*=12、18、24 和 30）。LDH-W/PFDTMS 涂层的制备原理如图 4-17 所示。由于 LDH 涂层的制备是在常压、较低温度下进行，镁合金表面的部分氢氧化镁相最终未能转变为 LDH 相，在 LDH 层下面保留了一层薄的 $Mg(OH)_2$ 膜（具体可参考 4.1 节）。

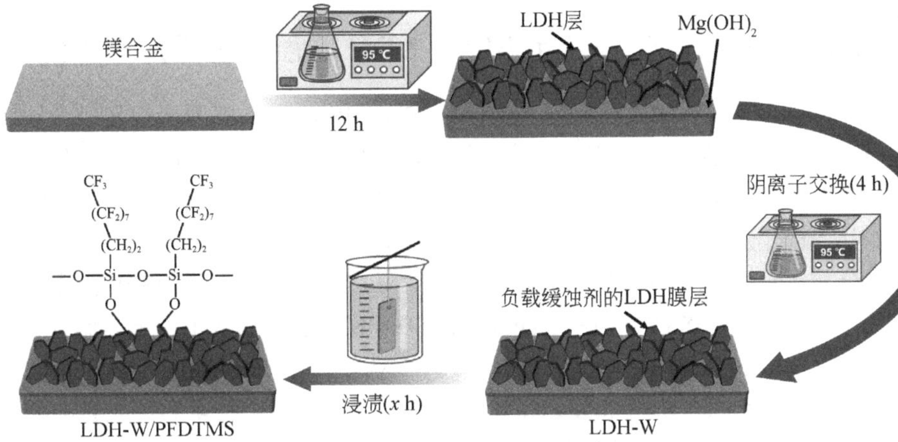

图 4-17　镁合金表面制备 LDH-W/PFDTMS 复合涂层的示意图

膜层的表征：利用 SEM（Hitachi SU 8020）观察 LDH-W 和 LDH-W/PFDTMS 涂层的表面形貌和微观结构。利用 EDS 观察和测定涂层中的化学元素及其含量。用 FTIR（Nicolet 6700，USA）在波数范围为 500～4000 cm^{-1} 内分析涂层表面的化学基团。利用 XRD（D8 ADVANCE，德国）对 LDH-W 和 LDH-W/PFDTMS 涂层的晶相特征进行表征。X 射线衍射仪的扫描速度为 5°/min，扫描电压为 40 kV，扫描电流为 30 mA，衍射角扫描范围为 5°～80°。用 XPS（250Xi，Thermo-escalab，Waltham，MA，USA）测定 LDH-W 和 LDH-W/PFDTMS 涂层的组成。采集的 XPS 数据用 XPSPEAK41 软件进行分析。涂层的表面粗糙度（R_a）值使用 3D 轮廓仪（Contour GT-X，德国）测量。在 25℃下，在涂层表面滴上体积为 5.0 μL 的水滴，使用光学接触角测量仪测试水的 CA 值。水滴的 CA 值以涂层表面五个不同位置测定值的平均值为准，以确保重现性。

电化学性能测试：通过电化学工作站（Gamry 美国），使用带有三电极系统的订制小装置进行样品 EIS 和 Tafel 曲线的测定，以评估耐蚀性能。三电极系统包括以暴露面积为 1.0 cm^2 的样品（镁合金、LDH-W 或 LDH-W/PFDTMS-*x* h 涂层）为工作电极；铂电极和 SCE 分别作为对电极和参比电极。在收集 EIS 和 Tafel 数据之前，将系统在腐蚀性溶液中保持 20 分钟以上，直到 OCP 稳定。测定 EIS 谱的频率范围为 10^{-2}～10^5 Hz，微扰电位为 5.0 mV。使用 Gamry Analyst 软件通过不同的 EC 模型对 EIS 数据进行拟合。Tafel 曲线测试电位范围为–300～300 mV（*vs.* OCP），扫描速率为 1.0 mV/s。

4.2.3 硅氧烷改性镁合金 MgAl-LDH 膜层的表面形态和组成

改性前的 LDH-W 和改性后的 LDH-W/PFDTMS 涂层的表面形貌和成分如图 4-18（a）～（c）和图 4-18（e）～（g）所示，两种 LDH 涂层均呈现典型的 LDH 纳米片状结构，未观察到形貌上的明显变化，说明有机硅氧烷改性并未改变 LDH 表面结构。通过分析 LDH-W 和 LDH-W/PFDTMS 涂层表面的化学成分［图 4-18（c）～（f)］，发现 LDH-W 涂层表面只检测到 Mg、Al、O、C、N 和 W 元素。相比之下，经过 PFDTMS 改性后的 LDH-W/PFDTMS 涂层表面除了上述元素外，还含有丰富的 F 和 Si 元素。而且，LDH-W/PFDTMS 涂层表面的 Mg、Al 元素含量显著降低，C 元素的含量从 5.52wt%显著增加到 26.4wt%（表 4-3）。元素的变化初步表明在 LDH-W 层表面成功生成聚硅氧烷薄膜。

图 4-18 镁合金表面 LDH-W（a）～（d）和（e）～（h）LDH-W/PFDTMS 涂层的（a）～（c）、（e）～（g）SEM 图像和（d）、（h）EDS 谱图。放大倍数：（a）、（e）2000 倍，（b）、（f）5000 倍，（c）、（g）20000 倍

表 4-3 镁合金表面 LDH-W 和 LDH-W/PFDTMS 涂层 EDS 能谱组成（wt%）

样品	Mg	Al	C	O	N	W	F	Si
LDH-W	23.87	8.53	5.52	48.02	0.67	13.38	—	—
LDH-W/PFDTMS	10.8	3.6	26.4	23.8	0.20	1.2	29.5	4.4

根据 4.1.4 的 XRD 和 FTIR 谱图分析已确定，缓蚀剂钨酸根离子成功插入 LDH 相层间形成 LDH-W 涂层。FTIR 光谱（图 4-19）显示 LDH-W 涂层中的主要化学基团为 O—H（3520 cm^{-1} 和 1650 cm^{-1}）[28]，C—O（1430 cm^{-1} 和 1010 cm^{-1}）和 W—O—W（858 cm^{-1}）[19]。除了上述吸收峰外，在 LDH-W/PFDTMS 涂层的 FTIR 光谱中还在波数为 1150 cm^{-1} 和 1210 cm^{-1} 处出现两个新的吸收峰，归因于 Si—O 和 C—F 键[15]。FTIR 光谱再次印证聚硅氧烷在 LDH-W 膜表面成功形成。

采用 XPS 技术测定 LDH-W 和 LDH-W/PFDTMS 涂层表面的元素组成和化学

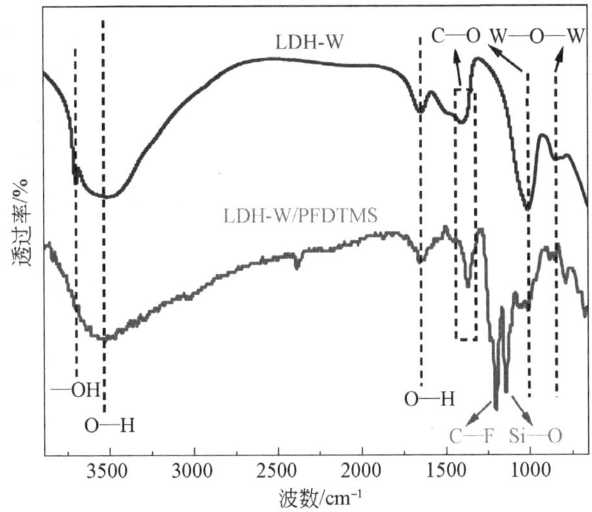

图 4-19　镁合金表面不同 LDH 基薄膜的 FTIR 谱图

状态。对于 LDH-W 薄膜，高分辨 C 1s 谱图主要由结合能分别位于 284.9 eV 和 288.3 eV［图 4-20（a）］的两个峰组成，分别归因于污染碳和 LDH 相内 CO_3^{2-} 中 O═C—O 键[15]。经 PFDTMS 改性后，LDH-W/PFDTMS 涂层表面主要含有 C、F、O 和 Si 四种元素。其中，高分辨 C 1s 谱图可拟合为四个峰，除了归属于上述污染碳和 LDH 相内 O═C—O 键的两个特征峰外，另外两个特征峰的结合能为 291.3 eV 和 293.4 eV，分别对应于—CF_2—和—CF_3[29]，证明 LDH 相上存在聚硅氧烷薄膜。同样，O 1s、F 1s 和 Si 2p 的高分辨 XPS 谱也可进一步证明 LDH 相上聚硅氧烷薄膜的存在。LDH-W 涂层的 O 1s 谱中的三个拟合峰分别对应于 W—O（530.2 eV）、M—OH（531.5 eV）和 LDH 层间嵌入的 H_2O 分子（532.3 eV）［图 4-20（b）］[30,31]。相比之下，在 LDH-W/PFDTMS 涂层的 O 1s 高分辨 XPS 能谱中，在结合能为 532.9 eV 处，还观察到源于 Si—O 键的特征峰[32]。另外，在 LDH-W/PFDTMS 涂层的 F 1s 和 Si 2p 高分辨率 XPS 谱还显示出显著的源于 F—C（687.7 eV）和 Si—O（102.7 eV）键的特征峰［图 4-20（c），（d）］[33]。通常，XPS 技术检测的平均深度小于 10 nm。因为 LDH-W/PFDTMS 涂层的 XPS 谱图中检测到了底侧 LDH 相中的元素，说明聚硅氧烷薄膜的厚度可能仅为几纳米。

图 4-21 为 LDH-W/PFDTMS 复合涂层截面的 SEM 图和 EDS 元素分布图。整个截面自上而下由四个不同的区域组成，分别对应于聚硅氧烷、LDH、氢氧化镁和镁合金基底。聚硅氧烷薄膜主要由 C、F 和 Si 元素组成。氢氧化镁薄膜由 Mg 和 O 元素组成。除了这两种元素外，LDH 薄膜还包括 Al、C、W 和 Si 元素。根据复合涂层横截面的 SEM 图以及镁元素在不同区域的富集程度，可以很容易判断复合涂

层底侧与镁合金基底的分界面，从而计算出复合涂层中的总厚度约为 34.5 μm。由于 Al 元素存在于 LDH 相中，但不包含在 $Mg(OH)_2$ 层中，因此可以计算出 LDH 和 $Mg(OH)_2$ 层的厚度，分别为 23.2 μm 和 11.3 μm。制备表征样品时，曾在流动水下对样品进行机械抛光，导致不同元素存在随机扩散，使得在 $Mg(OH)_2$ 层内也能检测到少量 Al 元素。对于 W、F 和 Si 元素，也观察到类似的扩散现象。

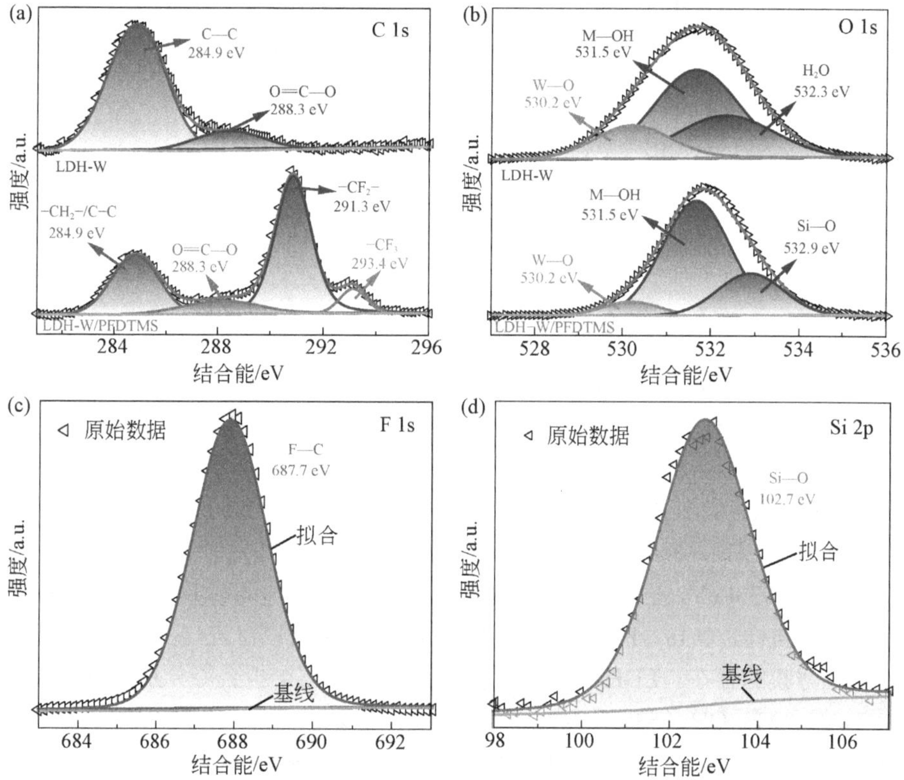

图 4-20　LDH-W 涂层的（a）C 1s 和（b）O 1s 以及 LDH-W/PFDTMS 涂层的（a）C 1s、（b）O 1s、（c）F 1s 和（d）Si 2p 高分辨率 XPS 谱图

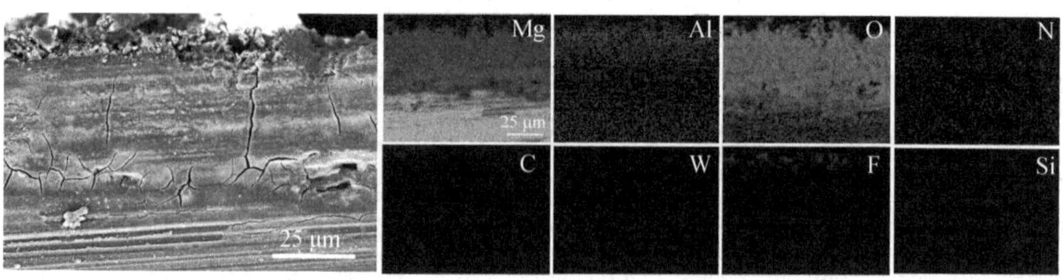

图 4-21　镁合金 LDH-W/PFDTMS 复合涂层截面 SEM 图和不同元素的 EDS 分布图

4.2.4 硅氧烷改性镁合金 MgAl-LDH 膜层的超疏水性、自清洁性和拒水性

润湿性影响镁合金表面涂层的耐蚀性。图 4-22 为 LDH-W 涂层在 PFDTMS 溶液中处理不同时间后的水 CA（WCA）值。未经 PFDTMS 改性的 LDH-W 涂层的 WCA 值仅为（13.3±0.3)°，由于 LDH 相中含有大量的亲水—OH 基团，因此 LDH-W 涂层呈现亲水状态。经 PFDTMS 修饰后的 LDH-W 样品均表现出超疏水性。LDH-W 涂层在 PFDTMS 溶液中浸泡 12 小时和 18 小时后的 WCA 值分别达到（150.5±2.2)°和（155.6±1.6)°。WCA 值的显著增加表明，经 PFDTMS 改性后的 LDH-W 涂层表面由亲水性转变为超疏水性。当浸泡时间延长到 24 小时，硅氧烷中的硅醇与 LDH 膜表面富集的羟基充分发生反应，使 WCA 值显著增加到(162.2±1.7)°。延长浸泡时间至 30 小时，复合涂层的 WCA 值略微下降至(156.8±2.4)°。WCA 的下降可能是由于形成了过量的聚硅氧烷薄膜，降低了表面粗糙度[34]。因此，PFDTMS 改性 LDH-W 涂层的最佳时间为 24 小时。

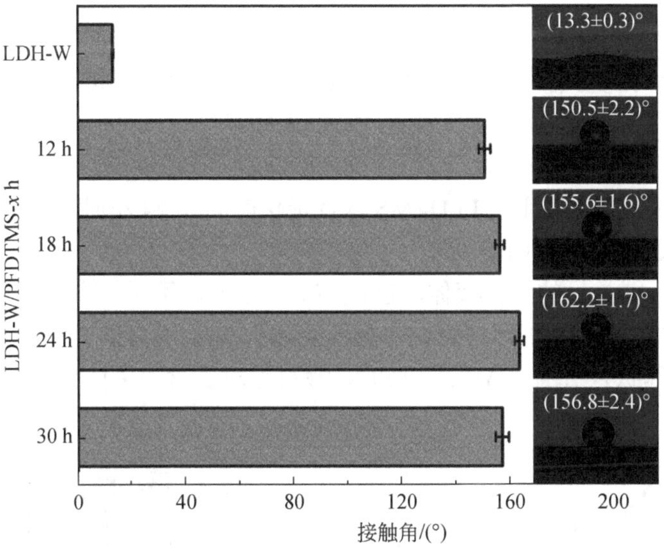

图 4-22 LDH-W 和不同 LDH-W/PFDTMS-x h（x=12，18，24，30）涂层的静态水接触角

由于裸镁合金和 LDH-W 涂层均为亲水性，后者更低的 WCA 值[(46.2±2.2)°]可采用 Wenzel 模型解释[25,35,36]。根据 Wenzel 方程，如式（4-8）：

$$\cos\theta_1 = r\cos\theta \tag{4-8}$$

其中，θ 是理想光滑表面的本征 CA，θ_1 是粗糙表面的表观 CA，即测试的静态 CA

值，r 为粗糙因子，表示实际固液接触面积与表观固液接触面积之比。当 $\theta>90°$（疏水表面）时，θ_1 随 r 的增加而增加，即固体表面越粗糙，其疏水性越强。相反，当 $\theta<90°$（亲水表面）时，θ_1 随着 r 的增加而减小，即固体表面越粗糙，其亲水性越强[37]。裸露镁合金表面易氧化，形成富含羟基的腐蚀膜，呈亲水状态。LDH-W 薄膜也富含羟基，呈现亲水状态。而且，其表面粗糙度明显大于裸镁合金，因而表现出更强的亲水性，WCA 值较小［(13.3±0.3)°］。良好的亲水性允许水和腐蚀性介质完全浸润 LDH 膜的整个表面并填充至纳米片之间的间隙。这种润湿性加速了水性腐蚀介质渗透到 LDH 中直至镁合金基体的过程，不利于腐蚀保护。

经 PFDTMS 改性后，LDH-W 表面形成的聚硅氧烷膜中含有疏水基团—CF_2—、—CF_3 和—CH_2—，降低了表面自由能，可排斥—OH 基团，使 LDH-W 表面由亲水性转变为疏水性。此时，LDH-W 膜层中的纳米片以及纳米片间隙中捕获的空气可以支撑液滴。腐蚀性水溶液不能完全浸润表面，降低腐蚀速率。随着改性时间的延长，聚硅氧烷含量增加，疏水性增强，WCA 值最高为（162.2±1.7)°。随着时间持续延长，WCA 值降低，其原因可由 Cassie-Baxter 模型解释。根据式（4-9）：

$$\cos\theta_{CB} = f(\cos\theta + 1) - 1 \tag{4-9}$$

其中，θ_{CB} 是固体表面的表观 CA（即静态 CA），f 是固液界面接触分数。θ_{CB} 随着 f 的减小而增大，直到接近 180°，此时 f 接近 0[38,39]。过长时间改性导致在 LDH-W 表面上形成过厚的聚硅氧烷膜，相较原有 LDH 膜层，改性后，表面粗糙度降低。增加固-液界面的接触分数，即 f 值增加，使得 θ_{CB} 值减小[27]。疏水性的降低不利于涂层耐蚀性的提高。因而，PFDTMS 改性最优时间为 24 小时，下文中的 LDH-W/PFDTMS 均由该改性时间得到。

日常生活中常见的几种液体，包括 NaCl 溶液、可乐、牛奶、咖啡和茶滴在 LDH-W/PFDTMS 表面的润湿性结果如图 4-23 所示。所有的液滴在复合涂层的表面上近似为球状，并且 CA 大于 150°。特别是对于含有 Cl^- 的中性腐蚀性溶液，

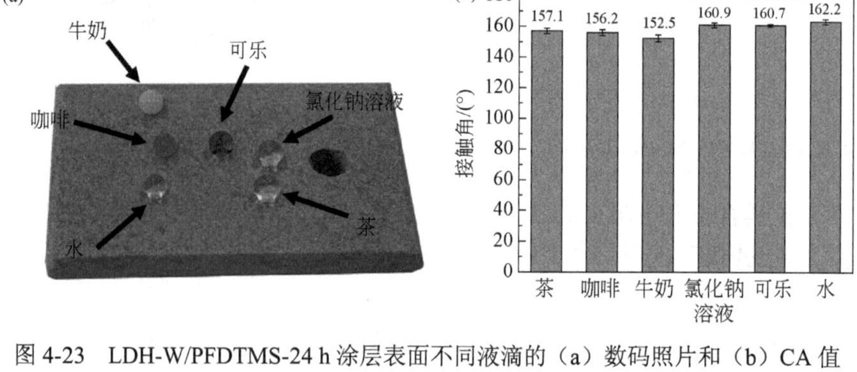

图 4-23　LDH-W/PFDTMS-24 h 涂层表面不同液滴的（a）数码照片和（b）CA 值

CA 值达到 160.9°。这些结果证明 LDH-W/PFDTMS 涂层对生活中常见污渍的优异排斥能力。

将 LDH-W 和 LDH-W/PFDTMS 涂层以与水平面小于 10°的角度放置在培养皿中，然后使石墨粉末随机分散在涂层表面，再用水滴连续冲洗表面以测试自清洁能力。对于 LDH-W 涂层，水滴接触表面后立即扩散并润湿涂层表面［图 4-24（a），（b）］。当更多水滴滴下时，表面完全湿润。用水滴冲洗后，除了一小部分石墨粉残留在表面外，大部分石墨粉在水流和重力的作用下沿着涂层向下移动。最后，石墨粉积聚在样品的下边缘。使用水滴冲洗 LDH-W/PFDTMS 涂层表面时，显示出不同的现象［图 4-24（d），（e）］。当水滴滴在 LDH-W/PFDTMS 表面上时，水滴保持球状并沿着倾斜表面快速流向培养皿。需要注意的是，此时石墨粉末也随着水滴迅速滑落到培养皿中。在冲洗之后，样品的表面保持干燥和清洁，没有看见残留的石墨粉末。斥水性测试也证实，LDH-W/PFDTMS 复合涂层相比 LDH-W 涂层具有更优的疏水性和较低的水附着力。使用电极夹将样品水平固定，并使用针管将水柱喷射到样品表面。当水柱接触 LDH-W 涂层表面时，水柱立即在表面上铺展开来［图 4-24（c）］，表现出很强的亲水性。对于 LDH-W/ PFDTMS 涂层，水柱接触表面后瞬间反弹起来［图 4-24（f）］。相比之下，后者涂层表面没有观察到水渍和液滴的铺展，证明其优异的防水能力。

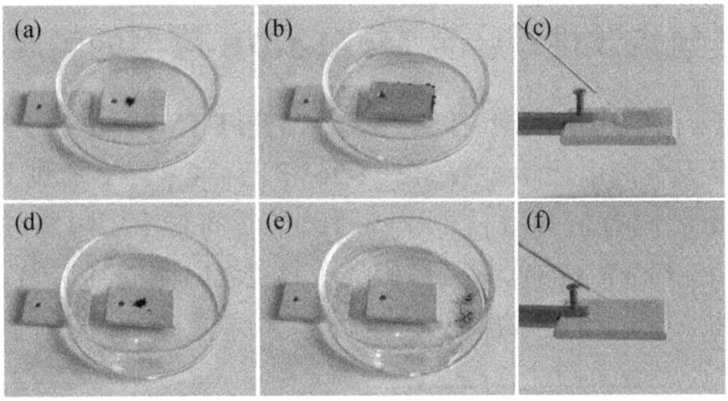

图 4-24　（a）、（b）、（d）、（e）涂层的自清洁性能和（c）、（f）水柱弹射测试：（a）～（c）LDH-W，（d）～（f）LDH-W/PFDTMS；（a）、（d）石墨粉末的随机铺展，（b）、（e）用连续水滴冲洗

使用三维轮廓仪测试 PFDTMS 改性前后 LDH-W 涂层的表面粗糙度［图 4-25（a），（b）］。两种涂层都呈现出无数微纳米级尺寸的峰和相近的粗糙度（R_a），表明在通过 PFDTMS 改性之后涂层的表面微观结构的变化可以忽略不计，与 SEM 图像一致。复合涂层优异的超疏水性能由其微纳米尺度的粗糙结构和较低的表面能共同决定。LDH-W/PFDTMS 涂层在中性腐蚀性溶液中浸泡 15 天后，WCA 值

明显下降至（150.2±1.9)°，但仍保持超疏水性；暴露于空气中四个月后，WCA 值仅降低 2.7°至（159.5±2.1)°，保持较高疏水性［图 4-25（c)，（d)］。

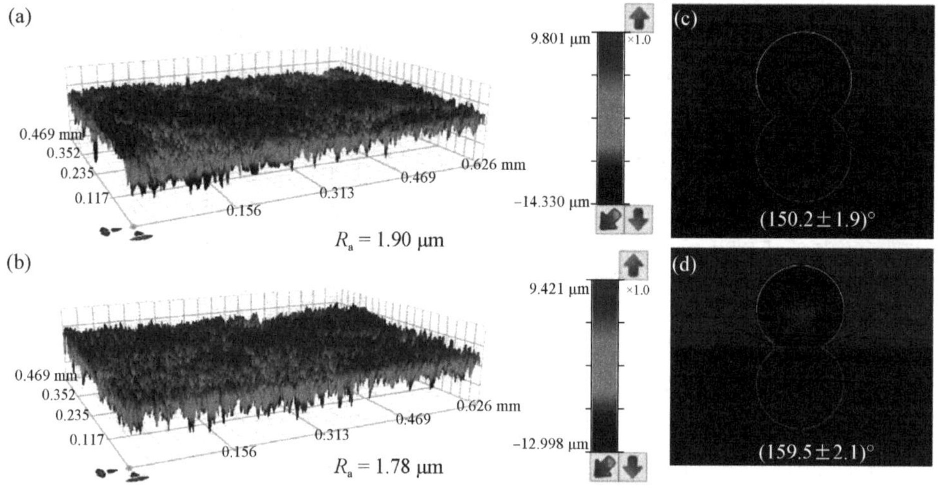

图 4-25　（a）LDH-W 和（b）LDH-W/PFDTMS 涂层的 3D 表面粗糙度图以及 LDH-W/PFDTMS 涂层在（c）3.5wt% NaCl 溶液中浸泡 15 天或（d）暴露于空气中 4 个月的静态接触角

4.2.5　硅氧烷改性镁合金 MgAl-LDH 膜层的耐腐蚀性能

在 PFDTMS 溶液中的浸泡时间对 LDH-W/PFDTMS-*x* h 涂层 EIS 图和 Tafel 曲线的影响以及拟合的电化学参数如图 4-26 和表 4-4 所示。通过 EIS 谱低频区阻抗模量和 Nyquist 图容抗弧直径可以判断改性时间对涂层耐腐蚀性能的影响。LDH-W/PFDTMS-*x* h 涂层的低频阻抗模量随着浸泡时间的延长先增加后降低［图 4-26（a)，（d)］，在改性时间为 24 小时时达到最大值（18 MΩ·cm²）。当反应时间

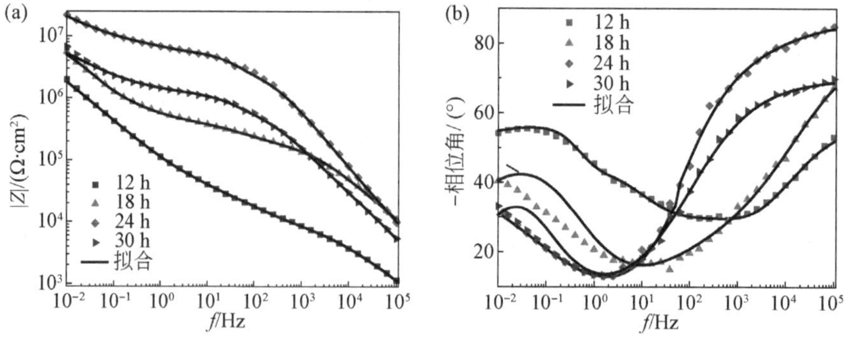

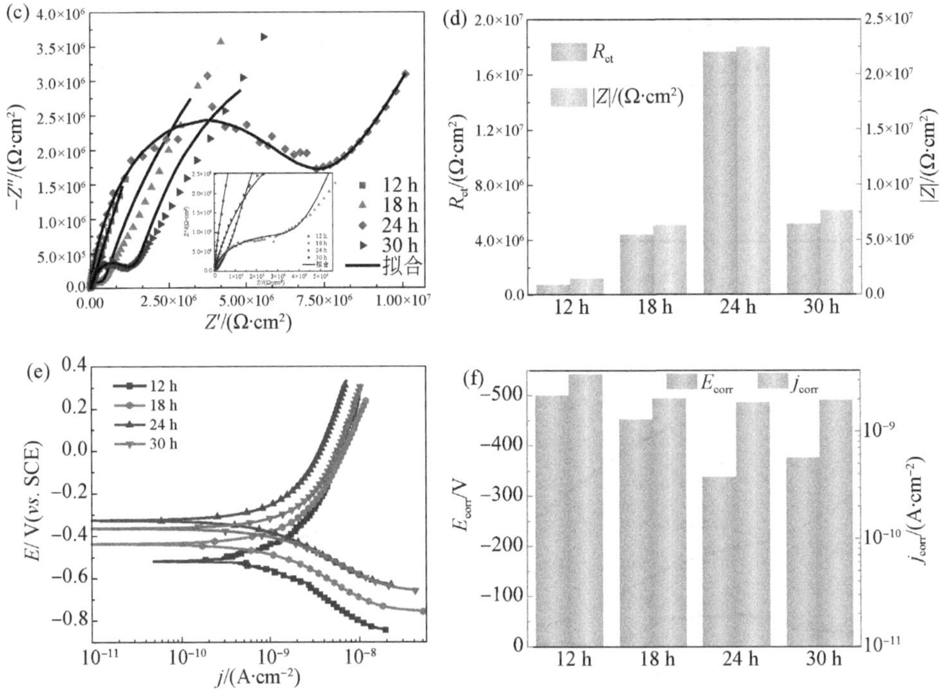

图 4-26　不同改性时间时 LDH-W/PFDTMS-x h 涂层的（a）Bode 幅频图，（b）Bode 相频图，（c）Nyquist 图，（d）R_{ct} 和 $|Z|_{f=0.01\ Hz}$，（e）Tafel 曲线和（f）E_{corr} 和 j_{corr}

表 4-4　LDH-W/PFDTMS-x h 涂层的拟合 EIS 参数

样品（LDH-W/PFDTMS-x h）	$\lvert Z\rvert_{f=0.01Hz}$/($\Omega\cdot cm^2$)	R_s/($\Omega\cdot cm^2$)	Y_{PFDTMS}/10^{-9} ($S\cdot s^n\cdot cm^{-2}$)	R_{PFDTMS}/($k\Omega\cdot cm^2$)	Y_{LDH}/10^{-9} ($S\cdot s^n\cdot cm^{-2}$)	R_{LDH}/($k\Omega\cdot cm^2$)	Y_c/10^{-9} ($S\cdot s^n\cdot cm^{-2}$)	R_c/($k\Omega\cdot cm^2$)	Z_W/10^{-5} ($S\cdot s^{0.5}\cdot cm^{-2}$)	Y_{dl}/10^{-9} ($S\cdot s^n\cdot cm^{-2}$)	R_{ct}/($k\Omega\cdot cm^2$)	χ^2/10^{-3}
12 h	1.22×10^6	4.6	8.97	503	8.99	3898	14.63	3012	5.6	9.84	875	5.4
18 h	5.48×10^6	8.2	8.25	863	7.92	4020	13.40	3250	7.1	7.51	5100	2.40
24 h	2.20×10^7	5.6	5.73	3750	3.57	5800	9.74	3500	8.7	5.83	18000	1.8
30 h	6.40×10^6	6.8	6.59	1193	5.77	4640	10.21	3220	6.5	6.77	6150	4.9

从 12 小时增加到 24 小时，样品的 E_{corr} 正移，并且 j_{corr} 逐渐降低［图 4-26（e），(f) 和表 4-5］。进一步延长改性时间至 30 小时，涂层的 E_{corr} 降低，j_{corr} 升高。LDH-W/PFDTMS-24 h 涂层的腐蚀电位为−338 mV，腐蚀电流密度为 1.86×10^{-9} $A\cdot cm^2$。显然，PFDTMS 处理时间会显著影响涂层耐腐蚀性能，这可能与表面疏水性的变化有关。其中，LDH-W/PFDTMS-24 h 涂层具有最优的耐蚀性。

表 4-5 LDH-W/PFDTMS-*x* h 涂层的拟合 Tafel 参数

样品（LDH-W/PFDTMS-*x* h）	E_{corr}/mV	j_{corr}/(A·cm^{-2})	β_a/(mV·dec^{-1})	$-\beta_c$/(mV·dec^{-1})
12 h	−509	3.4×10^{-9}	205	291
18 h	−452	2.03×10^{-9}	265	325
24 h	−338	1.86×10^{-9}	293	346
30 h	−376	1.96×10^{-9}	284	339

裸镁合金、LDH-W 和 LDH-W/PFDTMS 涂层在 3.5wt% NaCl 溶液中的 EIS 谱图和 Tafel 曲线如图 4-27 所示。两种 LDH 基涂层的$|Z|_{f=0.01\ \mathrm{Hz}}$均显著高于裸镁合

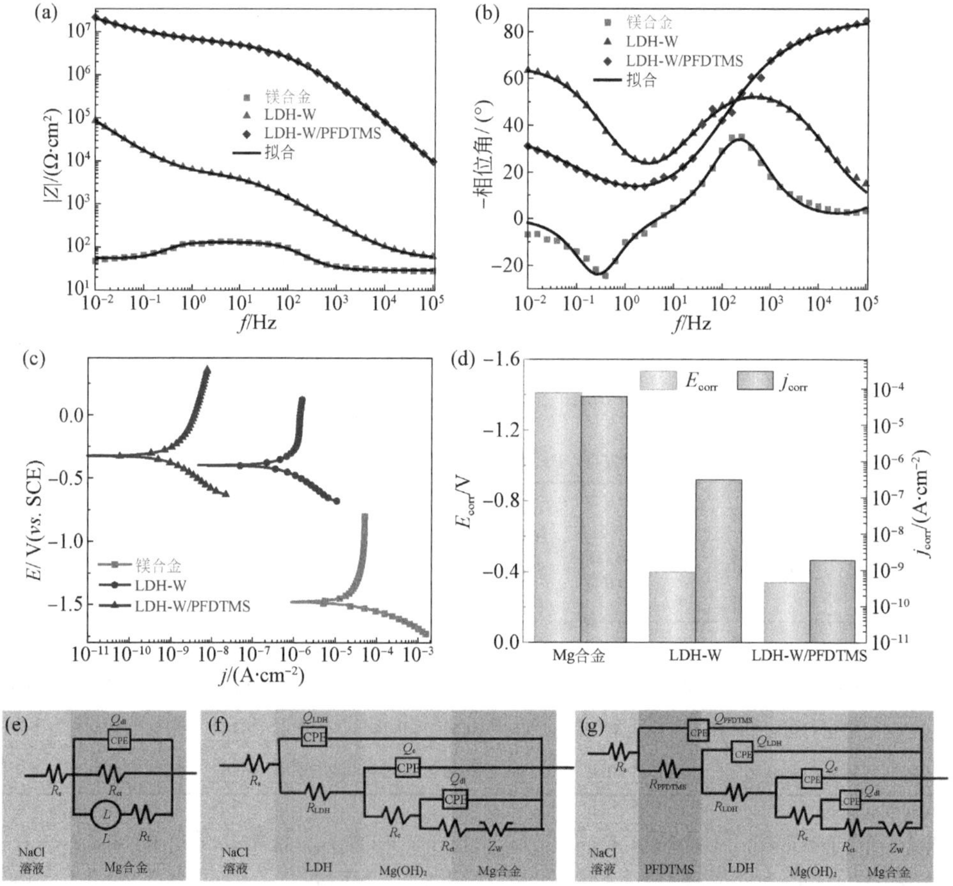

图 4-27 裸镁合金、LDH-W 和 LDH-W/PFDTMS 在 3.5wt%NaCl 溶液中的 EIS 谱图和 Tafel 曲线：（a）Bode 幅频图，（b）Bode 相频图，（c）Tafel 曲线，（d）E_{corr}和j_{corr}值，以及（e）镁合金、（f）LDH-W 和（g）LDH-W/PFDTMS 涂层的等效电路模型

金［图 4-27（a）］。LDH-W 和 LDH-W/PFDTMS 涂层的$|Z|_{f=0.01\ \mathrm{Hz}}$分别为 8.64×10^4 和 $2.20\times10^7\ \Omega\cdot cm^2$，比裸镁合金（$2.18\times10^2\ \Omega\cdot cm^2$）提高 2 个和 5 个数量级。裸镁合金和两种不同 LDH 涂层的 Bode 相位角图如图 4-27（b）中所示。LDH-W/PFDTMS 涂层在频率为 10^5 Hz 下的相位角约为−80°。相比之下，裸镁合金和 LDH-W 涂层该值均接近 0°，表明 LDH-W/PFDTMS 涂层具有优异耐腐蚀性。使用 EC 模型［图 4-27（e）～（g）］拟合实验数据所得的电化学参数见表 4-6。EC 模型的电路元件包括溶液电阻 R_s；与镁合金表面腐蚀产物引起的弛豫过程相关的电感 L 和感抗 R_L[40]；LDH-W 膜相应 CPE（Q_{LDH}）和电阻（R_{LDH}），$Mg(OH)_2$ 层相应 CPE（Q_c）和电阻 R_c；双电层 CPE（Q_{dl}）和电荷转移电阻 R_{ct} 以及 Warburg 扩散电阻 Z_W[17]。如图 4-27（f）所示，除了上述电路元件外，R_{PFDTMS} 和 Q_{PFDTMS} 分别代表 PFDTMS 层的电阻和 CPE 参数。裸镁合金的 R_{ct} 值仅为 125 $\Omega\cdot cm^2$，而 LDH-W 涂层的 R_{ct} 值增加 319 倍，达到 39.9 $k\Omega\cdot cm^2$；LDH-W/PFDTMS 涂层的 R_{ct} 值增加 1.44×10^5 倍，达到 18.0 $M\Omega\cdot cm^2$（表 4-6）。与纯 LDH-W 涂层相比，PFDTMS 改性复合涂层的防腐蚀性能显著提高。

表 4-6　裸镁合金、LDH-W 和 LDH-W/PFDTMS 涂层的拟合 EIS 参数

样品	$\lvert Z\rvert_{f=0.01\mathrm{Hz}}$ /($\Omega\cdot cm^2$)	R_s /($\Omega\cdot cm^2$)	Y_{PFDTMS} /10^{-9} ($S\cdot s^n\cdot cm^{-2}$)	R_{PFDTMS} /($k\Omega\cdot cm^2$)	Y_{LDH} /10^{-9} ($S\cdot s^n\cdot cm^{-2}$)	R_{LDH} /($k\Omega\cdot cm^2$)	Y_c/10^{-9} ($S\cdot s^n\cdot cm^{-2}$)	R_c/($k\Omega\cdot cm^2$)	Z_W/10^{-5} ($S\cdot s^{0.5}\cdot cm^{-2}$)	Y_{dl}/10^{-9} ($S\cdot s^n\cdot cm^{-2}$)	R_{ct} /($k\Omega\cdot cm^2$)	χ^2/ 10^{-3}
镁合金	2.18×10^2	24.5	—	—	—	—	—	—	—	380400	0.125	7.5
LDH-W	8.64×10^4	40.1	—	—	5820	5.50	4950	4.30	9.82	142500	39.9	2.40
LDH-W/PFDTMS	2.20×10^7	5.6	5.73	3750	3.57	5800	9.74	3500	8.7	5.83	18000	1.8

图 4-27（c）为裸镁合金、LDH-W 和 LDH-W/PFDTMS 涂层在 3.5wt% NaCl 溶液中的 Tafel 曲线。镁合金和不同涂层的 E_{corr} 和 j_{corr} 如表 4-7 所示。LDH-W 和 LDH-W/PFDTMS 涂层的 j_{corr} 值显著低于裸镁合金，而其 E_{corr} 值显著高于裸镁合金。裸镁合金的 E_{corr} 为−1410 mV，LDH-W 涂层的 E_{corr} 为−400 mV，而 LDH-W/PFDTMS 涂层的 E_{corr} 正移到−338 mV。裸镁合金的 j_{corr} 为 $6.0\times10^{-5}\ A\cdot cm^{-2}$，LDH-W 涂层的 j_{corr} 降低两个数量级，为 $3.03\times10^{-7}\ A\cdot cm^{-2}$。经 PFDTMS 改性后，LDH-W/PFDTMS 涂层的 j_{corr} 降低到 $1.86\times10^{-9}\ A\cdot cm^{-2}$，比裸镁合金和 LDH-W 涂层分别降低 4 个和 2 个数量级。LDH-W/PFDTMS 涂层具有最低的 j_{corr} 和最正的 E_{corr}，表明所制备的超疏水复合涂层具有优异的腐蚀保护性能，与 EIS 结果一致。可见，与 LDH-W 涂层相比，LDH-W/PFDTMS 涂层中仅增加一层纳米级厚度的聚硅氧烷膜，

说明后者耐腐蚀性能的提高主要源于其较高的超疏水性和斥水性。

表 4-7　裸镁合金、LDH-W 和 LDH-W/PFDTMS 涂层的拟合 Tafel 参数

样品	E_{corr}/mV	j_{corr}/(A·cm^{-2})	$-\beta_c$/(mV·dec^{-1})
镁合金	−1410	6.0×10^{-5}	87
LDH-W	−400	3.03×10^{-7}	213
LDH-W/PFDTMS	−338	1.86×10^{-9}	340

通过盐雾试验对涂层的耐蚀性进一步评估。图 4-28 显示 LDH、LDH-W 和 LDH-W/PFDTMS 涂层在盐雾环境中暴露不同时间后的数码图像。暴露 1 天后，LDH 涂层表面出现几个明显的腐蚀坑洞。相比之下，LDH-W 涂层在暴露 10 天时才在表面形成微小可见腐蚀坑，并随着暴露时间的增加而逐渐变大。由于盐雾试验中氯化钠溶液浓度和温度更高，LDH-W 涂层在盐雾环境中的腐蚀速度远快于浸泡试验。与 LDH 和 LDH-W 涂层相比，LDH-W/PFDTMS 超疏水涂层在盐雾环境暴露 16 天后没有出现明显的腐蚀坑，表明复合涂层对镁合金的防腐性能有显著提高。

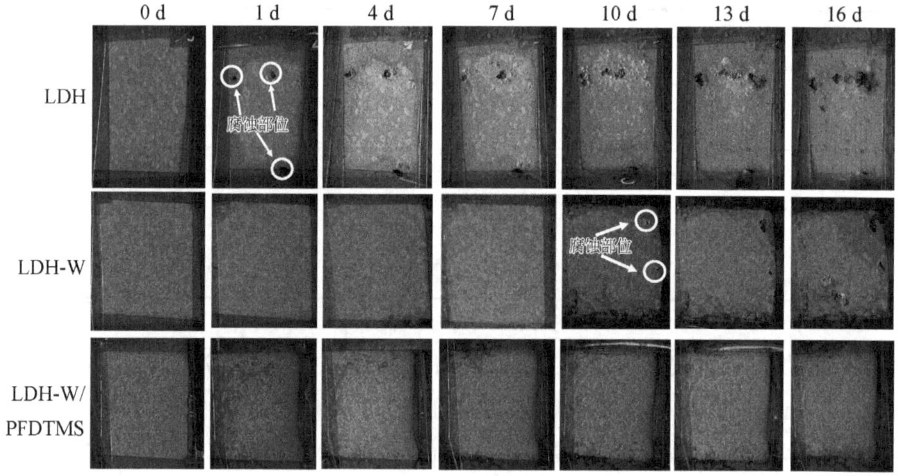

图 4-28　LDH、LDH-W 和 LDH-W/PFDTMS 涂层暴露于盐雾环境中不同时间后表面的数码图像

为研究其长期保护能力，LDH-W 和 LDH-W/PFDTMS 涂层在中性水溶液中暴露不同时间后的 EIS 谱图如图 4-29 所示。根据 EC 模型拟合的电化学参数如表 4-8 所示。在浸渍过程中，两种涂层的$|Z|_{f=0.01\text{Hz}}$值都随浸泡时间的增加而减小。浸渍 15 天后，LDH-W 涂层的 R_{ct} 值从初始的 39.9 kΩ·cm^2 下降到 36.25 kΩ·cm^2，下降

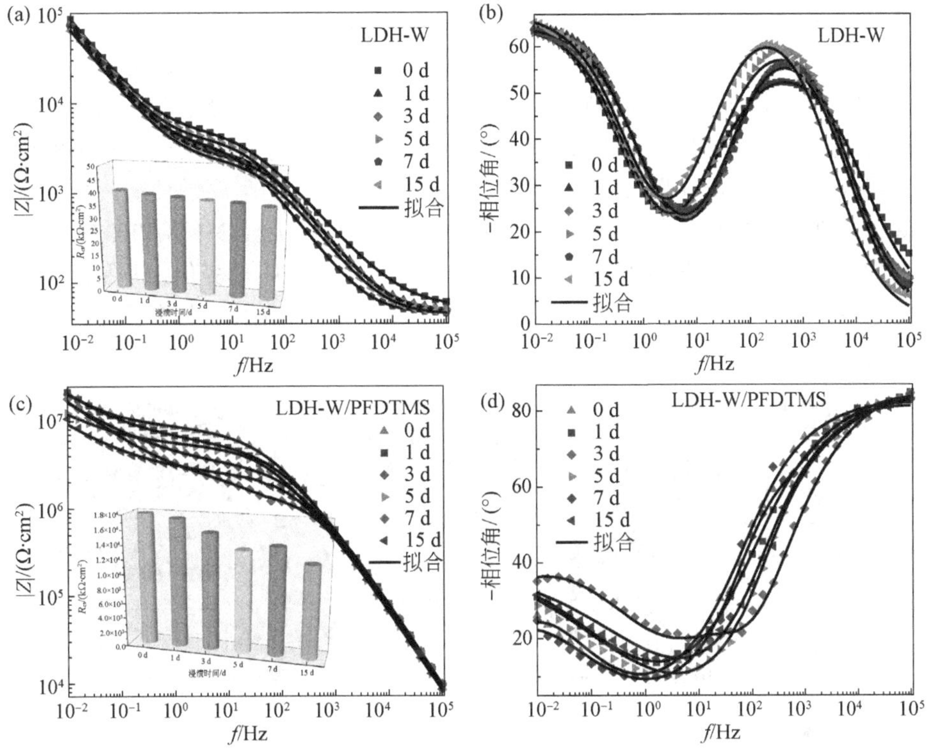

图 4-29　（a）、（b）LDH-W 和（c）、（d）LDH-W/PFDTMS 涂层暴露于 3.5wt%NaCl 溶液不同天数后的 Bode 图

表 4-8　LDH-W 和 LDH-W/PFDTMS 涂层在 3.5wt% NaCl 溶液中暴露不同时间后 EIS 参数

样品	浸泡时间/d	R_s/(Ω·cm²)	Y_{PFDTMS}/10^{-9} (S·s^n·cm^{-2})	R_{PFDTMS}/(kΩ·cm²)	Y_{LDH}/10^{-9} (S·s^n·cm^{-2})	R_{LDH}/(kΩ·cm²)	Y_c/10^{-9} (S·s^n·cm^{-2})	R_c/(kΩ·cm²)	Z_W/10^{-5} (S·$s^{0.5}$·cm^{-2})	Y_{dl}/10^{-9} (S·s^n·cm^{-2})	R_{ct}/(kΩ·cm²)	χ^2/10^{-3}
LDH-W	0	40.1	—	—	5820	5.50	4950	4.30	9.82	142500	39.9	2.40
	1	44.8	—	—	5810	2.98	5350	3.76	8.02	151300	38.87	3.36
	3	45.2	—	—	5700	3.21	5780	3.21	6.62	15500	38.28	1.45
	5	43.6	—	—	6960	2.4	5860	3.01	6.82	154500	37.57	1.49
	7	45.7	—	—	5540	3.68	5140	3.85	12.17	135300	37.08	1.72
	15	42.3	—	—	5865	3.58	5320	3.53	11.83	133500	36.25	2.78
LDH-W/PFDTMS	0	5.6	5.73	3750	3.57	5800	9.74	3500	8.7	5.83	18000	1.80
	1	3	5.77	3660	3.59	5670	9.84	3437	8.64	6.74	17500	1.93
	3	1.8	5.96	3480	3.82	5570	9.92	3397	7.86	6.98	15890	1.22
	5	2.8	6.16	3371	3.91	5452	9.96	3280	7.55	8.78	13870	5.10
	7	1.5	5.93	3301	3.87	5490	9.95	3359	6.94	10.65	14620	1.37
	15	2.3	6.61	3008	4.11	5100	9.99	3256	6.24	12.33	12540	1.89

3.65 kΩ·cm²。虽然 LDH-W/PFDTMS 涂层的 R_{ct} 值也从初始的 18.0 MΩ·cm² 明显降低到 12.5 MΩ·cm²，但是其 R_{ct} 值仍保持在非常高的水平。暴露 15 天后，LDH-W/PFDTMS 涂层的 R_{ct} 值约为 LDH-W 涂层的 345 倍，甚至远高于新制备 LDH-W 涂层的 R_{ct} 值。此外，LDH-W/PFDTMS 涂层在腐蚀介质中暴露期间，高频下的相位角始终保持在约−80°［图 4-29（b），（d）］，证实其优异的耐腐蚀性能，可为镁合金提供长期的腐蚀保护作用。通过 SEM 观察浸渍 15 天后 LDH-W/PFDTMS 涂层表面的微观结构可以发现（图 4-30），样品表面形貌没有明显变化，仍保持典型的 LDH 纳米片结构。以上结果证明，LDH-W/PFDTMS 超疏水复合涂层具有良好的化学稳定性。

图 4-30　浸渍 15 天后 LDH-W/PFDTMS 涂层的 SEM 图像

LDH-W 涂层的防腐蚀作用主要归因于物理屏障效应和通过离子交换功能捕获腐蚀性阴离子如 Cl^-并同时释放缓蚀剂的能力。相比之下，LDH-W/PFDTMS 涂层还多了一层厚度很薄的低表面能聚硅氧烷膜，使得涂层表面具有优异的超疏水性和斥水性，可显著提高耐腐蚀性能。原因在于，聚硅氧烷膜使水性腐蚀介质不能完全润湿 LDH 纳米片，在纳米片之间的微米级和纳米级间隙由于存留空气形成“气垫”，减少腐蚀介质和薄膜之间的接触面积，不利于腐蚀介质向基体表面扩散。

4.2.6　小结

本小节研究表明，在常压较低温度的反应条件下，可在镁合金表面制备由钨酸盐插层的 LDH 底层膜和聚硅氧烷顶层膜层组成的超疏水耐腐蚀 LDH-W/PFDTMS 复合涂层。该复合涂层具有良好的超疏水性，对几种常见的水性饮料具有自清洁能力，并且在中性盐溶液中具有优异的持久耐腐蚀性。LDH-W/PFDTMS 复合涂层的优异腐蚀保护源于良好的物理屏障、PFDTMS 外层的斥水性、LDH 相通过阴离子交换对腐蚀性阴离子的捕获和释放缓蚀剂的抑制作用。简而言之，通过全流程相对温和的反应条件制备超疏水、耐腐蚀的 LDH 基复合涂层可行，为 LDH 涂层在镁合金表面处理中的大规模工业化生产奠定了基础。

4.3　磷酸钠改性镁合金 MgAl-LDH 膜层的耐腐蚀性能

4.3.1　引言

根据上一章节和本章节前二节所述内容可知，目前已经证实，通过水热反应可在镁合金表面上原位生长具有良好耐腐蚀性和强附着力的致密 LDH 涂层[41]。通过将缓蚀剂阴离子如 WO_4^{2-}[18]、SiO_3^{2-}[42] 和 VO_3^-[43] 插入 LDH 相层间，可有效增强涂层的腐蚀保护性能。然而，水热法采用高压反应釜的高温高压条件不利于大规模生产大尺寸镁合金零件，也增加了生产风险和能耗。最近，研究表明，在 EDTA 等螯合剂的辅助和温和条件（大气压和相对较低的温度，小于 95℃）下，可在镁合金和铝合金表面成功获得 LDH 膜[9,44-46]。这归因于螯合剂的强螯合能力及其调节 LDH 纳米片生长和取向的能力[47,48]。此外，由于在这种条件下制备 LDH 层的原料成本低、方法简单、工业可行性和环境友好性，越来越多的研究者关注在常压下制备 LDH 层。不过，与水热法相比，虽然通过选择合适的螯合剂、控制反应条件和使用缓蚀剂改性可以优化和改善 LDH 涂层的结构、均匀性和耐腐蚀性，但在大气条件下制备的 LDH 涂层的腐蚀防护能力仍然难令人满意。在 4.2 节中，我们曾在全流程较温和条件下，在镁合金表面得到了优异耐腐蚀的超疏水 LDH 基复合膜层，但制备过程涉及缓蚀剂插层和硅氧烷改性二步后处理，增加了工艺的烦琐性。

鉴于螯合剂辅助制备 LDH 涂层的上述优点及其广阔的工业应用前景，有必要解决在相对温和的条件下，以更简化的工艺流程在镁合金表面制备高耐蚀性和强附着力的 LDH 涂层的瓶颈。本节通过先在镁合金表面原位生长羟基插层 MgAl-LDH（LDH-[OH^-]）涂层，然后在无机缓蚀剂溶液中进行改性，实现 PO_4^{3-} 和 OH^- 阴离子共插层的 MgAl-LDH（LDH-[PO_4^{3-}]/[OH^-]）涂层。该 LDH-[PO_4^{3-}]/[OH^-]涂层的整个制备过程都是在温和条件下进行，最优条件下获得的涂层显示出与文献中通过水热方法制备的 LDH 膜相当甚至更好的附着力和腐蚀保护能力。采用 TEM、XPS 和 EIS 等技术对制备涂层的形貌、结构和耐腐蚀性能进行表征和评估，并提出防腐蚀机理。

4.3.2　磷酸钠改性镁合金 MgAl-LDH 膜层的制备和表征

试剂和材料：本节所用化学试剂包括 $Al(NO_3)_3·9H_2O$（≥99.0%）、NaCl（>99%）、

EDTA（>98%）、NaOH（≥98%）、磷酸三钠（Na_3PO_4，≥97%）和 $NaNO_3$（≥99%），分别购自 Aladdin（中国上海）和成都金山化学试剂有限公司。用于生长 LDH 涂层的基底材料仍为 AZ31 镁合金，其成分和前处理同前面章节。

LDH-[OH^-]涂层的制备：配制 0.10 mol/L EDTA、0.25 mol/L $NaNO_3$ 和 0.02 mol/L $Al(NO_3)_3 \cdot 9H_2O$ 的水溶液（250 mL），用浓 NaOH 溶液（5.0 mol/L）将 pH 值调节至 10±0.5。将预处理的镁合金浸入盛有上述溶液的锥形烧瓶中，使用油浴在 95℃下反应 24 小时。将化学反应完成的样品用去离子水冲洗，并在 60℃下干燥 1.0 小时，从而产生 OH^-插层的 MgAl-LDH 涂层，即 LDH-[OH^-]。

LDH-[PO_4^{3-}]/[OH^-]-x 涂层的制备：将生长 LDH-[OH^-]涂层的镁合金置于盛有 250 mL，pH 值为 13±0.5（用 5.0 mol/L NaOH 溶液调节）Na_3PO_4 溶液的锥形烧瓶中。将装有样品和溶液的锥形瓶浸入油浴中，在 95℃下进行 6.0 小时的离子交换反应。反应完成后，用去离子水冲洗样品并在 60℃下干燥 1.0 小时。所得样品命名为 LDH-[PO_4^{3-}]/[OH^-]-x，式中 x 为 Na_3PO_4 溶液的浓度（x=0.03，0.05，0.10 和 0.20 mol/L）。图 4-31 为镁合金表面制备 LDH-[PO_4^{3-}]/[OH^-]-x 涂层的示意图。

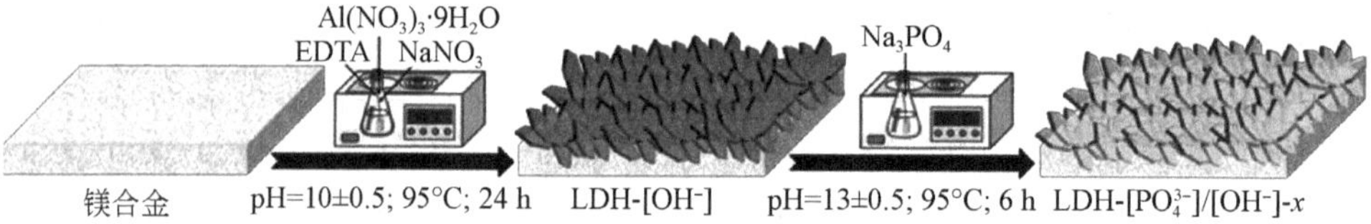

图 4-31　温和条件下镁合金表面制备 LDH-[PO_4^{3-}]/[OH^-]-x 涂层示意图

膜层表面形貌、成分和结构表征：使用场发射 SEM（S-4800，Hitachi，Japan）观察 LDH 涂层的表面和横截面形态。使用与 SEM 连接的 EDS 分析元素分布。通过场发射 TEM（FEI Tecnai G2 F30，USA）在 300 kV 加速电压下获得涂层的晶格条纹。涂层的相结构通过 XRD（Bruker D8 Advance，德国，Cu 靶，入射波长 λ=0.154 nm）以 4 °/min 的扫描速率在 5°～80°的衍射角（2θ）范围内进行分析。XPS（Thermo Fisher Scientific K-Alpha，USA）用于分析涂层中不同元素的化学状态。使用 XPSPEAK41 软件拟合高分辨率 XPS 能谱。用数码相机直接拍摄样品在 3.5wt% NaCl 溶液中浸泡前后的宏观形貌。采用 FITR（Thermo 尼科莱 iS 5，美国）在波数为 500～4000 cm^{-1} 的范围内鉴定 LDH 涂层表面的官能团。通过胶带测试法评估涂层对镁合金的附着力。用锋利的刀片在 LDH 涂层上划出数十条垂直相交、足够深至基底（平均间隔 1.0 mm）的网格。将胶带紧紧地贴附在网格表面，然后将胶带快速撕拉掉。根据 ASTM 标准，对附着力进行评级[17]。

耐蚀性评价：使用电化学工作站（Reference 620，Gamry，USA）测定的 EIS

谱图和 Tafel 曲线评价 LDH 涂层的耐腐蚀性能。将由工作电极、SCE 和铂（Pt）片电极组成的三电极系统浸入 3.5wt%、25℃的 NaCl 溶液进行电化学测试。裸镁合金和不同 LDH 涂层作为工作电极（暴露面积：1.0 cm^2），SCE 和 Pt 片电极分别作为参比电极和对电极。EIS 测试在 100 kHz～0.01 Hz 的频率范围内进行，振幅为 5.0 mV。在−0.5～0.5 V（*vs.* OCP）的电位范围内，以 1.0 mV/s 的扫描速率进行 Tafel 极化测试。通过 Tafel 外推法获得不同 LDH 涂层的 j_{corr}，以评估耐腐蚀性[49]。对于阳极区具有明显不满足 Tafel 线性关系的样品，如镁合金基体，仅通过将阴极分支外推至 E_{corr} 来计算 j_{corr} 值，以减少误差[50]。通过 EIS、Tafel 曲线、SEM 和 XRD 等测试手段，对涂层在腐蚀介质中的长期腐蚀防护性能进行评价。使用 Gamry Analyst 软件对所有电化学测试数据进行分析和拟合。同时，通过封闭盐雾箱中进行的中性盐雾（NSS，NaCl 浓度为 5.0wt%）和浸泡析氢实验，评估涂层的长期耐腐蚀性[51,52]。通过式（4-10）计算在浸泡期间的析氢体积（v_{H_2}）：

$$v_{H_2} = V / s \tag{4-10}$$

式中，V（mL）表示氢气的总体积，s（cm^2）表示暴露于腐蚀性溶液中样品的总面积。

4.3.3　磷酸钠改性镁合金 MgAl-LDH 膜层的表面形貌和元素组成分析

LDH-[OH^-]和 LDH-[PO_4^{3-}]/[OH^-]-0.1 涂层的 SEM 形貌、表面 EDS 元素分布图和不同元素的光谱如图 4-32 所示。SEM 图像显示，低温常压下，镁合金表面制备的 LDH-[OH^-]和 LDH-[PO_4^{3-}]/[OH^-]-0.1 涂层均为由大量纳米片组成的网状多孔结构［图 4-32（a）～（f）］。这种孔隙交错结构的形成可能与镁合金不同的相结构（例如，β相的影响），导致表面不同区域铝离子浓度不同而发生选择性溶解有关[53]。在使用加热的 Na_3PO_4 溶液对 LDH-[OH^-]涂层进行阴离子交换处理后，涂层的表面形态没有明显变化。涂层仍然由许多垂直交错的纳米片组成，与镁合金基体上形成的典型 LDH 涂层的形态一致[9,54]。相比之下，LDH-[PO_4^{3-}]/[OH^-]-0.1 涂层表面上的纳米片比 LDH-[OH^-]涂层更规则和均匀，LDH-[OH^-]涂层纳米片之间存有一些絮凝状沉积物［图 4-32（c）和图 4-32（f）中的插图］。LDH-[PO_4^{3-}]/[OH^-]-0.1 涂层更高的结晶度可能与无机阴离子插入过程中 LDH 相的部分重结晶有关[53]。此外，与 LDH-[OH^-]涂层相比，LDH-[PO_4^{3-}]/[OH^-]-0.1 涂层的表面呈现出丰富的磷元素分布［图 4-32（g）～（j）］，这表明 PO_4^{3-}通过阴离子交换存在于 LDH 相层间或通过静电吸附存在于 LDH 纳米片表面。

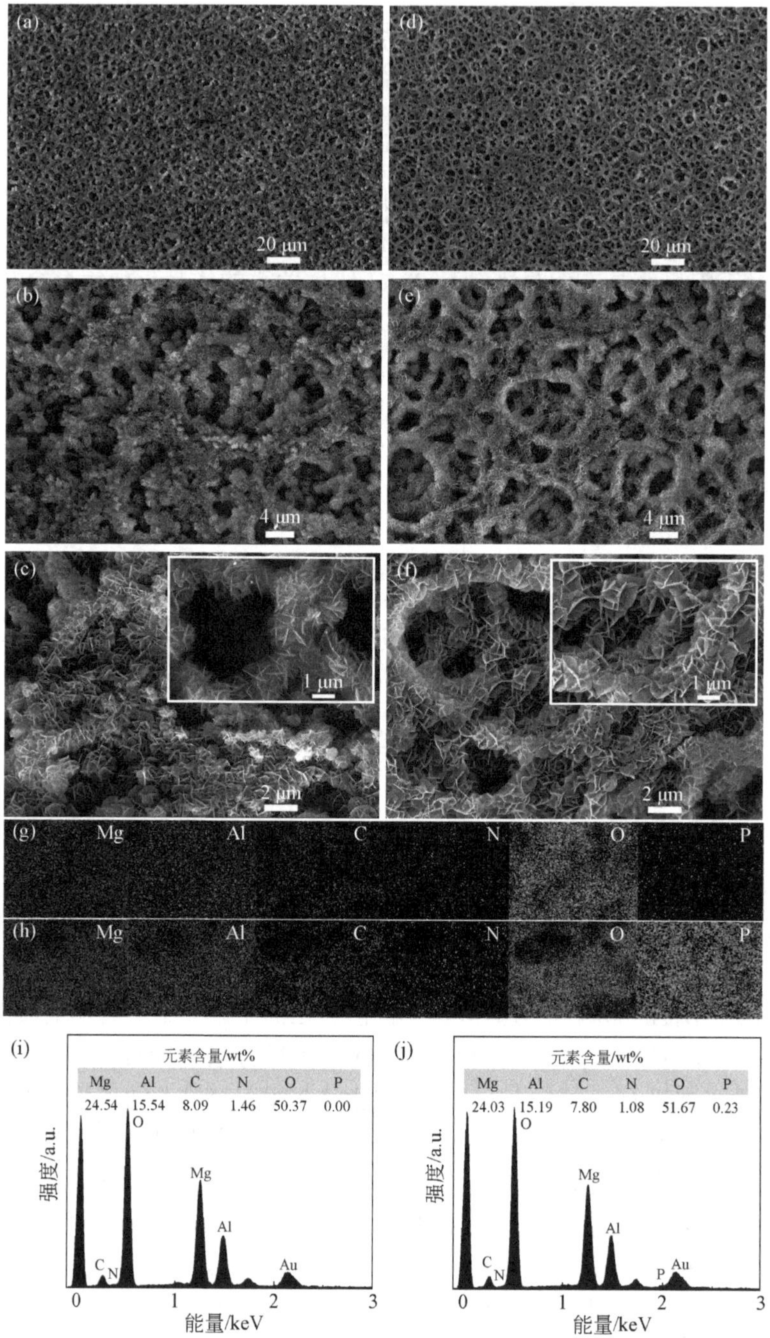

图 4-32 (a)～(c)、(g)、(i) LDH-[OH⁻]和 (d)～(f)、(h)、(j) LDH-[PO_4^{3-}]/[OH^-]-0.1 涂层的 (a)～(f) SEM 图，(g)、(h) EDS 元素分布图和 (i)、(j) EDS 能谱图

图 4-33 为 LDH-[OH^-]和 LDH-[PO_4^{3-}]/[OH^-]-0.1 涂层的 XRD 图谱和 FTIR 光谱以及 LDH-[PO_4^{3-}]/[OH^-]-0.1 的 TEM 图像。如图 4-33（a）所示，XRD 谱图显示两种 LDH 基涂层在位于 2θ 为 34.4°、36.6°、47.8°、63.1°和 72.5°处有强衍射峰，源自基材的金属镁（JCPDS NO.35-0821）。两种涂层在 2θ 为 11.6°和 23.3°处，均观察到源自 MgAl-LDH 相（003）和（006）晶面的显著特征衍射峰（JCPDS NO.38-0478）。此外，LDH-[PO_4^{3-}]/[OH^-]-0.1 涂层的（003）和（006）晶面的衍射峰比 LDH-[OH^-]更尖锐，表明前者的结晶性更好。同时，在衍射角 2θ 值为 18.6°处观察到一个弱的 $Mg(OH)_2$ 相衍射峰（JCPDS NO.07-0239），表明涂层主要由 MgAl-LDH 晶体组成，但夹杂有少量 $Mg(OH)_2$ 相。由于在制备 LDH 涂层时并没有人为地将碳酸盐添加到反应溶液中，因此只能通过从大气中溶解少量的 CO_2 气体而产生 CO_3^{2-} 阴离子，浓度非常低。此外，NO_3^- 插层的 MgAl-LDH 相的（003）晶面的衍射峰应出现在 2θ 值为 11.2°处（JCPDS NO.22-700）[55]。因此，本研究中制备的 LDH-[OH^-]涂层的主要插层阴离子为 OH^-，而不是 CO_3^{2-} 和 NO_3^-。另外，所得到 LDH-[PO_4^{3-}]/[OH^-]-0.1 膜层的（003）晶面的衍射峰位置与 LDH-[OH^-]膜层相比，并未发生偏移。原因在于，OH^-和 PO_4^{3-} 插层 LDH 的（003）晶面的衍射峰位置非常接近，差异可以忽略不计[56]。根据 Bragg 定律，计算 LDH-[OH^-]和 LDH-[PO_4^{3-}]/[OH^-]-0.1 涂层的（003）晶面的晶面间距分别为 0.76 和 0.77 nm，非常接近，与文献一致[17]。LDH-[PO_4^{3-}]/[OH^-]-0.1 涂层的（119）和（106）晶面（晶格条纹之间的间距值分别为 0.18 和 0.22 nm）也可通过 TEM 图像得以确认［图 4-33（c）］[57]。

两种涂层的 FTIR 谱图中，都可以在波数为 3455 cm^{-1} 处观察到强吸收峰，源于 LDH 层间以及吸附在 LDH 表面的 H_2O 分子内的—OH 基团的伸缩振动[图 4-33（b）]。波数 1608 cm^{-1} 处的吸收峰也是源于—OH 基团的弯曲振动，充分证实了 H_2O 分子的存在。在波数 2929 cm^{-1} 附近的吸收带则可能由 NO_3^-（或 CO_3^{2-}）和 H_2O 分子间形成氢键的伸缩振动引起。同样，在 1380 cm^{-1} 处的吸收峰也可由 NO_3^- 或 CO_3^{2-} 的伸缩振动引起[17,58,59]。在本研究中，碳酸盐并未人为引入到用于生长 LDH 的溶液中，但在溶液中加入了大量的支持电解质（$NaNO_3$）。因此，可以得出结论，上述两处吸收峰主要来源于吸附在 LDH 表面的 NO_3^- 阴离子。与 LDH-[OH^-]相比，LDH-[PO_4^{3-}]/[OH^-]-0.1 涂层的 FTIR 光谱中，在波数为 1040 cm^{-1} 处，观察到明显的归属于 P—O 键的伸缩振动峰[60]。一些位于波数低于 1000 cm^{-1} 的吸收带源自 M—O 和 M—OH（M=Mg 和 Al）的晶格振动[61]。FTIR 结果再次证明，温和条件下，在镁合金表面成功制备 LDH-[OH^-]和 LDH-[PO_4^{3-}]/[OH^-]-0.1 涂层。

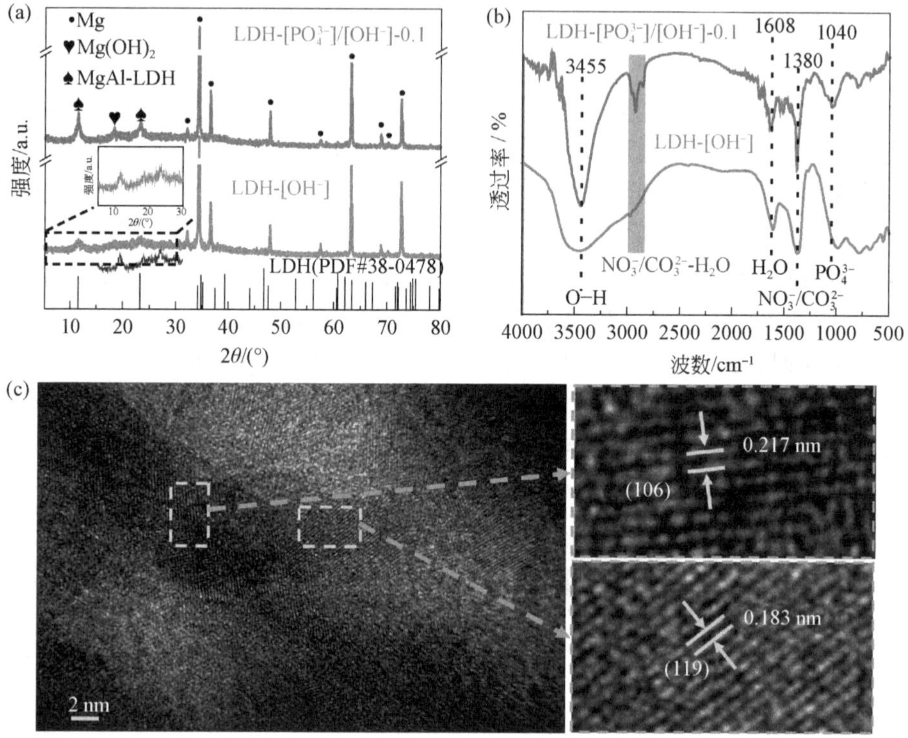

图 4-33 LDH-[OH$^-$]和 LDH-[PO_4^{3-}] / [OH$^-$]-0.1 涂层的（a）XRD 图谱和（b）FTIR 光谱以及（c）LDH-[PO_4^{3-}] / [OH$^-$]-0.1 涂层的 TEM 图像

通过 XPS 能谱分析 LDH 涂层中不同元素的化学状态（图 4-34）。基于 LDH-[OH$^-$]和 LDH-[PO_4^{3-}]/[OH$^-$]-0.1 涂层的 Mg 1s 和 Al 2p 高分辨率 XPS 能谱[图 4-34（b），（d）]，用 Na_3PO_4 溶液进行阴离子交换处理后，Mg—O 键的结合能从 1304.0 eV 略微增加到 1304.1 eV，Al—O 键的结合能从 74.0 eV 向更大方向移动 0.5 eV 到 74.5 eV。结合能的变化与 LDH 表面的 PO_4^{3-}吸附有关[62]。两种 LDH 基涂层的 C 1s 高分辨率 XPS 能谱显示，C 元素存在形式包括结合能为 284.8 eV 的碳污染峰以及 CO_3^{2-} 阴离子中的 C—O（286.3 eV）和 C═O（288.7 eV）键峰［图 4-34（a）］[15,17]。高分辨 C 1s XPS 能谱与 FTIR 谱图结果一致［图 4-33（b）］，并证实由于空气中 CO_2 气体的溶解，LDH 中不可避免地引入了少量 CO_3^{2-} 。LDH-[OH$^-$]涂层的 O 1s 高分辨率 XPS 谱主要由 M—OH（531.0 eV）和 M—O（M=Mg，Al，532.1 eV）峰组成。除了这两个峰之外，在 LDH-[PO_4^{3-}]/[OH$^-$]-0.1 涂层的 O 1s XPS 能谱中还出现对应于 PO_4^{3-} 阴离子的显著峰（531.2 eV）。同时，M—OH 键特征峰的结合能降低 0.1 eV，峰面积急剧下降，表明在离子交换过程

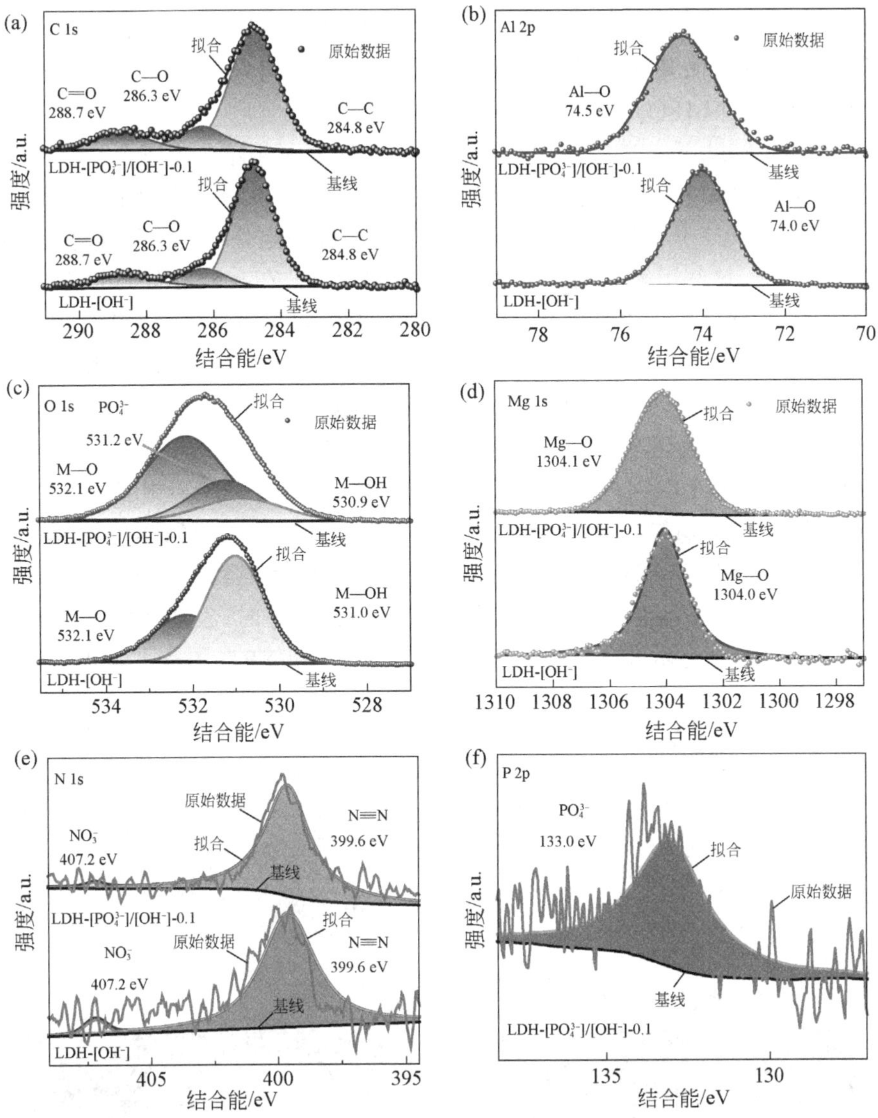

图 4-34 LDH-[OH$^-$]和LDH-[PO$_4^{3-}$]/[OH$^-$]-0.1涂层的高分辨率XPS能谱，(a) C 1s、(b) Al 2p、(c) O 1s、(d) Mg 1s和 (e) N 1s以及 (f) LDH-[PO$_4^{3-}$]/[OH$^-$]-0.1涂层的P 2p高分辨率XPS能谱

中PO_4^{3-}阴离子插入到LDH层间［图3-3（d）］[62]。此外，因为表征之前，N_2和少量NO_3^-在LDH表面吸附，因而在N 1s XPS能谱中有明显的峰信号，包括N≡N（399.6 eV）和NO_3^-（407.2 eV）键的两个特征峰［图 4-34（e）］[63]。在

LDH-[PO_4^{3-}]/[OH^-]-0.1 涂层的 P 2p 高分辨率 XPS 能谱中，结合能为 133.0 eV 处观察到源于 PO_4^{3-}阴离子的明显特征峰［图 4-34（f）］[64]。XPS 能谱再次印证 LDH-[OH^-]和 LDH-[PO_4^{3-}]/[OH^-]-0.1 涂层的成功制备。

在 EDTA 辅助下，镁合金表面原位生长 LDH 膜可粗略分为三个阶段[45]。首先，镁合金在溶液中溶解产生 Mg^{2+}和 Al^{3+}，表现出 OCP 的快速下降。然后，溶液中的 EDTA（Y^{4-}）与这些溶解的阳离子结合形成稳定且可溶的螯合物（MgY^{2-}和 AlY^-）。同时，这些溶解的 Mg^{2+}和 Al^{3+}也与 OH^-结合，在基材表面上生成 $Al(OH)_3$和 $Mg(OH)_2$沉淀薄膜，这些化合反应促进镁合金溶解至溶液中。当表面完全被沉淀膜覆盖时，可抑制基底的溶解。最后，溶液中可溶性 Al^{3+}同晶取代 $Mg(OH)_2$沉淀中的 Mg^{2+}，从而形成 $Mg_2Al(OH)_7$。由于该前驱体热力学稳定性相对更低，在足够的反应时间内会逐渐转变为稳定性更高的 LDH 相。

LDH-[OH^-]和 LDH-[PO_4^{3-}]/[OH^-]-0.1 的横截面 SEM 图像和相应的 EDS 元素分布图印证了致密均匀 LDH 基膜层的形成（图 4-35）。与 LDH-[OH^-]涂层的厚度（～13.6 μm）相比，LDH-[PO_4^{3-}]/[OH^-]-0.1 的厚度值减小到～7.4 μm，这是因为 MgAl-LDH 涂层在 Na_3PO_4溶液中进行阴离子交换处理时，发生了溶解和再结晶过程[7,59,65]。根据上述 SEM［图 4-32（a）～（f）］和 XRD 图谱［图 4-33（a）］，

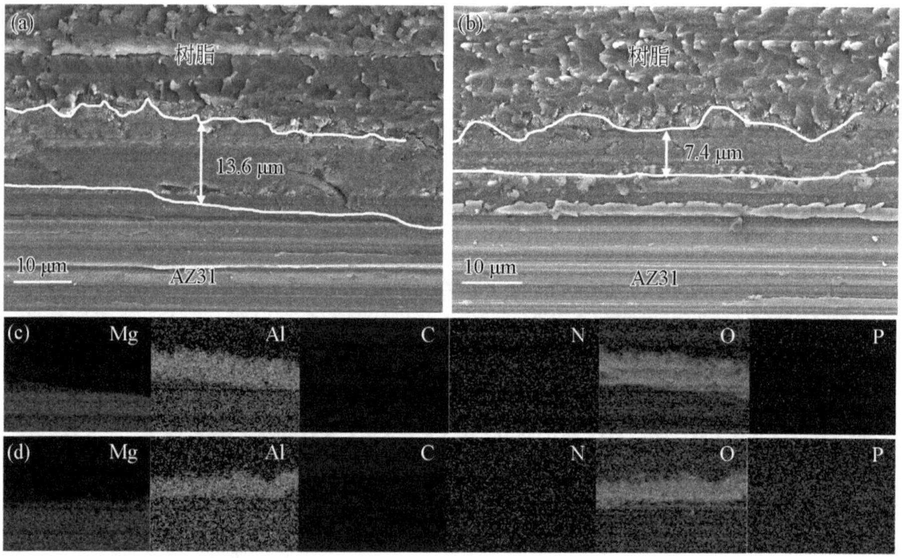

图 4-35　（a）、（c）LDH-[OH^-]涂层和（b）、（d）LDH-[PO_4^{3-}]/[OH^-]-0.1 涂层的（a）、（b）横截面 SEM 图像和（c）、（d）不同元素的 EDS 元素分布图

该再结晶过程有助于获得具有高结晶度的 LDH 相[53]。横截面 EDS 图显示，LDH-[OH^-]涂层主要由 Mg、Al、C、N 和 O 元素组成，而在 LDH-[PO_4^{3-}]/[OH^-]-0.1 涂层中同时检测到丰富的 P 元素，进一步证实改性 LDH 涂层中存在 PO_4^{3-} 阴离子［图 4-35（c），（d）］。

采用胶带试验测试 LDH-[OH^-]和 LDH-[PO_4^{3-}]/[OH^-]-0.1 膜层与基材的结合强度。结果表明，在膜层表面刻划无数方格、用胶带紧紧压贴在其表面并剥离之后，两种 LDH 涂层中的这些切口的所有边缘都非常整齐，格子内膜层也都没脱落（图 4-36）。根据 ASTM D3359 标准，这些规则方格内的涂层具有非常强的结合强度，两种 LDH 涂层的结合力达到 5B。LDH-[OH^-]涂层在加热的 Na_3PO_4 溶液中的阴离子交换处理，也不会降低 LDH 涂层与镁合金之间的结合力。

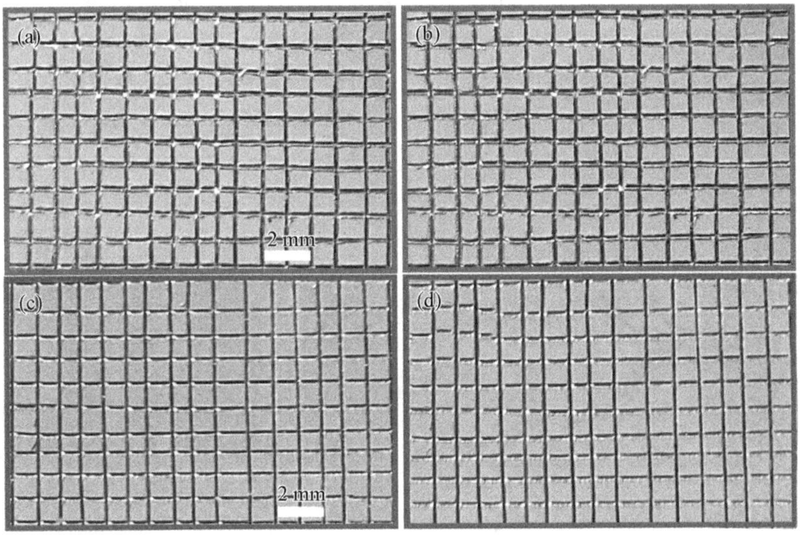

图 4-36 （a）、（b）LDH-[OH^-]和（c）、（d）LDH-[PO_4^{3-}]/[OH^-]-0.1 涂层的附着力测试（a）、（c）刚划格后涂层和（b）、（d）经胶带粘压并撕扯后的数码照片

4.3.4 磷酸钠改性镁合金 MgAl-LDH 膜层的耐腐蚀性能

裸镁合金、LDH-[OH^-]和 LDH-[PO_4^{3-}]/[OH^-]-x 涂层的 EIS 图和 Tafel 曲线如图 4-37 所示。EIS 谱图中低于 100 Hz 的低频区域可以反映基材/涂层的界面特性，该区域内阻抗模量的高值直接反映了耐腐蚀性能的优良[66]。与裸镁合金相比，LDH-[OH^-]和 LDH-[PO_4^{3-}]/[OH^-]-x 涂层在低频区域具有显著增大的阻抗模量［图 4-37（a）］。LDH-[PO_4^{3-}]/[OH^-]-x 涂层的 EIS 谱图中，随着 Na_3PO_4 浓度的增加，$|Z|_{f=0.1\ Hz}$ 增加后略有下降。LDH-[PO_4^{3-}]/[OH^-]-0.1 涂层表现出最高的$|Z|_{f=0.1\ Hz}$，表明最佳的耐腐

蚀性能。在浓 Na_3PO_4 溶液中处理的 LDH 涂层（LDH-[PO_4^{3-}]/[OH^-]-0.2）的耐腐蚀性略有下降，可能与结晶度降低有关（图 4-38）。Bode 相位角图中，高频区（f > 10 kHz）的相位角也是与涂层致密性紧密相关的重要参数。相位角的绝对值越接近 90°，涂层越完整，耐腐蚀性越好[67]。与在 100 kHz 下相位角接近 0°的裸镁合金相比，所有 LDH 基涂层都具有较高的相位角（绝对值）。其中，LDH-[PO_4^{3-}]/[OH^-]-0.1 涂层显示最高的相位角，约为 74°［图 4-37（b）］。

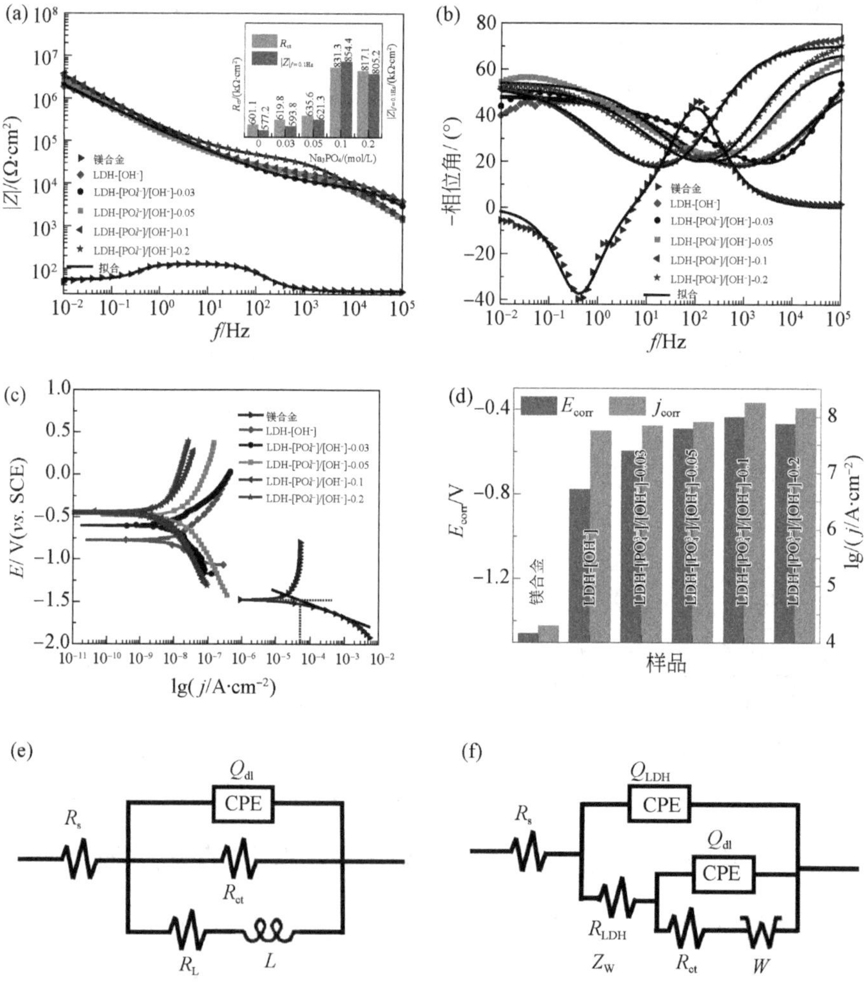

图 4-37 样品暴露于 3.5wt%NaCl 溶液中的（a）、（b）EIS 谱图，（c）Tafel 曲线，（d）E_{corr} 和 j_{corr} 的柱状图以及用于（e）裸镁合金和（f）不同 LDH 涂层 EIS 拟合的等效电路图模型。图（a）中的插图显示了 Na_3PO_4 改性溶液浓度对 LDH-[PO_4^{3-}]/[OH^-]-x 涂层 R_{ct} 和 $|Z|_{f=0.1Hz}$ 的影响

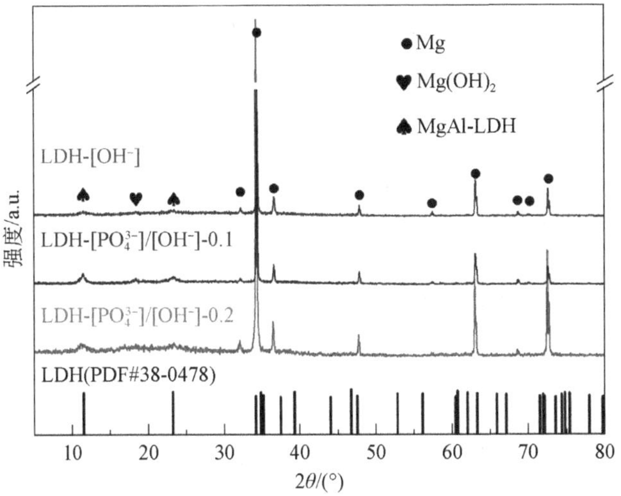

图 4-38　LDH-[OH$^-$]、LDH-[PO$_4^{3-}$] / [OH$^-$]-0.1 和 LDH-[PO$_4^{3-}$] / [OH$^-$]-0.2 涂层的 XRD 图

采用 EC 模型对 EIS 数据进行拟合，以定量比较不同试样的耐蚀性。裸镁合金和不同 LDH 涂层的 EC 模型如图 4-37（e），（f）所示。两个模型中的电路元件包括溶液电阻（R_s）、LDH 层的 CPE（Q_{LDH}）和电阻（R_{LDH}）、固/液界面双电层的 CPE（Q_{dl}）和电荷转移电阻（R_{ct}）、腐蚀产物引起的电感（L）和感抗（R_L）以及 Warburg 扩散阻抗（Z_W）。与 LDH-[OH$^-$]相比，在 LDH-[PO$_4^{3-}$]/[OH$^-$]-x 涂层的 EIS 谱中没有观察到新的时间常数。EIS 谱图时间常数不变表明，PO_4^{3-}主要通过离子交换反应进入层间或通过静电吸附附着在 LDH 表面，但没有与阳离子结合而在 LDH 表面形成诸如 $Mg_3(PO_4)_2$ 或 $AlPO_4$ 的沉淀膜层。与 LDH 层对应的 Y_{LDH} 和 R_{LDH} 以及与双电层对应的 Y_{dl} 和 R_{ct} 是评价耐腐蚀性的关键电化学参数。Y 值越小，对应的 R 值越大，耐腐蚀性越好。裸镁合金和不同 LDH 涂层的拟合电化学参数显示，与裸镁合金相比，所有 LDH 涂层的 R_{ct} 值增加了三个数量级以上。LDH-[PO$_4^{3-}$]/[OH$^-$]-0.1 涂层表现出最高的 R_{ct}（831.3 kΩ·cm^2）和 R_{LDH}（45.0 kΩ·cm^2），以及最低的 Y_{dl}（14.1 nS·s^n·cm^{-2}）和 Y_{LDH}（9.2 nS·s^n·cm^{-2}）值。不同的电化学参数证实，具有 PO_4^{3-}-插层的新制备 LDH 涂层的耐腐蚀性能，特别是当 Na_3PO_4 溶液的浓度为 1.0 mol/L 时，远优于 OH^--插层的 LDH 膜层。不同 LDH 膜层的耐腐蚀性也可以通过 Nyquist 的电容弧直径来确认（图 4-39）。直径越大，LDH 层的耐腐蚀性越好。Nyquist 图显示，LDH-[PO$_4^{3-}$]/[OH$^-$]-0.1 膜层具有最大的半圆直径，表明与其他涂层相比，具有最优的耐腐蚀能力。

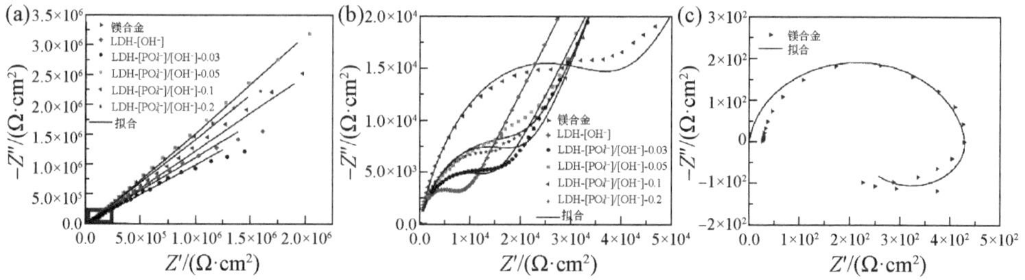

图 4-39　（a）不同 LDH 膜层的 Nyquist 图，（b）（a）中矩形区域的放大 Nyquist 图，（c）镁合金的 Nyquist 图

镁合金和各种不同 LDH 基涂层的 Tafel 曲线和相应的电化学参数如图 4-37（c），（d）所示。通常，更正的 E_{corr} 和更小的 j_{corr} 代表 LDH 涂层具备更优的防腐蚀性能[16]。裸镁合金显示出最小的 E_{corr} 值（−1.46 V）和最大的 j_{corr} 值（5.04×10^{-5} A·cm^{-2}）。LDH-[OH$^-$]涂层的 E_{corr} 值显著正移（−0.77 V），相应的 j_{corr} 值降低约 3 个数量级，为 18.0 nA·cm^{-2}，证明在短期暴露于腐蚀介质中后，具备良好的防腐蚀能力。相比之下，LDH-[PO_4^{3-}]/[OH$^-$]-x 涂层显示出更大的 E_{corr} 和更小的 j_{corr} 值。值得注意的是，LDH-[PO_4^{3-}]/[OH$^-$]-x 涂层表现出最正的 E_{corr}（−0.434 V）和最小的 j_{corr}（5.68 nA·cm^{-2}），证明最好的耐腐蚀能力，与 EIS 谱图结果一致。

通过测定 LDH-[OH$^-$]和 LDH-[PO_4^{3-}]/[OH$^-$]-0.1 涂层在 3.5wt% NaCl 溶液中不同暴露时间的 EIS 和 Tafel 曲线来评估长期耐腐蚀性能（图 4-40）。通过 EC 模型［图 4-37（f）］拟合，可以获得涂层在不同浸泡时间时的 R_{ct} 值［图 4-40（e）］。浸泡 15 天后，LDH-[OH$^-$]涂层的 R_{ct} 值明显下降至 74.0 kΩ·cm^2，而 LDH-[PO_4^{3-}]/[OH$^-$]-0.1 涂层的 R_{ct} 值虽有下降，但仍保持在 459.1 kΩ·cm^2 的较高水平［图 4-40（a），（c），（e）］。LDH-[OH$^-$]在高频（100 kHz）下的相位角（绝对值）为 11°，而 LDH-[PO_4^{3-}]/[OH$^-$]-0.1 涂层的相位角为 33°［图 4-40（b），（d）］，表明 LDH-[PO_4^{3-}]/[OH$^-$]-0.1 具有更好的长期耐腐蚀性。LDH-[OH$^-$]和 LDH-[PO_4^{3-}]/[OH$^-$]-0.1 涂层在长期暴露于腐蚀性介质后的 Tafel 曲线［图 4-40（f）］和相应的电化学参数也表明，Na_3PO_4 处理的涂层具有更正的 E_{corr} 值（−0.87 V）和更小的 j_{corr} 值（43.4 nA·cm^{-2}）。浸泡后的 LDH-[PO_4^{3-}]/[OH$^-$]-0.1 涂层的 j_{corr} 值仅略高于新制备的 LDH-[OH$^-$]涂层，表明 LDH-[PO_4^{3-}]/[OH$^-$]-0.1 能更有效地长期保护镁合金免受腐蚀。

不同样品的析氢实验以及在长期暴露后的数码照片和相结构证实了 LDH-[PO_4^{3-}]/[OH$^-$]-0.1 涂层优异的长期耐腐蚀性。暴露在腐蚀性介质中半个月后，裸镁合金产生的氢气体积量约为 25 mL·cm^{-2}，而两种 LDH 涂层的析氢量则要低得多。LDH-[PO_4^{3-}]/[OH$^-$]-0.1 形成的氢气体积仅为 0.23 mL·cm^{-2}［图 4-41（a），（b）］。

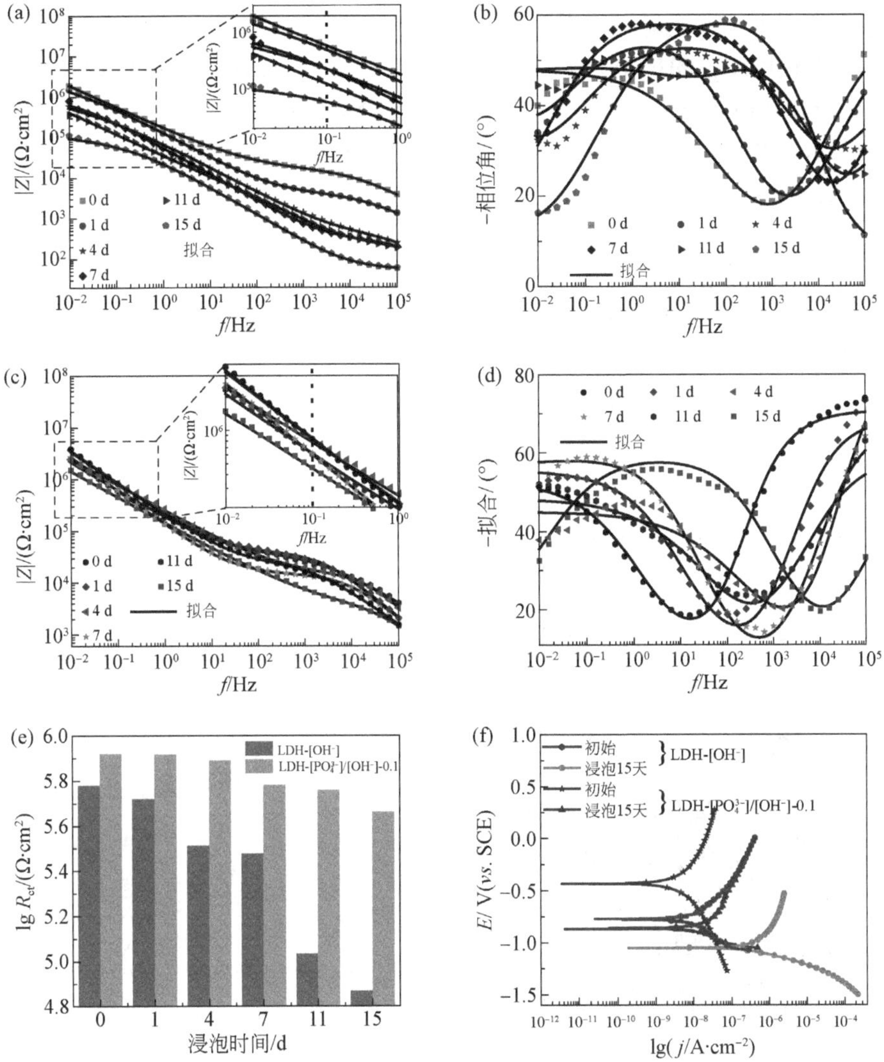

图 4-40 在 3.5wt% NaCl 溶液中不同暴露时间的 EIS 光谱［(a)、(b) LDH-[OH$^-$]涂层，(c)、(d) LDH-[PO_4^{3-}]/[OH$^-$]-0.1 涂层］，(e) lgR_{ct} 值与浸泡时间，(f) LDH 基涂层暴露 15 天前后的 Tafel 曲线

浸泡后，裸镁合金表面出现非常明显的腐蚀坑洞，而在两种 LDH 涂层的表面没有观察到明显凹坑［图 4-41 (c)］。不过，浸泡后的 LDH-[OH$^-$]涂层的 XRD 谱图显示，MgAl-LDH 相的（003）和（006）晶面的特征衍射峰完全消失，取而代之的是明显归属于 $Mg(OH)_2$ 相的特征峰。晶相结构的变化表明，LDH-[OH$^-$]相已被严重破坏，并转化为其他化学物质。这种相变通过稍后的 SEM 图像和相

应的 EDS 结果也得到验证，表明 LDH-[OH$^-$]涂层的长期耐腐蚀性相对较差。相比之下，LDH-[PO_4^{3-}]/[OH$^-$]-0.1 涂层的 XRD 图中仍显示出归属于 MgAl-LDH 相的显著衍射峰和对应于 $Mg(OH)_2$ 相的极弱特征衍射峰［图 4-41（d)］。与 LDH-[OH$^-$]涂层相比，LDH-[PO_4^{3-}]/[OH$^-$]-0.1 涂层在暴露后相对稳定的相结构证明其更优的长期耐腐蚀性。

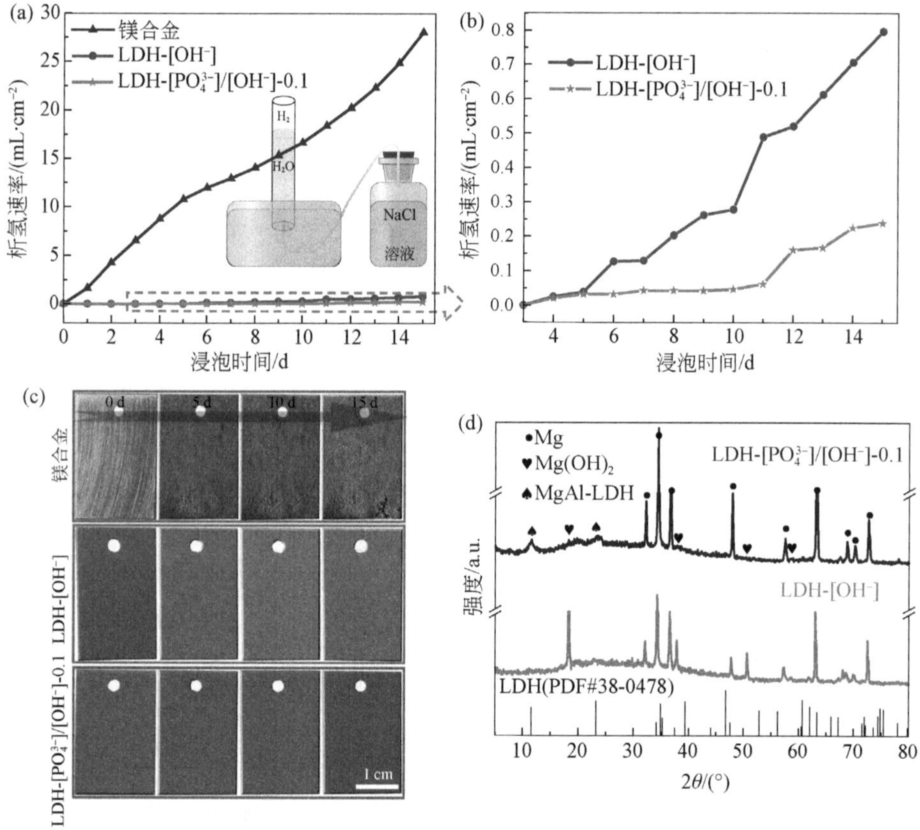

图 4-41　裸镁合金、LDH-[OH$^-$]、LDH-[PO_4^{3-}]/[OH$^-$]-0.1 涂层在 3.5 wt% NaCl 溶液中的（a）析氢量随暴露时间的变化曲线，（b）局部放大图，（c）数码照片，（d）两种 LDH 涂层暴露 15 天后的 XRD 图

图 4-42 为 NSS 实验后两种 LDH 基涂层的数码照片、SEM 图像和相应的 EDS 结果。如图 4-42（a）插图所示，NSS 暴露 120 小时后，LDH-[OH$^-$]涂层产生明显腐蚀坑洞。相比之下，LDH-[PO_4^{3-}]/[OH$^-$]-0.1 涂层在暴露于 NSS 环境中 360 小时后，在表面未出现明显的腐蚀［图 4-42（c）的插图］。比较 LDH-[OH$^-$]涂层 NSS

实验前［图 4-32（a）～（c）］和后［图 4-42（a），（b）］的 SEM 图像，可以发现 LDH 相在腐蚀性介质中暴露后因受到严重损坏而几乎不可见纳米片状结构。根

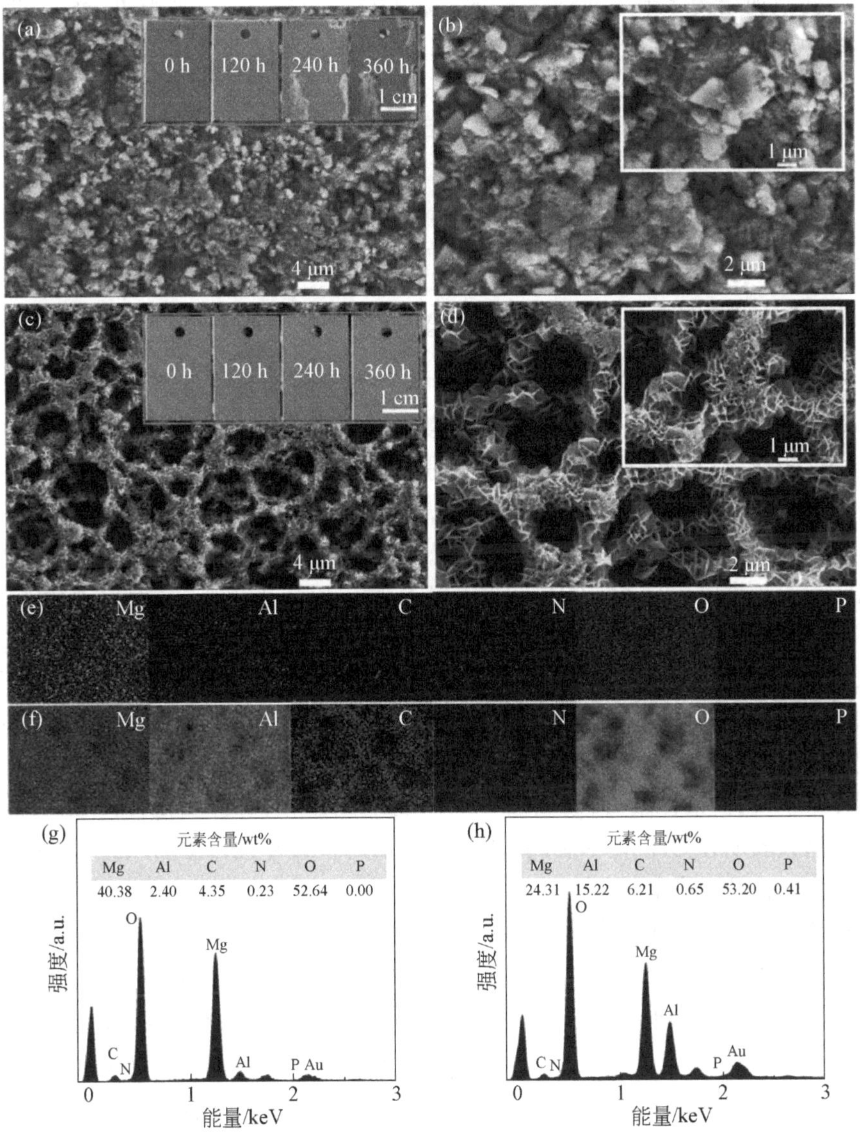

图 4-42　(a)、(b)、(e)、(g)LDH-[OH^-]涂层和(c)、(d)、(f)、(h)LDH-[PO_4^{3-}]/[OH^-]-0.1 涂层经 15 天中性盐雾实验后的（a）～（d）SEM 形貌，（e）、（f）EDS 元素分布图，（g）、（h）EDS 能谱和不同元素的含量。（a）、（c）中的插图是在中性盐雾环境暴露不同时间后相应涂层的数码照片

据上述 XRD 结果可以得出结论，表面生成的大量微米级不规则颗粒为新形成的 $Mg(OH)_2$ 相。对于 LDH-[PO_4^{3-}]/[OH^-]-0.1 涂层，经过相同的 NSS 实验后，表面的网状多孔微观结构比未经 NSS 实验前的新制样品更为突出，致密性降低。但是，LDH-[PO_4^{3-}]/[OH^-]-0.1 涂层表面仍然由大量典型的 LDH 纳米片组成，表明损伤程度相对较轻［图 4-42（c），（d）］。而且，经 NSS 暴露的 LDH-[OH^-]涂层表面的 Mg 元素含量显著增加，Al 元素含量显著减少。Mg 元素的含量远高于 Al 元素，进一步表明涂层表面以 $Mg(OH)_2$ 相为主。对于 LDH-[PO_4^{3-}]/[OH^-]-0.1 涂层，与未老化样品相比，表面 Mg 和 Al 元素的含量及其比例变化可忽略不计，表明镁合金表面形成的 PO_4^{3-}-插层 LDH 相具有较好的稳定性［图 4-42（e）～（h）］。

4.3.5 磷酸钠改性镁合金 MgAl-LDH 膜层的防腐蚀机理

在含有 Cl^-等阴离子的腐蚀性环境中，镁合金表面容易迅速形成由 $Mg(OH)_2$ 作为外层和 MgO 作为内层组成的多孔复合膜层。不过，这种自然形成的疏松氧化膜无法提供足够的防腐蚀保护，导致镁合金不断氧化和溶解。在镁合金表面形成的 LDH-［OH^-］涂层可以充当物理屏障以隔离腐蚀介质和减缓腐蚀速率。同时，当 LDH-［OH^-］涂层被腐蚀性 Cl^-离子侵蚀时，层间的 OH^- 释放并与溶解的 Mg^{2+} 和 Al^{3+}反应，生成包括 $Mg(OH)_2$ 在内的沉淀膜，以防止微缺陷继续发生溶解［式（4-11）和式（4-12）］。从腐蚀和保护的角度来看，$Mg(OH)_2$ 的溶度积常数（25℃时 $K_{sp}=1.8\times10^{-11}$）还不够低，该沉淀膜的耐腐蚀性有限，不能有效抑制 Cl^-侵蚀对 LDH-[OH^-]涂层造成的降解，导致 OH^- 在相对较短的时间内完全释放（在盐雾环境中最多 360 小时）。如图 4-41（d），图 4-42（a）和图 4-42（b）所示，LDH-[OH^-]涂层暴露于腐蚀性环境一段时间后，未观察到 LDH 相和典型的纳米片结构。层状结构的消失表明在 OH^- 耗尽后，由于腐蚀介质的持续侵蚀，Cl^-插入的 LDH 相［式（4-11）］不能保持稳定。

LDH-[PO_4^{3-}]/[OH^-]涂层也具有 LDH-[OH^-]涂层的上述功能。但不同之处在于，释放的 PO_4^{3-} 可与 Mg^{2+}和 Al^{3+}结合，并在微缺陷处产生具有极低 K_{sp} 的沉积物［式（4-13）、式（4-14）和式（4-15）］。与 $Mg(OH)_2$ 相比，LDH-[PO_4^{3-}]/[OH^-]涂层中形成的磷酸盐的 K_{sp} 要小得多，显示出更有效的填充微观缺陷和抑制腐蚀进程的能力（图 4-43）。此外，OH^-和 Cl^-是一价阴离子，对 LDH 相的亲和力差别不大。它们之间的离子交换反应可能在腐蚀发生之前就已明显进行，导致 OH^-的不可控和无效释放。与 Cl^-相比，PO_4^{3-} 对 LDH 相的亲和力明显更大。通常，Cl^-不会导致 PO_4^{3-} 从 LDH 相层中明显释放，也即当腐蚀尚未发生时，PO_4^{3-} 不会释放，从而显著降低了缓蚀剂的无效释放和无效消耗。当受到电解质的侵蚀，镁合金溶

解后形成 Mg^{2+}和 Al^{3+}，并与 PO_4^{3-} 阴离子在微缺陷处结合，生成 K_{sp} 极低的沉淀物，从而促使 PO_4^{3-} 的持续释放。然而，当磷酸盐膜充分填充和修复微缺陷时，基底没有通过溶解形成丰富的金属阳离子。在这种情况下，PO_4^{3-} 和 Cl^-之间的离子交换反应再次变得困难。简而言之，与氢氧化物相比，磷酸盐沉淀的 K_{sp} 要小得多[25℃时 $Mg_3(PO_4)_2$ 的 K_{sp} 为 1.04×10^{-24}]，可更高效地抑制微缺陷处的腐蚀反应。同时，PO_4^{3-}、OH^-和 Cl^-对 LDH 相亲和力的明显差异，赋予 PO_4^{3-} 插层 LDH 涂层“腐蚀响应”功能（只有发生腐蚀时，缓蚀剂阴离子才会明显释放），具有更高的智能性。这两个因素使镁合金表面形成的 LDH-[PO_4^{3-}]/[OH^-]-0.1 涂层具有明显更持久的耐腐蚀性能。

$$\text{MgAl-LDH-OH}^- + \text{Cl}^- \longrightarrow \text{MgAl-LDH-Cl}^- + \text{OH}^- \tag{4-11}$$

$$\text{Mg}^{2+} + 2\text{OH}^- \longrightarrow \text{Mg(OH)}_2\downarrow \quad K_{sp} = 1.8\times10^{-11} \tag{4-12}$$

$$\text{MgAl-LDH-PO}_4^{3-} + 3\text{Cl}^- \longrightarrow \text{MgAl-LDH-3Cl}^- + \text{PO}_4^{3-} \tag{4-13}$$

$$3\text{Mg}^{2+} + 2\text{PO}_4^{3-} \longrightarrow \text{Mg}_3(\text{PO}_4)_2\downarrow \quad K_{sp} = 1.04\times10^{-24} \tag{4-14}$$

$$\text{Al}^{3+} + \text{PO}_4^{3-} \longrightarrow \text{AlPO}_4\downarrow \quad K_{sp} = 6.3\times10^{-19} \tag{4-15}$$

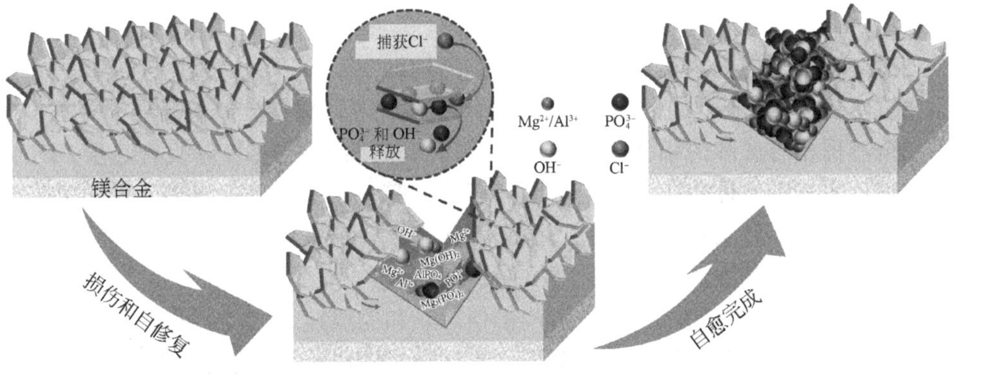

图 4-43　镁合金表面 LDH-[PO_4^{3-}]/[OH^-]涂层的自修复机制

4.3.6　小结

本节研究表明，利用 EDTA 螯合剂的辅助，在常压、较低的温度下，可在 AZ31 镁合金上原位生长出具有良好附着力的 LDH-[OH^-]涂层。LDH-[OH^-]涂层在不同浓度的 Na_3PO_4 溶液中处理后，可进一步转化为 PO_4^{3-} 和 OH^-阴离子共插层的 LDH-[PO_4^{3-}]/[OH^-]-x 涂层。相对于裸镁合金，这些具有不同阴离子插层的新制 LDH 基涂层通过物理屏障和离子交换功能可表现出显著提高的腐蚀保护能力。与 LDH-[OH^-]相比，LDH-[PO_4^{3-}]/[OH^-]-0.1 涂层显示出更高的结晶度。在腐蚀介质长时间暴露过程中，由于 $Mg_3(PO_4)_2$ 的 K_{sp} 比 $Mg(OH)_2$ 小得多，相较于 LDH-[OH^-]涂层，LDH-[PO_4^{3-}]/[OH^-]-0.1 涂层中生成的保护膜要稳定得多。同时，由于 PO_4^{3-}、OH^-和 Cl^-对 LDH 相的亲和力存在显著差异，LDH-[PO_4^{3-}]/[OH^-]涂层显示出更智能的“腐蚀响应”而释放缓蚀剂的能力，表现出优异的长期耐腐蚀性能。LDH-[PO_4^{3-}]/[OH^-]-0.1 涂层在 NaCl 溶液或 NSS 环境中暴露 15 天后，宏观上未显示任何腐蚀，微观上仍保持典型的 LDH 纳米片结构，具有很高的 R_{ct} 和很低的 j_{corr} 值。这些研究结果表明，通过选择合适的螯合剂和缓蚀剂，有望在全流程较温和的条件下，以较简单的工艺步骤在镁合金表面制备出具有高耐腐蚀性和强附着力的 LDH 基智能涂层，极大地促进 LDH 基涂层在轻合金防腐蚀领域的应用。

4.4 温和条件下一锅法原位生长高耐腐蚀 MgAl-LDH/MBT 复合膜层

4.4.1 引言

通过本章节前面内容可知，在螯合剂的辅助下，可以利用先在镁合金基体表面原位生长 LDH 前驱体相，再采用负载缓蚀剂以及形成聚硅氧烷膜层的方法，从而在全流程相对温和的条件下制备得到超疏水、耐腐蚀的 LDH 基复合涂层。不过，采用这种方式涉及原位生长和后续阴离子交换等多个改性处理步骤，增加了工艺的繁杂性。本节将尝试同样在相对温和的条件下，但采用一锅法直接在镁合金基底表面制备缓蚀剂改性的耐腐蚀 LDH 基复合膜层。

本节将在无外加镁源的溶液中，于相对温和的温度（95°C）和一个大气压力条件下，在 AZ31 镁合金表面制备不同的 MgAl-LDH 涂层。通过 XPS、XRD、析氢法和电化学方法等一系列表征和测试对制备膜层的形貌、结构和耐腐蚀性能进行分析和评估。最后，提出 MgAl-LDH 和负载有 MBT 缓蚀剂的 MgAl-LDH/MBT 涂层的沉积和防腐机理。

4.4.2 MgAl-LDH/MBT 复合膜层的一锅法制备和表征

材料与化学试剂：镁合金的型号以及抛光和除脂的方法同前述章节。$Al(NO_3)_3 \cdot 9H_2O$（≥99.0%）、$NaNO_3$（≥99.0%）、MBT（≥98.0%）、EDTA（≥99.5%）、NaOH（≥98.0%）购自中国上海阿拉丁公司，未进行提纯直接使用。

不同 MgAl-LDH 膜层的制备：首先，配制含有 EDTA（0.1 mol/L）、$Al(NO_3)_3 \cdot 9H_2O$（0.05 mol/L）、$NaNO_3$（0.25 mol/L）和 MBT（0.1 mol/L）的溶液 200 mL，并将其转移到锥形烧瓶中。将预处理过的镁合金浸入溶液中后，用一个橡胶塞塞住烧瓶，以防止水的快速蒸发。为了使烧瓶内部和外部环境的压力平衡（均保持一个大气压力），在橡胶塞的中心钻几个针孔。将溶液加热至 95°C，在不同反应时间（主要为 0.5～36 h）下制备 MgAl-LDH/MBT 涂层。为了对比，同时制备空白、MBT 和 MgAl-LDH 涂层，分别代表除了硝酸铝盐外，只调节 pH 值、只含有 MBT 和只含有 EDTA 的水浴中获得的涂层。制备涂层前，用氢氧化钠溶液将所有反应溶液的 pH 值调整到 10.0±0.3。不同涂层的制备工艺示意图如图 4-44 所示。

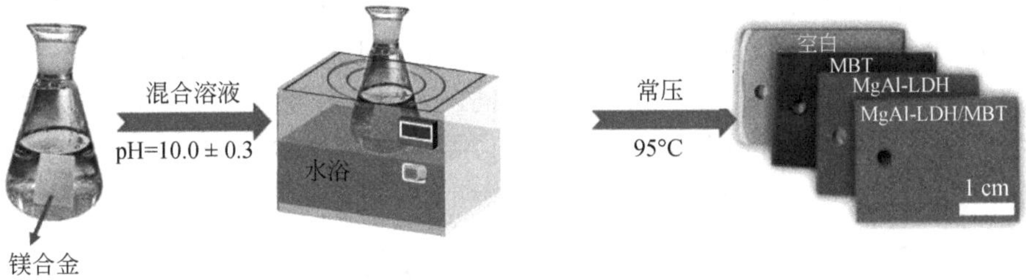

图 4-44　使用相同工艺但不同溶液成分制备空白、MBT、MgAl-LDH 和 MgAl-LDH/MBT 涂层的示意图

膜层的表征：采用 SEM（JEOL JSM-6510LV）和 TEM（Tecnai G2 F20，2000 kV）对不同涂层的表面形貌、组成和结构进行表征。扫描电镜和 TEM 的加速电压分别为 0.5～30 kV 和 300 kV。利用数码相机拍摄浸没试验前后涂层的宏观形貌。采用 XRD（Rigaku Dmax/Ultima IV，Cu 靶源，入射波长 λ=0.154 nm）对涂层晶相进行分析。采用 FTIR（Nicolet-6700，500～4000cm^{-1}）获得涂层表面的官能团信息。采用 XPS（Thermo Scientific Escalab 250Xi）和 EDS 对涂层的化学成分进行分析。根据 ATSM D3359 标准，通过胶带剥离试验评估涂层的附着力。简言之，先用锋利的刀片在样品表面刻划深至镁合金基底的网格状划痕（平均间隔 1 mm），再用力使胶带贴在切口表面，然后将其撕离，观察切口附近涂层情况。

膜层耐腐蚀性能评估：在 3.5wt%氯化钠溶液中于室温（～25°C）下，通过电化学工作站（Gamry，1010E）进行电化学测试。测试使用三电极体系，包括 SCE、铂片电极和暴露面积为 1 cm^2 的涂层，分别作为参比电极、对电极和工作电极。EIS 谱图测试的频率范围为 100 kHz 到 0.01 Hz，振幅信号为 10 mV。动电位极化曲线的电位扫描范围为−0.5～0.5 V，扫描速率为 5.0 mV/s。由于镁合金的电化学活性较高，因此选择较快的扫描速率来记录极化曲线。因为如果选择一个较低的扫描速率，收集曲线数据所需的时间就会增加，这可能导致镁合金表面状态发生明显变化，影响结果。通过将样品浸入氯化钠溶液（3.5wt%）中 15 天，收集暴露期间的氢气体积，并按照中国标准 GB/T 10125—2021 在盐雾箱（封闭系统，5.0wt%氯化钠溶液）中进行 NSS 试验，评估样品的长期耐腐蚀性。

4.4.3 MgAl-LDH/MBT 复合膜层的形貌、结构和组成

几种典型的在不同成分的溶液中处理不同时间后的镁合金样品的数码照片如图 4-45 所示。从图 4-45 可以清楚地看到，不同溶液处理后的镁合金具有不同的颜色，即使在同一溶液中，颜色也随反应时间的变化而改变。涂层的颜色主要由折射率（当化学成分确定时，该物理量有固定值）和具有不同微结构的膜层的厚度决定。图 4-45 中不同的颜色表明，在镁合金表面形成了具有不同化学成分和厚度的薄膜。特别是空白样品的颜色明显不同，为明亮的金黄色，说明空白样品的化学成分可能与其他样品明显不同；而 MgAl-LDH 和 MgAl-LDH/MBT 涂层在反应时间为 6～24 h 区间的颜色非常接近，说明涂层可能具有相似的化学成分。

图 4-45　在 95°C，一个大气压和不同反应时间制备的（a）空白、（b）MBT、（c）MgAl-LDH 和（d）MgAl-LDH/MBT 涂层的数码照片

根据电化学结果，包括 EIS 图［图 4-46 和 Tafel 曲线（图 4-47）］，当反应时间大于 24 h 后，阻抗和 j_{corr} 变化很小。结合规模化应用时的能耗和时间成本，MgAl-LDH 和 MgAl-LDH/MBT 涂层的最佳反应时间宜选择 24 h。图 4-48 为在最佳反应时间下使用不同溶液处理后的镁合金表面 SEM 形貌。根据图 4-48（a）～（d），即使在水浴中浸泡数小时后，镁合金表面上由 SiC 砂纸摩擦产生的许多沟槽和条纹非常清晰，表明即使在相对较高的温度和标准大气压下，镁合金在碱性环境中也难以严重蚀刻。空白样表面大量的微观孔隙［图 4-48（b）］、MBT 试样表面无数的细针状物质［图 4-48（d）］以及基体彩色的变化（图 4-45）表明，镁合金表面形成了非常薄的膜层。与空白样品［图 4-48（a），（b）］相比，抛光引起的原始沟槽（此处未显示）在 MBT 样品表面上更加明显［图 4-48（c），（d）］，这表明 MBT 对镁合金提供了一定程度的腐蚀抑制作用。如图 4-48（e）和图 4-48（f）所示，加入螯合剂（EDTA）后，镁合金的表面微观结构发生了显著变化，形成了

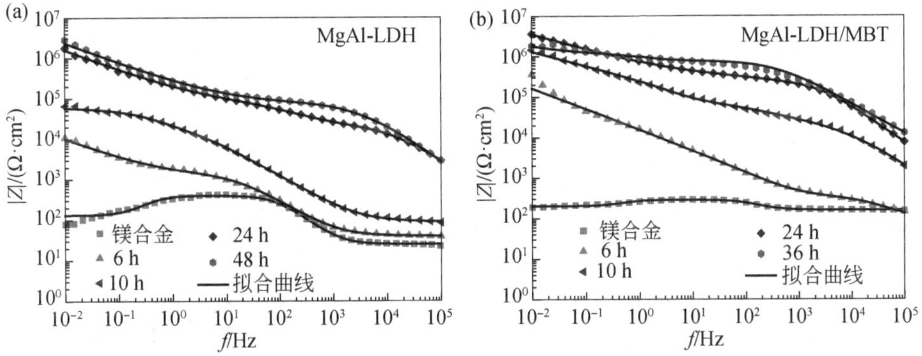

图 4-46　不同处理时间的 MgAl-LDH 及 MgAl-LDH/MBT 涂层的 Bode 幅频图

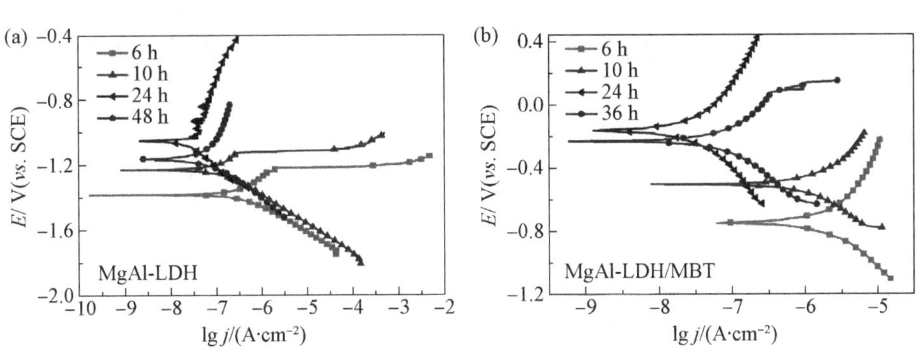

图 4-47　不同处理时间的 MgAl-LDH 及 MgAl-LDH/MBT 涂层的 Tafel 曲线

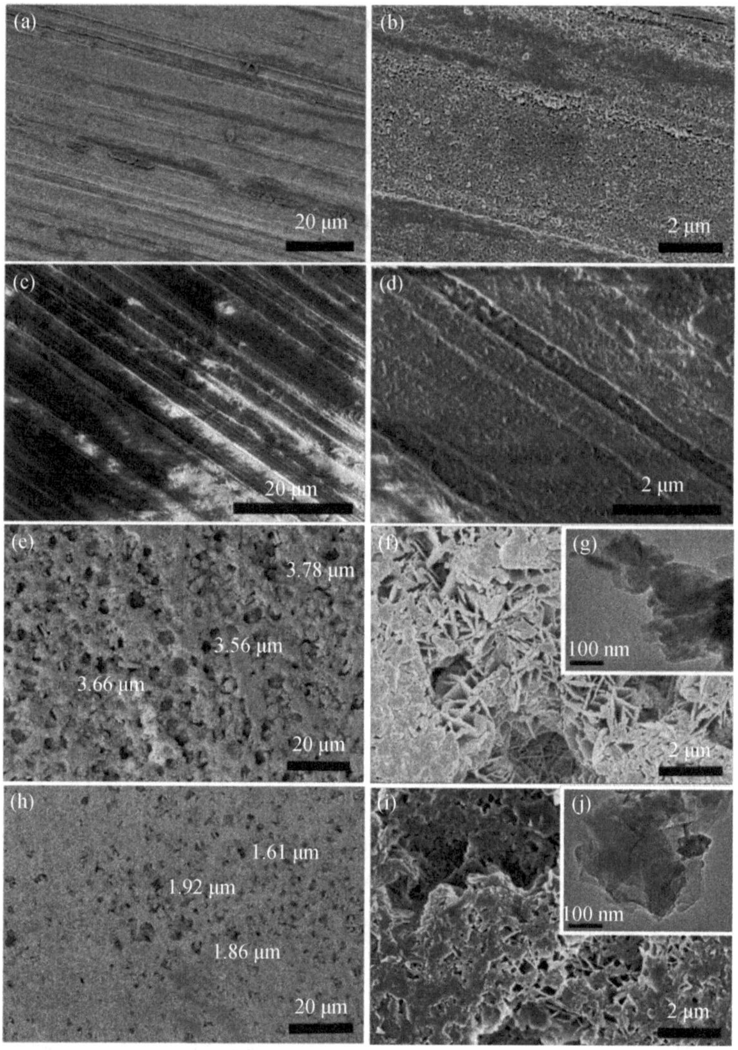

图 4-48　最优反应时间下制备（a）、（b）空白，（c）、（d）MBT，（e）、（f）、（g）MgAl-LDH 和（h）、（i）、（j）MgAl-LDH/MBT 涂层的 SEM 形貌。（f）和（i）中的插图为 MgAl-LDH 和 MgAl-LDH/MBT 涂层相应的 TEM 图像。空白和 MBT 样品的最佳反应时间为 8 h，而 MgAl-LDH 和 MgAl-LDH/MBT 样品的最佳反应时间为 24 h

大量直径为（3.61±0.15）μm 的孔隙。在更高倍数下观察［见图 4-48（f）］，可以看到这些孔隙内部还有许多垂直排列的类似 LDH 的薄片[68]。TEM 图像显示，这些薄片物质确实具有纳米片结构，如图 4-48（g）所示。根据 SEM 和 TEM 图像粗略计算，纳米片的厚度介于 20～30 nm 之间，长度介于 100～1000 nm 之间。当

MBT 和 EDTA 都被加入溶液中时，可以从 MgAl-LDH/MBT 样品的 SEM 图片中观察到许多孔隙［图 4-48（h）］。然而，这些孔隙的直径减小到了（1.73±0.12）μm，比 MgAl-LDH 样品要小得多。在更高放大倍数下［图 4-48（i）］，发现这些垂直交错相连的纳米片只出现在部分区域，而未在样品表面大部分区域包括孔洞内部出现，说明 MgAl-LDH 表面形成了 MBT 覆盖层。毫无疑问，吸附有 MBT 的致密微观结构将有助于提高 MgAl-LDH/MBT 的耐腐蚀性能。

使用 FTIR 光谱和 XRD 谱图分析镁合金表面形成膜层的官能团和晶相结构。如图 4-49（a）所示，在波数为 3440 cm^{-1} 的强烈而宽泛的吸收带源于类水镁石结构层间和吸附水分子中的—OH 基团的伸缩振动，而波数为 1633 cm^{-1} 处的吸收带源于水分子的弯曲振动。所有样品在波数为 2922 cm^{-1} 处，均观察到源于 CO_3^{2-} 的弱吸收带，表明由于大气中二氧化碳在水溶液中的溶解，引入了少量碳酸根离子（CO_3^{2-}）。由于 CO_3^{2-} 和 NO_3^- 都可在波数为 1384 cm^{-1} 附近形成吸收峰，但空白样品在此处的峰强度非常弱，表明系统中 CO_3^{2-} 的含量并不高，因此 MBT、MgAl-LDH 和 MgAl-LDH/MBT 样品此处的吸收峰应归因于 NO_3^- 的伸缩振动。其他在波数为 1000 cm^{-1} 以下的吸收峰主要源于 M—O 和 M—OH（M 主要为 Mg^{2+}和 Al^{3+}）的晶格振动。MBT 和 MgAl-LDH/MBT 样品在 1048cm^{-1} 处的吸收带来自 MBT 分子噻唑环上的 C—N 键[50]，表明 MBT 成功掺入涂层，也可由 MgAl-LDH/MBT 样品的 EDS 能谱得以印证（图 4-50 和表 4-9 所示）。MgAl-LDH 和 MgAl-LDH/MBT 涂层中均存在 Mg、Al、O、C 和 N 元素，而 S 元素的峰仅出现在后者，含量约为 0.59at%。EDS 能谱中的金和铂源于为提高测试过程中的导电性而溅射的膜层，因此未列于表 4-9 中。

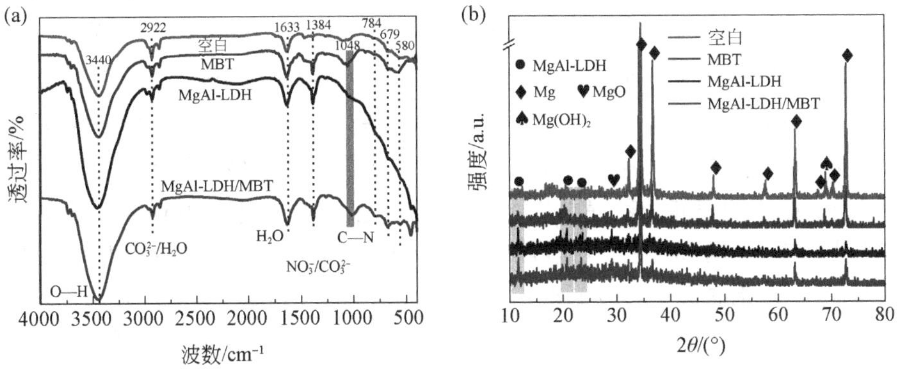

图 4-49　空白、MBT、MgAl-LDH 和 MgAl-LDH/MBT 涂层的（a）FTIR 光谱和（b）XRD 图谱

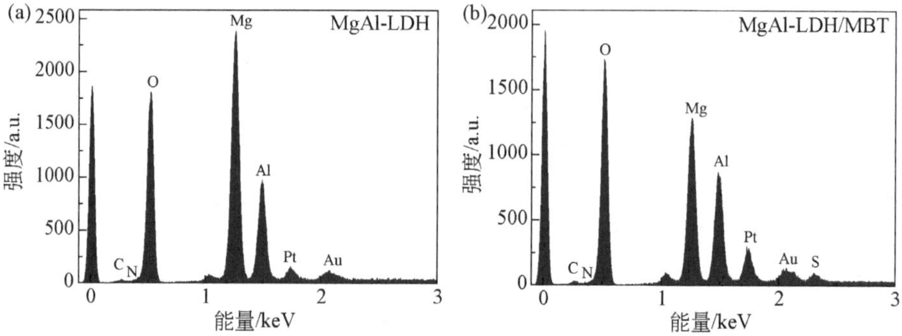

图 4-50　镁合金表面新制备（a）MgAl-LDH 和（b）MgAl-LDH/MBT 涂层的 EDS 能谱

表 4-9　新制备的 MgAl-LDH 和 MgAl-LDH/MBT 涂层的元素含量（含量为 at%）

样品	Mg	Al	O	C	N	S
MgAl-LDH	27.78	14.45	53.90	2.44	1.42	—
MgAl-LDH/MBT	18.36	16.16	58.18	5.67	1.02	0.59

图 4-49（b）中，由于强 X 射线的穿透深度大于薄膜的厚度，所有样品在衍射角为 34.4°处都有明显源于镁的峰（JCPDS NO.35-0821）。对于空白和 MBT 样品，在衍射角为 68.8°处还检测到 $Mg(OH)_2$ 相的特征峰（JCPDS NO.44-1482），表明此两种样品中的羟基主要以 $Mg(OH)_2$ 沉淀的形式存在。相比之下，在 MgAl-LDH 和 MgAl-LDH/MBT 涂层中，则无法观察到 $Mg(OH)_2$ 相的峰。不过，在衍射角为 11.6°、20.6°和 23.3°处出现三个典型归属于层状材料的衍射峰（JCPDS NO.38-0478；41-1428），表明羟基主要与 Mg^{2+} 和 Al^{3+} 结合形成 LDH 相。理论上，溶液中的几种阴离子，包括 CO_3^{2-}、OH^- 和 NO_3^- 都可能插入到 MgAl-LDH 相层间。但是，XRD 谱图中 NO_3^- 插层 LDH 相的（003）晶面衍射峰应接近 10.0° [69]，略小于 CO_3^{2-} 或 OH^- 插层的 LDH 相，而不是如图 4-49（b）所示的 11.6°。衍射角位置的差异表明，FTIR 光谱所显示的 NO_3^- 应来自表面吸附的残留硝酸盐，NO_3^- 并没有插入 LDH 相的层间。根据布拉格定律，MgAl-LDH 相中衍射角位于 11.6°处的（003）晶面的层间距离（包括层板厚度）约为 0.76 nm，这是 CO_3^{2-} 或 OH^- 插层 LDH 的特征 [69]。在本研究中，应主要考虑 LDH-OH^- 相，因为溶液中没有添加额外的 CO_3^{2-}，而空白样品的 FTIR 谱显示，因空气中 CO_2 污染引入的 CO_3^{2-} 的含量很低。在溶液中加入 MBT 后，MgAl-LDH/MBT 样品的 XRD 谱图中（003）晶面的峰位置没有改变，意味着 MBT 缓蚀剂主要以化学和物理吸附方式存在于 LDH 表面，而不是通过离子插层方式存在于 LDH 相的层间。

为了验证基于 FTIR 和 XRD 结果的推论，确定在 LDH 表面形成 MBT 膜层，采用 XPS 技术，研究 N、C 和 S 原子的化学状态。如图 4-51（a）所示，MgAl-LDH/MBT 和 MgAl-LDH 的 XPS 全谱非常相似，但前者在结合能约为 163.3 eV 处有一归属于 S 2p 的峰。MgAl-LDH/MBT 样品中的 S 2p 高分辨 XPS 谱图可拟合为归属于 S $2p_{3/2}$（163.9 和 162.1 eV）和 S $2p_{1/2}$（165.8 和 163.6 eV）的四个峰。噻唑环上的 S 原子对应结合能为 163.9 eV 和 165.8 eV 处的峰（环内型），而硫醇基中的 S 原子对应结合能为 162.1 eV 和 163.6 eV 处的峰（环外型）[图 4-51（b）]。与纯 MBT 的结合能（E_b）相比（环内和环外分别为 164.6 eV 和 162.4 eV），MgAl-LDH/MBT 样本中 S 2p 的两重峰具有更负的 E_b（环内和环外分别为 163.9 eV 和 162.1 eV），表明环内或环外 S 原子环境发生变化，与金属表面发生相互作用[70]。对于 N 1s 高分辨 XPS 谱图［图 4-51（c）］，MgAl-LDH 样品上出现两个位于 407.2 和 399.6 eV 处的明显信号，分别对应于残余硝酸盐中的氮以及样品暴露在氮气环境后吸附的 N_2[63]。S 2p 光谱的信噪比（S/N）较差可能是由于涂层中 S 含量极低

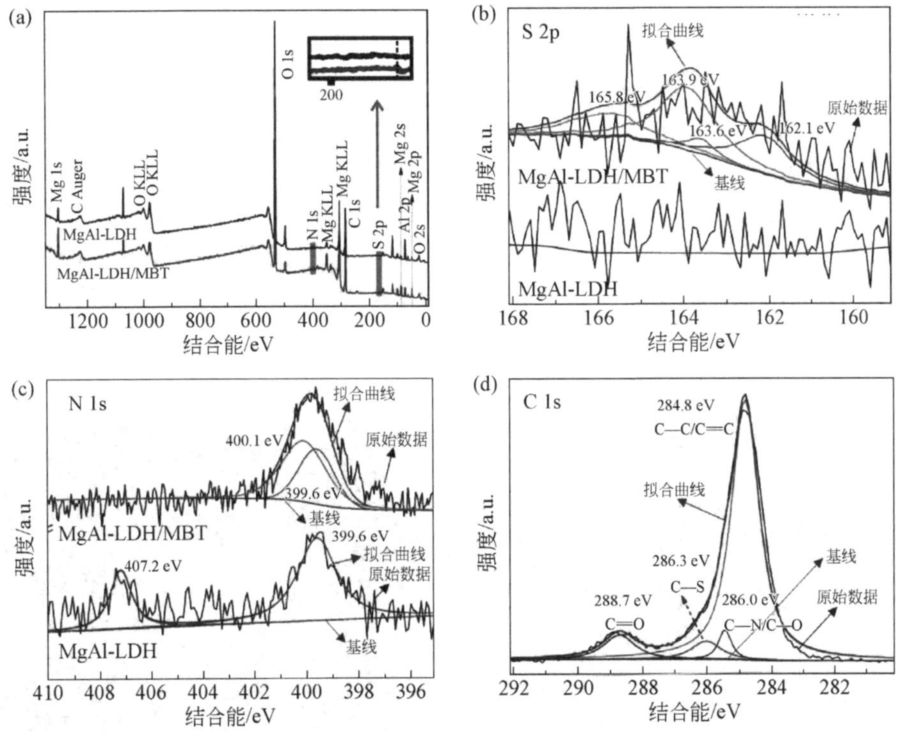

图 4-51　MgAl-LDH 和 MgAl-LDH/MBT 涂层的（a）XPS 总谱，（b）S 2p 和（c）N 1s 高分辨率 XPS 能谱，以及（d）MgAl-LDH/MBT 涂层的 C 1s 高分辨率 XPS 能谱

和 XPS 技术收集信号的区域面积非常小。相比之下，N 1s 光谱则有较好的信噪比，因为表面吸附的氮增强了信号强度。

溶液中加入 MBT 后，MgAl-LDH/MBT 样品的 N 1s 高分辨 XPS 谱图中，在结合能为 407.2 eV 处没有观察到峰的存在，这是由于 MBT 薄膜覆盖在 LDH 表面，无法检测到残留的痕量硝酸盐。对于结合能为 400 eV 左右的峰，可以被解卷积成两个峰，分别归属于吸附 N_2 中的 N（399.6 eV）和 MBT 缓蚀剂上噻唑环内的 C—N 键（400.1 eV）[63]。有研究表明，MBT 粉末的 N 1s 峰的 E_b 约为 400.8 eV[70]。相比之下，MgAl-LDH/MBT 涂层中 N 的结合能明显降低，表明涂层内 MBT 上的 N 原子的化学环境不同于纯 MBT 分子，进一步表明 MBT 与金属阳离子存在相互作用[70]。MgAl-LDH/MBT 涂层的 C 1s 高分辨 XPS 谱可分解为四种组分，包括 MBT 芳香碳中的 C—H 基团和普遍存在的污染碳（284.8 eV），噻唑环中的 C—N 键和碳酸根中的 C—O 键（286.0 eV），噻唑环上的 C—S 键（286.3 eV）和碳酸根中的 C═O 键（288.7 eV）[图 4-51（d）][71]。

MgAl-LDH/MBT 涂层的横截面 SEM 图像和 Mg、Al、S 和 N 元素的 EDS 分布图像如图 4-52 所示。断面 SEM 图像显示，在镁合金表面沉积了一层平均厚度约为 12 μm 的薄膜。EDS 结果表明，除 Mg 和 Al 元素外，S 和 N 元素在整个涂层上均匀分布［图 4-52（b）～（e)]，表明 MBT 缓蚀剂不仅吸附在 LDH 膜层的外表面，而且均匀普遍地分布在 LDH 膜层的内部，形成负载 MBT 的 LDH 复合涂层。简而言之，结合上述这些特征，可以得出结论，由 MgAl-LDH 纳米片和吸附 MBT 缓蚀剂组成的复合涂层在相对温和的条件下成功原位沉积在镁合金表面。此外，使用胶带测试法测量了 MgAl-LHD/MBT 涂层与镁合金基底的附着力。胶带测试结果显示，划痕边缘处完全平滑，没有任何一个格子的涂层出现脱落（图 4-53），证明该涂层具有很好的附着力。

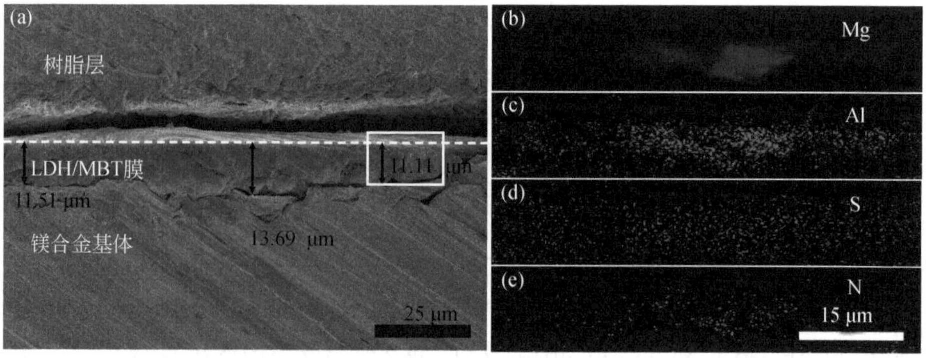

图 4-52　（a）MgAl-LDH/MBT 涂层的截面 SEM 图像和（b）～（e）图（a）中方框区域相应的 EDS 元素（Mg、Al、S 和 N）分布图

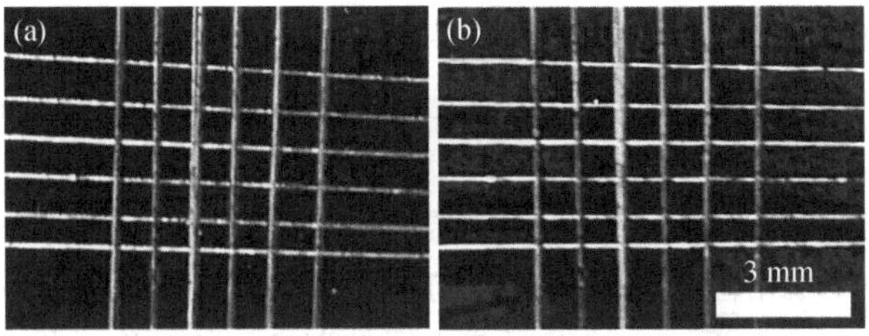

图4-53　MgAl-LDH/MBT涂层经历胶带测试以测量黏附力的照片：（a）胶带测试前横切样品表面的宏观形态，（b）胶带测试后样品表面的宏观形态

4.4.4　MgAl-LDH/MBT复合膜层的耐腐蚀性能

通过EIS光谱和Tafel曲线评价不同溶液下制备薄膜的耐蚀性[72,73]。图4-54（a）

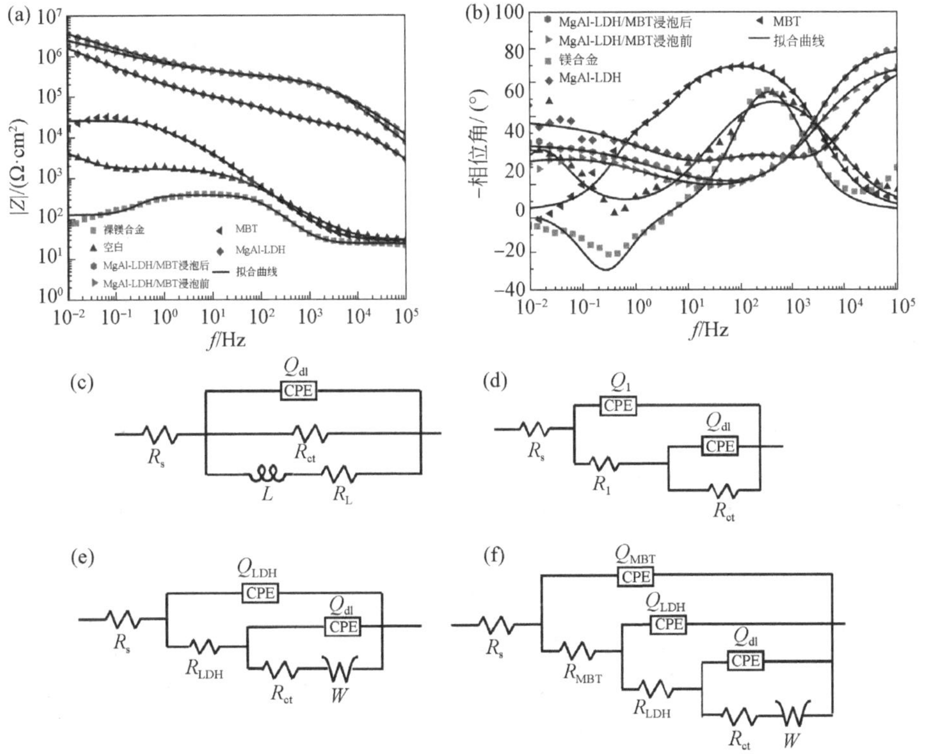

图4-54　镁合金、空白、MBT、MgAl-LDH和MgAl-LDH/MBT涂层在3.5wt%氯化钠溶液中的（a）Bode幅频图和（b）Bode相频图。为评估稳定性，图中同时给出MgAl-LDH/MBT涂层在NaCl溶液中浸泡15 d后的EIS图，散点图和实线分别为原始数据和拟合结果，（c）镁合金基底、（d）空白和MBT、（e）MgAl-LDH和（f）MgAl-LDH/MBT涂层的等效电路

显示，镁合金基体的$|Z|_{f=0.1\ Hz}$仅为 182.2 Ω·cm²，而空白、MBT、MgAl-LDH 和 MgAl-LDH/MBT 样品的$|Z|_{f=0.1\ Hz}$值分别增加到 1.795、31.42、476.6 和 1558 kΩ·cm²。Bode 相频图也表明了不同涂层耐腐蚀性能的差异［图 4-54（b）］。裸镁合金由于表面松散多孔的腐蚀产物层，高频相位角（$f>10^4$ Hz）接近 0°。镁合金在不同水溶液中修饰后，高频相位角向更负的方向移动。特别是新制备的 MgAl-LDH/MBT 涂层，其高频相位角接近−80°，表明该涂层具有良好的耐腐蚀性[74]。图 4-55 同时给出 MgAl- LDH/MBT 涂层的奈奎斯特曲线。

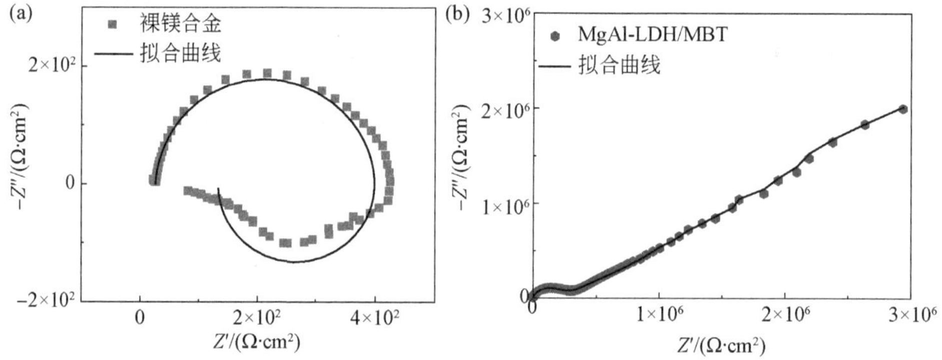

图 4-55　（a）裸镁合金基底和（b）MgAl-LDH/MBT 涂层的 Nyquist 图

使用 EC 模型拟合 EIS 谱图［图 4-54（c）～（f）］。裸镁合金的 EC 图包括溶液电阻（R_s）、双电层 CPE（Q_{dl}）和电荷转移电阻（R_{ct}）以及与腐蚀产物吸附/解吸相关的电感（L）和感抗（R_L）[72,75,76]。在图 4-54（d）中，Q_1 和 R_1 分别代表形成的氧化物或吸附的 MBT 层的 CPE 和电阻。由于在 MgAl-LDH 和 MgAl-LDH/MBT 涂层的 Nyquist 图的低频范围内出现线性区，因此相应 EC 图中包括与 LDH 相阴离子交换相关的 Warburg 阻抗（Z_W）[77]［如图 4-54（e），（f）］。将基于 EC 图拟合的电化学参数列于表 4-10。显然，在基底上涂覆 MgAl-LDH 层后，R_{ct} 和 Y_{dl} 值分别显著增加和降低，引入 MBT 缓蚀剂后，差值进一步增大。例如，裸镁合金的 R_{ct} 值只有 375 Ω·cm²，当形成 MgAl-LDH 薄膜后，R_{ct} 值增加到 482.3 kΩ·cm²。引入 MBT 缓蚀剂后，新制备 MgAl-LDH/MBT 涂层的 R_{ct} 值为 2336 kΩ·cm²，比裸镁合金大约 4 个数量级。更重要的是，MgAl-LDH/MBT 涂层的 R_{ct} 值即使暴露于氯化钠溶液 15 天后，仍保持相对稳定，为 1979 kΩ·cm²，仅下降 15.3%。

通过 Tafel 曲线进一步评价不同试样的耐蚀性（图 4-56），相应拟合的 Tafel 参数列于表 4-11。同裸镁合金基底相比较，涂层的 E_{corr} 和 j_{corr} 明显向更正和更低的值移动。例如，镁合金的 j_{corr} 为 1.39×10^{-4} A/cm^2，形成 MgAl-LDH 涂层后降低 4 个数量级至 4.28×10^{-8} A/cm^2，形成 MgAl-LDH/MBT 复合涂层后进一步下降至更低值（1.73×10^{-8} A/cm^2）。MgAl-LDH/MBT 涂层在氯化钠溶液暴露 15 天后，E_{corr} 和 j_{corr} 值均保持相对稳定，仍然远高于许多文献中新制备的镁合金上 LDH 涂层[6,19,30,55,78-80]。EIS 图和 Tafel 图等电化学试验表明，温和条件下原位生长的 MgAl-LDH 涂层对基底具有良好的腐蚀保护作用，形成更稳定的 MgAl-LDH/MBT 复合涂层可进一步增强腐蚀保护能力。

表 4-10　裸镁合金、空白、MBT、MgAl-LDH 和 MgAl-LDH/MBT 涂层在 3.5wt%氯化钠溶液中的 EIS 参数

样品	裸镁合金	空白	MBT	MgAl-LDH	暴露前 MgAl-LDH/MBT	暴露 15 天后 MgAl-LDH/MBT
$R_s/(\Omega\cdot cm^2)$	2.5±0.072	2.8±0.041	2.9±0.17	6.2±0.57	7.80±0.46	6.1±0.36
$Y_{MBT}/10^{-11}$ $(S\cdot s^n\cdot cm^{-2})$	N/A	N/A	N/A	N/A	2.79±0.18	2.92±0.075
$R_{MBT}/(M\Omega\cdot cm^2)$	N/A	N/A	N/A	N/A	0.38±0.023	0.35±0.013
$Y_{LDH}/10^{-9}$ $(S\cdot s^n\cdot cm^{-2})$	N/A	N/A	N/A	4.327±0.39	0.237±0.011	1.414±0.11
$R_{LDH}/10^3\ \Omega\cdot cm^2$	N/A	N/A	N/A	18.73±0.87	262.3±14	256.2±9.5
$Y_{dl}/10^{-9}$ $(S\cdot s^n\cdot cm^{-2})$	6471±1016	3000±151.8	1214±109.4	19.22±1.440	0.001056±0.00005600	0.001494±0.00007200
$R_{ct}/10^3(\Omega\cdot cm^2)$	0.3748±0.0108	0.9040±0.0408	24.91±2.26	482.3±5.21	2336±127	1979±77.8
$Z_W/10^{-6}$ $(S\cdot s^{0.5}\cdot cm^{-2})$	N/A	N/A	N/A	0.8149±0.0096	7.267±0.15	1.634±0.14
$\|Z\|_{f=0.1\ Hz}/10^3(\Omega\cdot cm^2)$	0.1822	1.795	31.42	476.6	1558	1256
$\chi^2/10^{-3}$	1.6	2.5	2.5	5.7	1.9	0.88

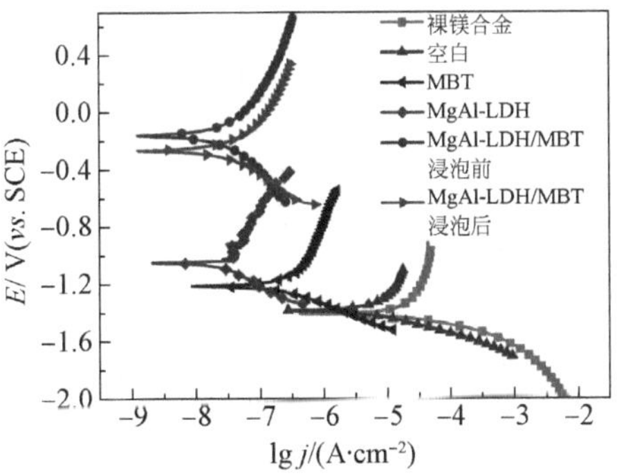

图 4-56　裸镁合金、空白、MBT、MgAl-LDH 和 MgAl-LDH/MBT 涂层在 3.5wt%氯化钠腐蚀性介质中的 Tafel 曲线

表 4-11 根据近期文献，从裸镁合金、不同涂层、在 3.5wt%氯化钠溶液中暴露 15 天后，以及镁合金上不同的 LDH 涂层中提取电化学参数

样品	E_{corr}/V	j_{corr}/（$\mu A \cdot cm^{-2}$）	β_a/($V \cdot dec^{-1}$)	$-\beta_c$/($V \cdot dec^{-1}$)	参考文献
镁合金	−1.407±0.23	139±10.1	0.212	0.084	本文
空白	−1.380±0.035	11.5±0.610	0.191	0.244	本文
MBT	−1.210±0.052	0.345±0.0307	0.259	0.202	本文
MgAl-LDH	−1.050±0.070	0.0428±0.000514	0.428	0.310	本文
MgAl-LDH/MBT 浸泡前	−0.162±0.0057	0.0173±0.000538	0.353	0.382	本文
MgAl-LDH/MBT 浸泡后	−0.268±0.0075	0.0782±0.00368	0.293	0.250	本文
MgAl-NO_3^-	−1.527	31.0	0.0443	0.402	[6]
MgAl-NO_3^-	−1.340	0.118	0.330	0.160	[78]
MgAl-WO_4^{3-}	−1.260	7.44	—	—	[19]
MgAl-NO_3^-	−1.300	0.558	—	—	[55]
MgFe-NO_3^-	−1.440	1.09	0.450	0.160	[78]
MgCr-NO_3^-	−1.470	2.16	0.360	0.160	[78]
MgAl-CO_3^{2-}	−1.456	1.03	0.388	0.174	[30]
MgAl-CO_3^{2-}	−1.450	1.78	—	0.296	[79]
MgAl-CO_3^{2-}	−1.384	1.92	0.287	0.171	[80]

通过测定在腐蚀介质中不同暴露时间下产生 H_2 气体的体积用以进一步评估不同样品的抗腐蚀性能。图 4-57（a）显示，将镁合金置于加热碱性溶液中处理对基底提供的保护作用非常有限（空白曲线）。当加入 MBT 缓蚀剂后，尽管一定程度抑制了腐蚀，但仍然可以收集到较多的氢气（MBT 曲线）。表面形成 MgAl-LDH 和 MgAl-LDH/MBT 涂层后，则很难收集到氢气。两种涂层在测试期间产生的氢气体积都极少，差异不明显［图 4-57（b）］，表明两者都能在相对较长时间内提供良好的腐蚀保护。

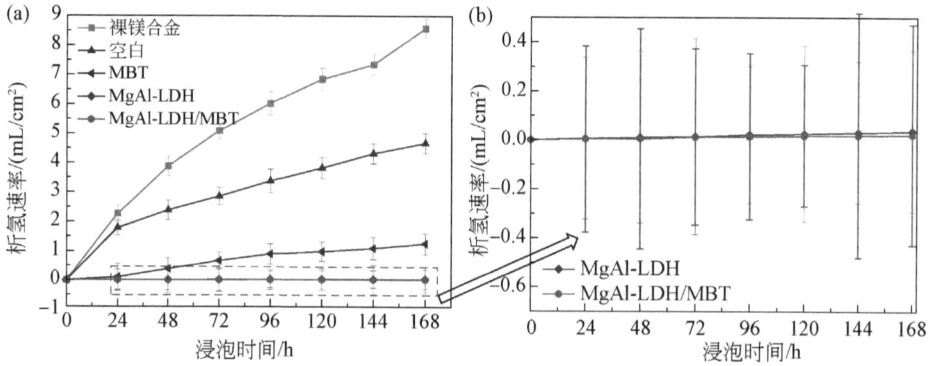

图 4-57 裸镁合金、空白、MBT、MgAl-LDH 和 MgAl-LDH/MBT 涂层的析氢曲线（a）。MgAl-LDH 和 MgAl-LDH/MBT 涂层析氢曲线局部放大图（b）

MgAl-LDH/MBT 涂层暴露于腐蚀介质 15 天后的照片和 SEM 图像如图 4-58 所示。虽然在图 4-58（a）的插入照片中没有观察到腐蚀坑。但与刚制备的 MgAl-LDH/ MBT 涂层的微观结构进行比较可知［图 4-48（h）］，暴露后该涂层表面微孔直径变大，更接近新制备 MgAl-LDH 涂层的形貌［图 4-48（e）］，表明涂层有一定程度的降解。不过，在更高的放大倍数下［图 4-58（b）］，扫描电镜图像显示，涂层仍然具有非常典型的 LDH 相纳米片结构，没有明显的损伤。根据相应的 EDS 能谱和元素含量［图 4-58（c）和表 4-12］，S 元素含量与初始值（0.59%，表 4-9）相比，仍保持在相对较高的水平（0.40%），表明暴露实验后涂层表面仍存有可观的 MBT 缓蚀剂。介于 MgAl-LDH/MBT 涂层暴露实验后仍保持典型的纳米

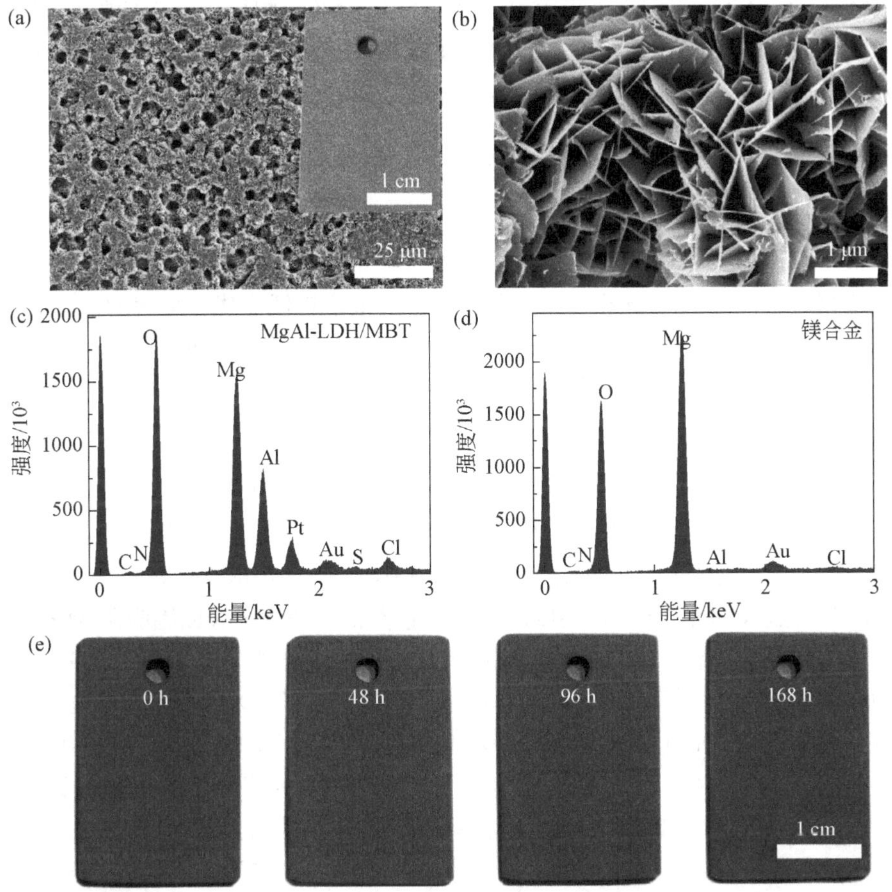

图 4-58　（a）、（b）在 3.5wt%氯化钠溶液中暴露 15 天后，不同放大倍数下的 MgAl-LDH/MBT 涂层的 SEM 图像，插入图为相应样品的数码照片，（c）MgAl-LDH/MBT 涂层和（d）裸镁合金暴露实验后的 EDS 能谱，（e）MgAl-LDH/MBT 涂层在中性盐雾下不同暴露时间的数码照片

表 4-12 裸露镁合金和 MgAl-LDH/MBT 涂层暴露于氯化钠溶液（3.5wt%）第 15 天后的元素含量（at%）

样品	Mg	Al	O	C	N	S	Cl
镁合金	38.88	0.20	57.99	1.48	1.11	—	0.34
MgAl-LDH/MBT	21.74	12.7	59.57	2.86	1.23	0.40	1.50

片微结构和存有丰富的 S 元素以及上述电化学和析氢试验，表明本研究中新开发的涂层对镁合金具有良好的腐蚀保护能力。此外，根据中性盐雾测试结果，也可以证明 MgAl-LDH/MBT 涂层良好的长期耐腐蚀性能［图 4-58（e）］。参照 ASTM D610—08 标准[81]，根据锈蚀程度和锈蚀分布将耐腐蚀能力分为 0～10 级。级数越高，代表耐腐蚀性越好。在盐雾暴露 168 h 内，涂层整个表面没有明显腐蚀点和外观变化，说明耐腐蚀等级达到 10 级，具有很好的长期防腐性能。

4.4.5 MgAl-LDH/MBT 复合膜层的沉积机理

在碱性溶液中，镁合金表面溶解的 Mg^{2+}阳离子和从溶液中吸附的 OH^- 阴离子相结合，主要形成 $Mg(OH)_2$ 膜。镁合金基底通常包括电位相对较低的 α-Mg 基体和电位相对较高的 Al-Mn 相。Mg^{2+}主要来自因电位较低而优先溶解的前者。α-Mg 基体发生的阳极反应和 Al-Mn 相发生的阴极反应以及总反应可表示为[7,76,77,82]

$$\text{阳极：} Mg \longrightarrow Mg^{2+} + 2e^- \tag{4-16}$$

$$\text{阴极：} 2H_2O + 2e^- \longrightarrow 2OH^- + H_2\uparrow \tag{4-17}$$

$$\text{总体反应：} Mg + 2H_2O \longrightarrow Mg(OH)_2 + H_2\uparrow \tag{4-18}$$

碱性环境中形成的 $Mg(OH)_2$ 膜可防止基底连续溶解，因此即使在相对较高的温度下也不会腐蚀基底，这就是为什么只调节溶液 pH 至碱性（即空白样品）后，处理的镁合金表面相对光滑。引入 MBT 缓蚀剂后，镁合金表面因吸附 MBT 分子进一步得到保护，显示出与前处理后更为接近的微观结构［图 4-48（c）和图 4-48（d）］。在有利于形成 LDH 相沉淀的 pH 范围（9.6～10.3），形成的稳定 $Mg(OH)_2$ 薄膜附着到基体上限制了镁合金的溶解，而氧化后的大多数 Mg^{2+}则以 $Mg(OH)_2$ 相的形式存在，导致溶液中游离 Mg^{2+}浓度较低[8]。然而，溶液中存在一定浓度的可溶性镁，无论是 Mg^{2+}还是镁络合物，都是形成 LDH 相的前提条件[83]。

EDTA 分子在不同 pH 值的水溶液中具有不同的存在形式。当 pH 值大于 10 时，Y^{4-}阴离子占优势，相比于其他种类的 EDTA，具有最强的络合能力。当 EDTA 和铝盐加入水溶液中，会形成 Y^{4-}阴离子并吸附在基底/溶液界面，与 Mg^{2+}和 Al^{3+}阳离子螯合形成 MgY^{2-}和 AlY^-配合物。同时，Mg^{2+}和 Al^{3+}阳离子也可以与氢氧根

阴离子结合形成 $Mg(OH)_2$ 和 $Al(OH)_3$ 沉淀。这些络合反应方程式表示如下：

$$Mg^{2+} + Y^{4-} \longrightarrow MgY^{2-} \tag{4-19}$$

$$Al^{3+} + Y^{4-} \longrightarrow AlY^{-} \tag{4-20}$$

$$Mg^{2+} + 2OH^{-} \longrightarrow Mg(OH)_2 \tag{4-21}$$

$$Al^{3+} + 3OH^{-} \longrightarrow Al(OH)_3 \tag{4-22}$$

Y^{4-}和 OH^- 与 Mg^{2+}的竞争性络合降低了 Mg 向 $Mg(OH)_2$ 的转化，确保溶液中有足够浓度的可溶性镁复合物，有利于 LDH 相的沉积。MgAl-LDH 相的形成过程可以粗略地分为两步，即先通过式（4-21）和式（4-22）在基底/溶液界面形成以 $Mg(OH)_2$ 为主和 $Al(OH)_3$ 为辅的前驱体，然后 $Mg(OH)_2$ 层中的部分镁离子被铝离子取代发生同晶转化形成 LDH，因为此时形成的 Mg/Al 摩尔比为 3 的结构在热力学上最稳定[11]，方程式如下：

$$2Mg(OH)_2 + Al^{3+} + 3OH^{-} \longrightarrow Mg_2Al(OH)_7 \tag{4-23}$$

$$3Mg_2Al(OH)_7 + OH^{-} + 4H_2O \longrightarrow Mg_6Al_2(OH)_{18} \cdot 4H_2O + Al(OH)_4^{-} \tag{4-24}$$

由于 $Mg_6Al_2(OH)_{18} \cdot 4H_2O$ 层间的部分 OH^- 会与因空气污染而形成的 CO_3^{2-} 之间发生阴离子交换，因而膜层中也会同时形成少量的 $Mg_6Al_2CO_3(OH)_{16} \cdot 4H_2O$，如式（4-25）所示。

$$Mg_6Al_2(OH)_{18} \cdot 4H_2O + CO_3^{2-} \longrightarrow Mg_6Al_2CO_3(OH)_{16} \cdot 4H_2O + 2OH^{-} \tag{4-25}$$

如图 4-49（b）所示，与 MgAl-LDH 涂层相比，MgAl-LDH/MBT 涂层中（003）晶面衍射峰的位置并没有发生明显移动，表明 MBT 阴离子可能没有插入 LDH 相层间。不过，如 XPS 能谱（图 4-51）所示，与纯 MBT 粉末相比，MgAl-LDH/MBT 涂层中 MBT 分子的 S 和 N 原子的化学环境变化明显。简言之，基于 XRD 谱图、XPS 能谱和 EDS 元素分布，可以得出结论，在 MgAl-LDH/MBT 涂层的形成过程中，MBT 分子通过化学和物理吸附的方式存在于 LDH 膜层中，但可能并没有通过离子交换插入到 LDH 相的层间。

4.4.6　MgAl-LDH/MBT 复合膜层的防护机理

通过电化学测试、氢气析出实验和中性盐雾试验已经证明 MgAl-LDH/MBT 复层涂层良好的耐腐蚀性能，这首先归因于 LDH 相的离子交换特性。通常情况下，当 AZ31B 镁合金暴露在 NaCl 溶液中时，会在基底表面迅速形成由多孔 $Mg(OH)_2$ 外层和较薄的 MgO 内层构成的双层结构薄膜。由于 OH^- 易被 Cl^- 取代以及 $MgCl_2$ 水溶性高，在 NaCl 溶液中形成的微米级厚度的 $Mg(OH)_2$ 层与内部很薄的 MgO 层对基底的腐蚀几乎没有防护作用[11]。相比之下，纳米结构的 LDH 薄膜不仅作为抗腐蚀的物理屏障，而且利用阴离子交换能力有效地减少了Cl^-造成的损伤[7]。扩散到溶液/涂层界面上的Cl^-被吸收并被困在LDH相的层间区域，避免在涂层中形成可溶性Cl^-；同时，LDH相释放OH^-和CO_3^{2-}阴离子以形成扩散界面层，降低涂层/溶液界面Cl^-的含量。LDH 相中的OH^-（主要）或CO_3^{2-}（次要）与Cl^-之间的交换反应表示如下[84]：

$$\text{MgAl-LDH-OH}^- + \text{Cl}^- \longrightarrow \text{MgAl-LDH-Cl}^- + \text{OH}^- \tag{4-26}$$

$$\text{MgAl-LDH-CO}_3^{2-} + 2\text{Cl}^- \longrightarrow \text{MgAl-LDH-2Cl}^- + \text{CO}_3^{2-} \tag{4-27}$$

释放的OH^-和CO_3^{2-}可以与游离的Mg^{2+}结合，产生$Mg(OH)_2$和$MgCO_3$沉淀（由于后者溶解度较低，$MgCO_3$在碱性环境下会转化为溶度积常数更低的$Mg(OH)_2$[7,77]）并覆盖微缺陷部位，修复薄膜，如式（4-28）和式（4-29）所示。

$$\text{Mg}^{2+} + \text{CO}_3^{2-} = \text{MgCO}_3 \tag{4-28}$$

$$\text{MgCO}_3 + 2\text{OH}^- \longrightarrow \text{Mg(OH)}_2 + \text{CO}_3^{2-} \tag{4-29}$$

为了证实LDH涂层在氯化钠溶液中存在阴离子交换过程，测试了MgAl-LDH/MBT涂层和裸镁合金暴露在腐蚀介质中15天后的EDS能谱及相应元素含量，分别见于图4-58（c）和图4-58（d）以及表4-12。在MgAl-LDH/MBT涂层的EDS能谱中可以观察到明显的 Cl 元素峰，而裸镁合金的峰强度相对要弱得多。MgAl-LDH/MBT涂层中的Cl含量（1.5%）是对照样品（0.34%）的近5倍，说明涂层中的LDH相通过阴离子交换实现了对腐蚀性溶液中Cl^-的捕获，并释放出插层阴离子。

此外，MgAl-LDH/MBT复合涂层具有良好的耐腐蚀性也归因于MBT缓蚀剂的缓蚀功能，这可能是通过环外 S 原子与氧化的基底表面之间形成的强共价键来实现[70,85,86]。在氯化钠溶液中暴露15天后，尽管涂层表面的致密性变低，似乎只呈现出典型的LDH纳米片结构，不再有明显的有机物吸附层［图4-58（b）］，S 元素的含量与新制 MgAl-LDH/MBT 涂层相比仍保持相对较高的值（0.4%，表4-12），表明暴露后虽有部分MBT缓蚀剂通过扩散进入腐蚀环境，但大部分MBT分子保留在LDH涂层中。研究发现，铜基底表面吸附的MBT层厚度极低，估计仅为（1.5±0.5）nm[86]，因此在普通放大的 SEM 图像中很难辨认。上述 XPS 结果表明，与纯MBT固体粉末的C 1s、N 1s和S 2p高分辨率谱相比[70,86]，涂层的C 1s高分辨峰的位置和形状没有明显变化（除了在288.7 eV处CO_3^{2-}的峰外），而N 1s和S 2p 谱的峰位置明显向更负结合能方向移动，表明MBT分子中的C原子和N原子分别不参与和参与表面键合。结合最近关于MBT分子在氧化铜、碳钢和铝合金表面吸附的文献[70,85,86]，可以推测，MBT分子在镁合金表面不是以平行，而是以倾斜的方式吸附，也即N和S原子指向镁和铝的氧化物和氢氧化物表面，表现出即硫酮和硫醇盐两种不同的形式（图 4-59）。前一种吸附方式中，环外 S

原子（巯基硫）与基底以共价键紧密结合，同时环上 N—H 基与氧化金属表面的 O 原子形成氢键；后一种吸附方式中，环外的 S 和环上的 N 则与基底直接桥连[85,86]。缓蚀剂 MBT 与基底表面之间的二种强相互作用有利于形成一层稳定的保护层，获得优异的腐蚀保护能力。

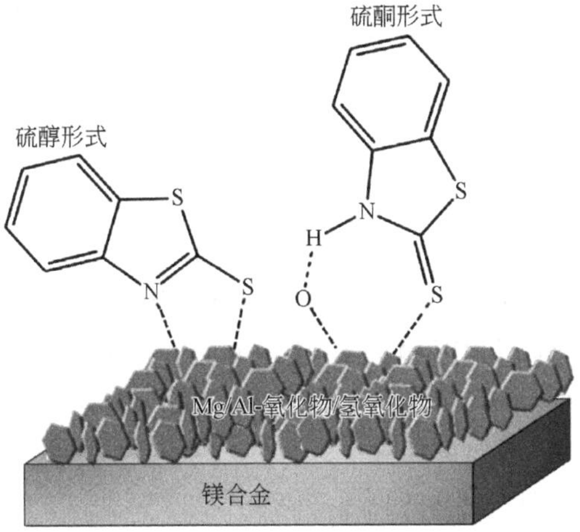

图 4-59　镁合金表面 MBT 缓蚀剂以硫醇和硫酮形式吸附的示意图

4.4.7　小结

本小节研究通过简单的一锅合成方法，在相对温和的条件下，利用 EDTA 螯合剂，在 AZ31 镁合金上成功地原位沉积耐腐蚀的 MgAl-LDH 和负载 MBT 缓蚀剂的 MgAl-LDH 涂层。MgAl-LDH 涂层和 MgAl-LDH/MBT 复合涂层在氯化钠溶液中对镁合金均具有良好的防腐蚀作用。虽然 MBT 没有插入 MgAl-LDH 相的层间，但在吸附缓蚀剂后形成的 MgAl-LDH/MBT 复合涂层的耐蚀性明显增强。特别地，受益于 MgAl-LDH 相的阴离子交换特性和 MBT 缓蚀剂在 LDH 相表面的吸附，复合涂层即使暴露于氯化钠溶液 15 天后，表面没有腐蚀坑，仍呈现出完整的典型纳米片微观结构以及非常高的 R_{ct} 值（1.979 MΩ·cm^2）和极低的 j_{corr}（7.82×10^{-8} A/cm^2）。这些结果表明，在相对温和的条件下通过一锅法方便快捷原位生长负载 MBT 的 MgAl-LDH 涂层可行，这将有利于规模化的工业应用，为开发镁合金高耐腐蚀智能涂层提供了很好的借鉴。

参 考 文 献

[1] Wu F, Liang J, Peng Z, Liu B. Electrochemical deposition and characterization of Zn-Al layered double hydroxides (LDHs) films on magnesium alloy. Applied Surface Science, 2014, 313:

834-840.

[2] Zhu D, Wang J, Hu W. Hydroxyapatite film prepared by hydrothermal method on layered double hydroxides coated Mg Alloy and its corrosion resistance. Colloids and Surfaces A: Physicochemical and Engineering Aspects, 2022, 647: 129075.

[3] Zhang F, Liu Z G, Zeng R C, Li S Q, Cui H Z, Song L, Han E H. Corrosion resistance of Mg-Al-LDH coating on magnesium alloy AZ31. Surface and Coatings Technology, 2014, 258: 1152-1158.

[4] Shi F, Zhao J, Tabish M, Wang J, Liu P, Chang J. One-step hydrothermal synthesis of 2, 5-PDCA-containing MgAl-LDHs three-layer composite coating with high corrosion resistance on AZ31. Journal of Magnesium and Alloys, 2023, 11: 2541-2557.

[5] Kamiyama N, Panomsuwan G, Yamamoto E, Sudare T, Saito N, Ishizaki T. Effect of treatment time in the $Mg(OH)_2$/Mg-Al LDH composite film formed on Mg alloy AZ31 by steam coating on the corrosion resistance. Surface and Coatings Technology, 2016, 286: 172-177.

[6] Wang X, Jing C, Chen Y, Wang X, Zhao G, Zhang X, Wu L, Liu X, Dong B, Zhang Y. Active corrosion protection of super-hydrophobic corrosion inhibitor intercalated Mg-Al layered double hydroxide coating on AZ31 magnesium alloy. Journal of Magnesium and Alloys, 2020, 8: 291-300.

[7] Li C Y, Gao L, Fan X L, Zeng R C, Chen D C, Zhi K Q. In vitro degradation and cytocompatibility of a low temperature in-situ grown self-healing Mg-Al LDH coating on MAO-coated magnesium alloy AZ31. Bioactive Materials, 2020, 5: 364-376.

[8] Shulha T, Serdechnova M, Lamaka S V, Wieland D C, Lapko K, Zheludkevich M. Chelating agent-assisted in situ LDH growth on the surface of magnesium alloy. Scientific Reports, 2018, 8: 16409.

[9] Dou Z, Zhang Y, Shulha T, Cui R, Serdechnova M, Tian H, Yan T, Blawert C, Li L, Zheludkevich M L, Chen F. Insight into chelating agent stimulated in-situ growth of MgAl-LDH films on magnesium alloy AZ31: The effect of initial cationic concentrations. Surface and Coatings Technology, 2022, 439: 128414.

[10] Zhu Y X, Song G L, Wu P P, Huang J F, Zheng D J. A protective superhydrophobic Mg-Zn-Al LDH film on Surface-Alloyed Magnesium. Journal of Alloys and Compounds, 2021, 855: 157550.

[11] Chen J, Song Y, Shan D, Han E H. Study of the in situ growth mechanism of Mg-Al hydrotalcite conversion film on AZ31 magnesium alloy. Corrosion Science, 2012, 63: 148-158.

[12] Wang Y, Zhang Y, Zhou B, Li C, Gao F, Wang X, Liang D, Wei Y. In-situ observation of the growth behavior of ZnAl layered double hydroxide film using EQCM. Materials & Design, 2019,

180: 107952.

[13] Azioune A, Marcozzi M, Revello V, Pireaux J J. Deposition of polysiloxane-like nanofilms onto an aluminium alloy by plasma polymerized hexamethyldisiloxane: characterization by XPS and contact angle measurements. Surface and Interface Analysis, 2007, 39: 615-623.

[14] Zhou B, Wei X, Wang Y, Huang Q, Hong B, Wei Y. Effect of lanthanum addition on microstructures and corrosion behavior of ZnAl-LDHs film of 6061 aluminum alloys. Surface and Coatings Technology, 2019, 379: 125056.

[15] Li Y, Ouyang Y, Fang R, Jiang X, Xie Z H, Wu L, Long J, Zhong C J. A nickel-underlayer/LDH-midlayer/siloxane-toplayer composite coating for inhibiting galvanic corrosion between Ni layer and Mg alloy. Chemical Engineering Journal, 2022, 430: 132776.

[16] Shu Y, Peng F, Xie Z H, Yong Q, Wu L, Xie J, Li M. Well-oriented magnesium hydroxide nanoplatelets coating with high corrosion resistance and osteogenesis on magnesium alloy. Journal of Magnesium and Alloys, 2023, 12: 3292-3307.

[17] Hu T, Ouyang Y, Xie Z H, Wu L. One-pot scalable in situ growth of highly corrosion-resistant MgAl-LDH/MBT composite coating on magnesium alloy under mild conditions. Journal of Materials Science & Technology, 2021, 92: 225-235.

[18] Hou L, Li Y, Sun J, Zhang S H, Wei H, Wei Y. Enhancement corrosion resistance of MgAl layered double hydroxides films by anion-exchange mechanism on magnesium alloys. Applied Surface Science, 2019, 487: 101-108.

[19] Ding C, Tai Y, Wang D, Tan L, Fu J. Superhydrophobic composite coating with active corrosion resistance for AZ31B magnesium alloy protection. Chemical Engineering Journal, 2019, 357: 518-532.

[20] Santambrogio G, Brümmer M, Wöste L, Döbler J, Sierka M, Sauer J, Meijer G, Asmis K R. Gas phase vibrational spectroscopy of mass-selected vanadium oxide anions. Physical Chemistry Chemical Physics, 2008, 10: 3992-4005.

[21] Radha A V, Vishnu Kamath P, Shivakumara C. Mechanism of the anion exchange reactions of the layered double hydroxides (LDHs) of Ca and Mg with Al. Solid State Sciences, 2005, 7: 1180-1187.

[22] Wang J M, Sun X, Song L, Kannan M B, Zhang F, Cui L Y, Zou Y H, Li S Q, Zeng R C. Corrosion resistance of Mg-Al-LDH steam coating on AZ80 Mg alloy: Effects of citric acid pretreatment and intermetallic compounds. Journal of Magnesium and Alloys, 2023, 11: 2967-2979.

[23] Peng F, Zhang D, Liu X, Zhang Y. Recent progress in superhydrophobic coating on Mg alloys: A general review. Journal of Magnesium and Alloys, 2021, 9: 1471-1486.

[24] Li C, Liang T, Ma R, Du A, Fan Y, Zhao X, Cao X. Superhydrophobic surface containing cerium salt and organosilane for corrosion protection of galvanized steel. Journal of Alloys and Compounds, 2020, 825: 153921.

[25] Song S, Yan H, Cai M, Huang Y, Fan X, Cui X, Zhu M. Superhydrophobic composite coating for reliable corrosion protection of Mg alloy. Materials & Design, 2022, 215: 110433.

[26] Zhang S J, Cao D L, Xu L K, Tang J K, Meng R Q, Li H D. Corrosion resistance of a superhydrophobic dodecyltrimethoxysilane coating on magnesium hydroxide-pretreated magnesium alloy AZ31 by electrodeposition. Colloids and Surfaces A: Physicochemical and Engineering Aspects, 2021, 625: 126914.

[27] Fang R, Liu R, Xie Z H, Wu L, Ouyang Y, Li M. Corrosion-resistant and superhydrophobic nickel-phosphorus/nickel/PFDTMS triple-layer coating on magnesium alloy. Surface and Coatings Technology, 2022, 432: 128054.

[28] Jiang Z, Wu J, Liu X, Yu H, Jiao C, Shen J, Pei Y. Facile synthesis of MgAl layered double hydroxides by a co-precipitation method for efficient nitrate removal from water: kinetics and mechanisms. New Journal of Chemistry, 2021, 45: 14580-14588.

[29] Cao K, Yu Z, Zhu L, Yin D, Chen L, Jiang Y, Wang J. Fabrication of superhydrophobic layered double hydroxide composites to enhance the corrosion-resistant performances of epoxy coatings on Mg alloy. Surface and Coatings Technology, 2021, 407: 126763.

[30] Yao Q S, Zhang F, Song L, Zeng R C, Cui L Y, Li S Q, Wang Z L, Han E H. Corrosion resistance of a ceria/polymethyltrimethoxysilane modified Mg-Al-layered double hydroxide on AZ31 magnesium alloy. Journal of Alloys and Compounds, 2018, 764: 913-928.

[31] Temperton R H, O'Shea J N, Scurr D J. On the suitability of high vacuum electrospray deposition for the fabrication of molecular electronic devices. Chemical Physics Letters, 2017, 682: 15-19.

[32] Li X, Yang J, Wang J, Chang X, Xu J, Wu Z. A stable super-amphiphilic surface created from superhydrophobic silica/epoxy coating by low-temperature plasma-treatment. Surface Engineering, 2021, 37: 1282-1289.

[33] Zhang Y, He X, Ouyang J, Yang H. Palladium nanoparticles deposited on silanized halloysite nanotubes: synthesis, characterization and enhanced catalytic property. Scientific Reports, 2013, 3: 2948.

[34] Ouyang Y, Huang Z, Fang R, Wu L, Yong Q, Xie Z H. Silica nanoparticles enhanced polysiloxane-modified nickel-based coatings on Mg alloy for robust superhydrophobicity and high corrosion resistance. Surface and Coatings Technology, 2022, 450: 128995.

[35] Liu H, Liu D, Li P, Zeng Y, Jin H. Direct observation of the wetting state of Cassie and Wenzel.

Materials Letters, 2023, 340: 134182.

[36] Whyman G, Bormashenko E, Stein T. The rigorous derivation of Young, Cassie-Baxter and Wenzel equations and the analysis of the contact angle hysteresis phenomenon. Chemical Physics Letters, 2008, 450: 355-359.

[37] Zhang X, Zhu W, He G, Zhang P, Zhang Z, Parkin I P. Flexible and mechanically robust superhydrophobic silicone surfaces with stable Cassie-Baxter state. Journal of Materials Chemistry A, 2016, 4: 14180-14186.

[38] Cengiz U, Elif Cansoy C. Applicability of Cassie-Baxter equation for superhydrophobic fluoropolymer-silica composite films. Applied Surface Science, 2015, 335: 99-106.

[39] Xiang T, Zhang M, Sadig H R, Li Z, Zhang M, Dong C, Yang L, Chan W, Li C. Slippery liquid-infused porous surface for corrosion protection with self-healing property. Chemical Engineering Journal, 2018, 345: 147-155.

[40] Li Q, Xu S, Hu J, Zhang S, Zhong X, Yang X. The effects to the structure and electrochemical behavior of zinc phosphate conversion coatings with ethanolamine on magnesium alloy AZ91D. Electrochimica Acta, 2010, 55: 887-894.

[41] Cao Y, Zheng D, Zhang F, Pan J, Lin C. Layered double hydroxide (LDH) for multi-functionalized corrosion protection of metals: A review. Journal of Materials Science & Technology, 2022, 102: 232-263.

[42] Li J, He N, Li J, Fu Q, Feng M, Jin W, Li W, Xiao Y, Yu Z, Chu P K. A silicate-loaded MgAl LDH self-healing coating on biomedical Mg alloys for corrosion retardation and cytocompatibility enhancement. Surface and Coatings Technology, 2022, 439: 128442.

[43] Zhou M, Yan L, Ling H, Diao Y, Pang X, Wang Y, Gao K. Design and fabrication of enhanced corrosion resistance Zn-Al layered double hydroxides films based anion-exchange mechanism on magnesium alloys. Applied Surface Science, 2017, 404: 246-253.

[44] Li Z, Wang Y, Lu X, Chen Q, Zhou Y, Wang F. Influence of Mg substrate on the formation mechanism and corrosion resistance of LDH films. Surface and Coatings Technology, 2024, 476: 130242.

[45] Zhang W, Zhang R, Xu D, Wu L, Xie Z H, Yu G. Growth mechanism and corrosion resistance of layered double hydroxide film on magnesium alloy without external addition of magnesium and aluminum salts. Colloids and Surfaces A: Physicochemical and Engineering Aspects, 2024, 689: 133677.

[46] Jiao Z J, Li C Y, Du Y K, Cui L Y, Chen X B, Xi Y M, Zeng R C. In vitro degradation and biocompatibility of in-situ fabricated Mg-Al-Ga-LDH/MAO hybrid coating on Mg alloy AZ31. Surface and Coatings Technology, 2023, 472: 129922.

[47] Chaouiki A, Chafiq M, Ko Y G. Engineering organic-inorganic frameworks as functionalized coating with remarkable active sites for boosted durability of anti-corrosion protection. Journal of Environmental Chemical Engineering, 2023, 11: 110935.

[48] Chafiq M, Chaouiki A, Salghi R, Ko Y G. Fabrication of branch-like Aph@LDH-MgO material through organic-inorganic hybrid conjugation for excellent anti-corrosion performance. Journal of Magnesium and Alloys, 2023, 11: 2469-2485.

[49] Fischer D A, Vargas I T, Pizarro G E, Armijo F, Walczak M. The effect of scan rate on the precision of determining corrosion current by Tafel extrapolation: A numerical study on the example of pure Cu in chloride containing medium. Electrochimica Acta, 2019, 313: 457-467.

[50] Li L X, Xie Z H, Fernandez C, Wu L, Cheng D, Jiang X H, Zhong C J. Development of a thiophene derivative modified LDH coating for Mg alloy corrosion protection. Electrochimica Acta, 2020, 330: 135186.

[51] Xie Z H, Zhang W, Li Y, Yong Q, Wu L, Fan X, Zhong C J. Inhibitor-sandwiched polyelectrolyte film for micro/nanopore sealing to enable corrosion-resistant self-healing capability. ACS Applied Polymer Materials, 2024, 6: 4037-4049.

[52] Wei J, Li B, Jing L, Tian N, Zhao X, Zhang J. Efficient protection of Mg alloy enabled by combination of a conventional anti-corrosion coating and a superamphiphobic coating. Chemical Engineering Journal, 2020, 390: 124562.

[53] Shulha T, Serdechnova M, Lamaka S V, Lu X, Feiler C, Blawert C, Zheludkevich M L. Corrosion Inhibitors Intercalated into Layered Double Hydroxides Prepared In Situ on AZ91 Magnesium Alloys: Structure and Protection Ability. ACS Applied Materials & Interfaces, 2023, 15: 6098-6112.

[54] Shulha T N, Serdechnova M, Lamaka S V, Wieland D C F, Lapko K N, Zheludkevich M L. Chelating agent-assisted in situ LDH growth on the surface of magnesium alloy. Scientific Reports, 2018, 8: 16409.

[55] Chen J, Fang L, Wu F, Xie J, Hu J, Jiang B, Luo H. Corrosion resistance of a self-healing rose-like MgAl-LDH coating intercalated with aspartic acid on AZ31 Mg alloy. Progress in Organic Coatings, 2019, 136: 105234.

[56] Zhang G, Wu L, Serdechnova M, Tang A, Wang C, Blawert C, Pan F, Zheludkevich M L. In-situ LDHs growth on PEO coatings on AZ31 magnesium alloy for active protection: Roles of PEO composition and conversion solution. Journal of Magnesium and Alloys, 2023, 11: 2376-2391.

[57] Zhang X, Zhang Y, Lv Y, Dong Z, Hashimoto T, Zhou X. Enhanced corrosion resistance of AZ31 Mg alloy by one-step formation of PEO/Mg-Al LDH composite coating. Corrosion Communications, 2022, 6: 67-83.

[58] Liu R, Xu D, Liu Y, Wu L, Yong Q, Xie Z H. Enhanced corrosion protection for MAO coating on magnesium alloy by the synergism of LDH doping with deposition of 8HQ inhibitor film. Ceramics International, 2023, 49: 30039-30048.

[59] Anjum M J, Zhao J, Zahedi Asl V, Yasin G, Wang W, Wei S, Zhao Z, Qamar Khan W. In-situ intercalation of 8-hydroxyquinoline in Mg-Al LDH coating to improve the corrosion resistance of AZ31. Corrosion Science, 2019, 157: 1-10.

[60] Sanaei Z, Shamsipur A, Ramezanzadeh B. Trisodium phosphate-loaded hierarchically ordered meso-nanoporous ZIF-67/ZIF-8 metal-organic frameworks assembled rGO-Zn-Al-LDH: A multi-level pH-triggered nano-vehicle for epoxy coating long-lasting self-repairing/barrier properties improvement. Chemical Engineering Journal, 2023, 451: 138872.

[61] Rybka K, Matusik J, Kuligiewicz A, Leiviskä T, Cempura G. Surface chemistry and structure evaluation of Mg/Al and Mg/Fe LDH derived from magnesite and dolomite in comparison to LDH obtained from chemicals. Applied Surface Science, 2021, 538: 147923.

[62] Cui Q, Jiao G J, Zheng J, Wang T, Wu G, Li G. Synthesis of a novel magnetic Caragana korshinskii biochar/Mg-Al layered double hydroxide composite and its strong adsorption of phosphate in aqueous solutions. Rsc Advances, 2019, 9: 18641-18651.

[63] Yang Y, Yan X, Hu X, Feng R, Zhou M. In-situ growth of ZIF-8 on layered double hydroxide: Effect of Zn/Al molar ratios on their structural, morphological and adsorption properties. Journal of Colloid and Interface Science, 2017, 505: 206-212.

[64] Xie Z H, Xu D, Shu Y, Yong Q, Wu L, Yu G. Environmentally friendly and facile $Mg(OH)_2$ film for electroless nickel plating on magnesium alloy for enhanced galvanic corrosion inhibition. Surface and Coatings Technology, 2024, 478: 130371.

[65] Pillado B, Mingo B, del Olmo R, Matykina E, Kooijman A M, Gonzalez-Garcia Y, Arrabal R, Mohedano M. LDH conversion films for active protection of AZ31 Mg alloy. Journal of Magnesium and Alloys, 2023, 11: 201-216.

[66] Chen Y, Wu L, Yao W, Chen Y, Zhong Z, Ci W, Wu J, Xie Z, Yuan Y, Pan F. A self-healing corrosion protection coating with graphene oxide carrying 8-hydroxyquinoline doped in layered double hydroxide on a micro-arc oxidation coating. Corrosion Science, 2022, 194: 109941.

[67] Chen Y, Wu L, Yao W, Zhong Z, Chen Y, Wu J, Pan F. One-step in situ synthesis of graphene oxide/MgAl-layered double hydroxide coating on a micro-arc oxidation coating for enhanced corrosion protection of magnesium alloys. Surface and Coatings Technology, 2021, 413: 127083.

[68] Zeng R C, Liu Z G, Zhang F, Li S Q, Cui H Z, Han E H. Corrosion of molybdate intercalated hydrotalcite coating on AZ31 Mg alloy. Journal of Materials Chemistry A, 2014, 2: 13049-13057.

[69] Serdechnova M, Salak A N, Barbosa F S, Vieira D E L, Tedim J, Zheludkevich M L, Ferreira M G S. Interlayer intercalation and arrangement of 2-mercaptobenzothiazolate and 1, 2, 3-benzotriazolate anions in layered double hydroxides: In situ X-ray diffraction study. Journal of Solid State Chemistry, 2016, 233: 158-165.

[70] Finšgar M. Surface analysis of the 2-mercaptobenzothiazole corrosion inhibitor on 6082 aluminum alloy using ToF-SIMS and XPS. Analytical Methods, 2020, 12: 456-465.

[71] Zhang Y, Liu J, Li Y, Yu M, Li S, Xue B. Fabrication of inhibitor anion-intercalated layered double hydroxide host films on aluminum alloy 2024 and their anticorrosion properties. Journal of Coatings Technology and Research, 2015, 12: 293-302.

[72] Punith Kumar M K, Laxmeesha P M, Ray S, Srivastava C. Enhancement in the corrosion resistance of nanocrystalline aluminium coatings by incorporation of graphene oxide. Applied Surface Science, 2020, 533: 147512.

[73] M Y R, Srivastava C. Microstructure and corrosion properties of zinc-graphene oxide composite coatings. Corrosion Science, 2019, 152: 234-248.

[74] Ouyang Y, Li L X, Xie Z H, Tang L, Wang F, Zhong C J. A self-healing coating based on facile pH-responsive nanocontainers for corrosion protection of magnesium alloy. Journal of Magnesium and Alloys, 2022, 10: 836-849.

[75] Xie Z H, Shan S. Nanocontainers-enhanced self-healing Ni coating for corrosion protection of Mg alloy. Journal of Materials Science, 2018, 53: 3744-3755.

[76] Gan R, Wang D, Xie Z H, He L. Improving surface characteristic and corrosion inhibition of coating on Mg alloy by trace stannous (II) chloride. Corrosion Science, 2017, 123: 147-157.

[77] Wang X, Li L, Xie Z H, Yu G. Duplex coating combining layered double hydroxide and 8-quinolinol layers on Mg alloy for corrosion protection. Electrochimica Acta, 2018, 283: 1845-1857.

[78] Wu L, Yang D, Zhang G, Zhang Z, Zhang S, Tang A, Pan F. Fabrication and characterization of Mg-M layered double hydroxide films on anodized magnesium alloy AZ31. Applied Surface Science, 2018, 431: 177-186.

[79] Abdi-Alghanab K, Seifzadeh D, Rajabalizadeh Z, Habibi-Yangjeh A. High corrosion protection performance of the LDH/Ni-P composite coating on AM60B magnesium alloy. Surface and Coatings Technology, 2020, 397: 125979.

[80] Qiu Z M, Zhang F, Chu J T, Li Y C, Song L. Corrosion resistance and hydrophobicity of myristic acid modified Mg-Al LDH/$Mg(OH)_2$ steam coating on magnesium alloy AZ31. Frontiers of Materials Science, 2020, 14: 96-107.

[81] Jian S Y, Chang K L. Effect of cerium ion on the microstructure and properties of permanganate

conversion coating on LZ91 magnesium alloy. Applied Surface Science, 2020, 509: 144767.

[82] Xie Z, Yu G, Li T, Wu Z, Hu B. Dynamic behavior of electroless nickel plating reaction on magnesium alloys. Journal of Coatings Technology and Research, 2012, 9: 107-114.

[83] Petrova E, Serdechnova M, Shulha T, Lamaka S V, Wieland D C, Karlova P, Blawert C, Starykevich M, Zheludkevich M. Use of synergistic mixture of chelating agents for in situ LDH growth on the surface of PEO-treated AZ91. Scientific Reports, 2020, 10: 8645.

[84] Kaseem M, Ko Y G. Benzoate intercalated Mg-Al-layered double hydroxides (LDHs) as efficient chloride traps for plasma electrolysis coatings. Journal of Alloys and Compounds, 2019, 787: 772-778.

[85] Chiter F, Costa D, Maurice V, Marcus P. DFT investigation of 2-mercaptobenzothiazole adsorption on model oxidized copper surfaces and relationship with corrosion inhibition. Applied Surface Science, 2021, 537: 147802.

[86] Finšgar M, Kek Merl D. An electrochemical, long-term immersion, and XPS study of 2-mercaptobenzothiazole as a copper corrosion inhibitor in chloride solution. Corrosion Science, 2014, 83: 164-175.

第5章 层状双氢氧化物纳米容器和纳米片在镁合金腐蚀防护中的应用

根据“2.4 层状双氢氧化物在腐蚀与防护中的应用”可知，LDH应用于防腐蚀涂层领域时，主要包括直接在基底生长膜层和以纳米容器分散于其他涂层两种形式。第3章和第4章分别介绍了通过水热法和相对温和条件下，在金属基底表面原位形成LDH膜层。本章将分别简要介绍LDH以纳米粒子的形式或者通过剥离成纳米片以构筑智能纳米容器并分散于其他涂层后，对镁合金的腐蚀防护性能。

5.1 LDH掺杂和8HQ改性MAO复合涂层对镁合金的腐蚀防护性能

5.1.1 引言

通过向涂层中引入缓蚀剂是提升耐腐蚀能力的有效方法。不过，直接将缓蚀剂添加至涂层中可能导致缓蚀剂与涂层之间发生副反应，造成缓蚀剂效率下降，甚至对原有涂层造成不利影响。为此，近年新兴的智能自修复涂层中，通常以微胶囊或纳米级粒子等为载体，通过将缓蚀剂包覆在载体中，并仅在腐蚀发生时才发生释放，从而可以避免上述副反应和不利影响。LDH因具有较大的阴离子储存能力，通过离子交换功能可以实现大量缓蚀剂阴离子的负载，非常适宜作为上述智能自修复涂层中的载体。将负载缓蚀剂的LDH纳米粒子（常称为纳米容器）添加到镁合金MAO基涂层中，有助于增加复合涂层的厚度、提高致密性，从而提升耐腐蚀性能[1]。不过，单一的LDH掺杂并不能完全有效封闭MAO膜层中的微米级孔隙，还有必要进一步做封孔处理。第3.1节曾采用8HQ缓蚀剂对镁合金表面水热生长的MgAl-LDH膜进行封孔处理，并有效提升了涂层的腐蚀防护能力。第3.3节曾构建负载8HQ的“三明治”结构聚电解质膜，结果也表明，释放的缓蚀剂8HQ可与镁离子配位形成保护膜[2]，抑制阳极和阴极过程，有效提升对镁合金的腐蚀保护。

尽管研究已经表明，LDH纳米粒子的掺杂有利于提高MAO涂层的防腐能力，但LDH纳米粒子掺杂与高效镁合金缓蚀剂8HQ膜封孔后处理协同作用下，MAO涂层的防腐性能尚不清楚。本文通过在MAO电解质溶液中添加LDH纳米粒子，以形成LDH分散的MAO（LDH/MAO）涂层。同单一MAO涂层相比较，复合涂层的厚度显著增加，且致密性明显提高。通过将LDH/MAO涂层浸泡在含8HQ的乙醇溶液中，则可获得低孔隙率、高耐蚀性的8HQ/LDH/MAO复合涂层。复合涂层的高腐蚀防护性能，一方面源于缓蚀剂与MAO涂层中溶解的金属阳离子，特别是镁离子复合后形成的保护性沉积膜层以及MAO涂层表面形成的LDH相而产生的微孔封密作用；另一方面，在含8HQ溶液中封闭处理时，8HQ可与LDH层间阴离子发生离子交换而被固定，从而减少缓蚀剂的无效释放。

5.1.2 LDH掺杂和8HQ改性MAO复合涂层的制备和表征

材料与试剂：本节研究中用于制备涂层的基材为市售AZ31镁合金，尺寸为（30×20×2.0）mm^3，成分（wt%）为Al2.75，Zn1.15，Mn0.16，剩余为Mg。主要化学试剂包括NaOH（≥96%），氟化钠（NaF，≥98%），均购自上海泰坦科技股份有限公司。九水偏硅酸钠（$Na_2SiO_3 \cdot 9H_2O$，≥98%），8HQ（≥99%），$Mg(NO_3)_2 \cdot 6H_2O$（≥99%），$Al(NO_3)_3 \cdot 9H_2O$（≥99%），NaCl（≥99.0%）和氯化钾（KCl，≥99.5%）均购自上海阿拉丁生化科技有限公司。电源（HNMAO-20A-DPM400）购自西安浩宁电子科技公司。

LDH粉末的制备：配制15.4 g/L $Mg(NO_3)_2 \cdot 6H_2O$和10.7 g/L $Al(NO_3)_3 \cdot 9H_2O$的溶液，用20.0 g/L NaOH溶液调节pH至12±0.5。将溶液倒入聚四氟乙烯内衬的不锈钢高压反应釜中，于125℃下反应24.0 h。冷却至室温后，离心7.0 min，所得到的沉淀用去离子水洗涤两次，并在60℃真空条件下干燥过夜。最后，研磨成粉末，标记为MgAl-LDH。

MAO涂层的制备：制备MAO涂层时，先将镁合金用1200目的砂纸打磨至光亮，浸泡在含有九水偏硅酸钠（10.0 g/L）、氢氧化钠（10.0 g/L）和氟化钠（3.2 g/L）的碱性电解液中。使用以不锈钢片为阴极，镁合金为阳极的自制电解池进行MAO反应。室温条件下，先在1.0 A的恒定电流下进行MAO处理1 min，此后将电流变为1.5 A持续氧化至6.0 min。MAO工艺的工作频率和占空比分别为500 Hz和35%。将产物用去离子水洗涤，并在空气中干燥后，得到MAO涂层。采用同样的制备方法，但在溶液中加入LDH粉末（10.0 g/L），制备LDH/MAO涂层。

8HQ/MAO和8HQ/LDH/MAO复合涂层的制备：将微弧氧化处理后的镁合金在乙醇中超声5.0 min，再在1.6 g/L的8HQ乙醇溶液中浸泡48.0 h，然后经去离子水洗涤三次并在空气中干燥后，得到8HQ/MAO复合涂层。按上述相同的方法，将涂覆有 LDH/MAO 的镁合金在 8HQ 溶液中浸泡，可得到 8HQ/LDH/MAO 复合涂层。镁合金表面制备 8HQ/LDH/MAO 涂层的示意图如图 5-1 所示。

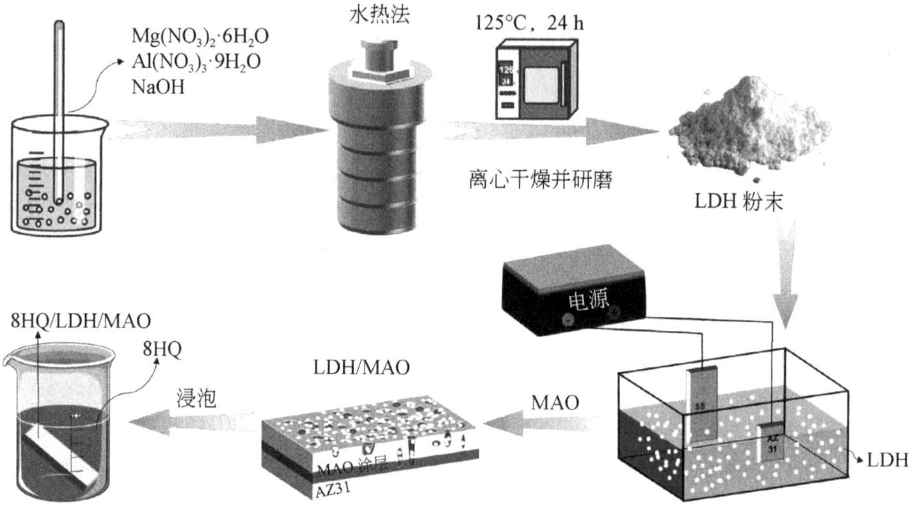

图 5-1　LDH/MAO 和 8HQ/LDH/MAO 复合涂层的制备示意图

表征及耐腐蚀性能测试：采用 SEM（ZEISS Sigma300，德国）观察 LDH 粉末和 MAO 涂层的表面形貌。采用 EDS 和 TEM（JEOL Jem-f200，日本）对 LDH 相和 MAO 涂层的表面形貌、厚度和成分进行表征。基于 SEM 图像，使用 Image J 软件计算涂层表面孔隙面积占总面积的百分比，定义为涂层的孔隙率。采用 XRD 在衍射角（2θ）为 5°～80°（D8 Advance，德国）的范围内和 FTIR 在波数为 400～4000 cm^{-1} 范围内（Nicolet IS10，USA）对 LDH 粉末和不同涂层的结构和组成进行表征。XRD 测试采用波长 λ=0.154 nm 的 Cu 靶，以 5°/min 的扫描速率在连续扫描模式下进行。

室温下，采用电化学工作站（Gamry，Interface，1010E）在 3.5wt%NaCl 溶液中进行 EIS 和 Tafel 曲线测试。所有电化学测试均采用三电极体系，其中表面积为 1.0 cm^2 的样品为工作电极、铂片为辅助电极、SCE 为参比电极。不同 MAO 膜层的 EIS 数据在 10^5～10^{-2} Hz 频率范围内采集。由于膜层具有极高的阻抗，扰动电位为 20 mV（镁合金为 5.0 mV）。EIS 测试结束后，在腐蚀性溶液中测试 OCP-t 曲线，约 10 分钟后，直至 OCP 再次达到稳定。然后，在−500～500 mV（*vs*. OCP）电位范围内，以 1.0 mV/s 的扫描速率测定 Tafel 曲线。利用 ZSimpWin 软件对 EIS 数据进行分析。利用 Gamry Echem 分析软件对 Tafel 曲线进行分析，获得 E_{corr} 和 j_{corr}。根据得到的 j_{corr} 值，使用式（5-1）计算腐蚀抑制效率（*P.E.*%）：

$$P.E.\% = \frac{j_{sub} - j_{coat}}{j_{sub}} \times 100\% \quad (5\text{-}1)$$

式中，j_{sub} 和 j_{coat} 分别表示镁合金和不同涂层的腐蚀电流密度。此外，还测试了室温下不同涂层在腐蚀溶液中浸泡 14 天后的 Tafel 曲线以及浸泡过程中涂层的宏观表面图像，以研究不同涂层的耐久性和防腐性能。

5.1.3　LDH 纳米粒子的表面形貌和组成

水热法制备 LDH 为白色粉末，SEM 形貌为典型的水滑石片层结构［图 5-2（a）］[3]。放大后的 SEM 图像显示，LDH 粉末具有规则的六边形结构，大小为（158.0±3.5）nm［图 5-2（b）］。LDH 粉末的元素分布和 EDS 结果表明，Mg 元素的质量分数为 31.74%，Al 元素的质量分数为 9.81%［图 5-2（c），（d）］。通过除以相对原子质量，可以计算出 Mg 与 Al 的原子比为 3.59。除 Mg 和 Al 外，还检测到 C、O、N（5.86wt%）等非金属元素，表明制备的粉末主要为含有硝酸根的 MgAl-LDH。LDH 粉末的 TEM 图像进一步证实其为厚度（20.0±2.0）nm 的规则

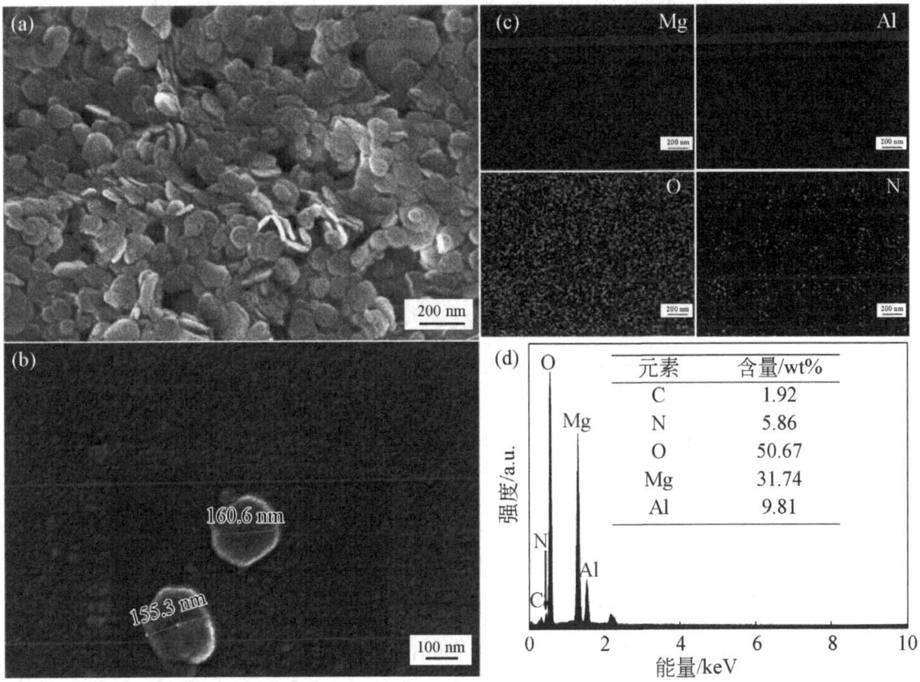

图 5-2　（a）、（b）LDH 粉末在不同放大倍数下的 SEM 图像，（c）不同元素面分布，（d）EDS 谱图和元素含量

六边形纳米片［图 5-3（a）和图 5-3（b）］。从高分辨率 TEM 图像［图 5-3（c）和图 5-3（d）］可观察到两种晶格间距，分别为 0.26 nm 和 0.38 nm，对应于 LDH 相的（201）和（004）晶面。从 TEM 图像中得到的晶面信息与 XRD 谱图相吻合［图 5-4（a）］，证实 MgAl-LDH 纳米片的成功合成。

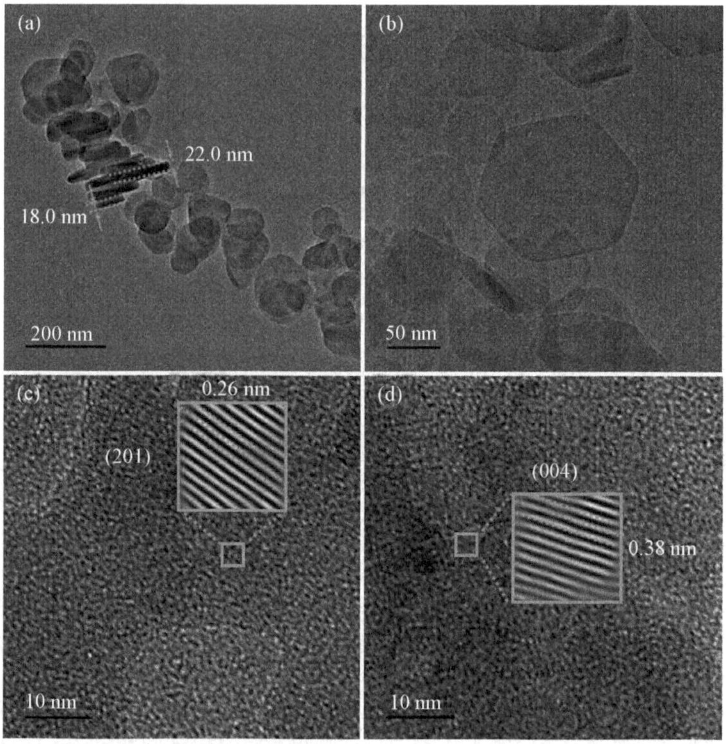

图 5-3　合成 LDH 纳米颗粒的（a）、（b）TEM 和（c）、（d）HRTEM 图像

通过 XRD 和 FTIR 光谱进一步分析所制备 LDH 粉末的结构和组成。XRD 谱图显示，MgAl-LDH 相在 2θ 为 34.5°、38.4°、45.3°、60.2°、62.0°、65.7°和 70.7°处出现多个特征峰，分别对应于（201）、（203）、（210）、（220）、（222）、（224）和(2010)晶面[图 5-4(a)]。根据 $Mg_6Al_2CO_3(OH)_{16}\cdot 4H_2O$ 相的标准 PDF 卡(JCPDS NO.14-0525)，(002) 和 (004) 晶面的特征衍射峰应分别位于 11.6°和 23.1°。相比之下，本研究合成 LDH 所对应的该两个晶面的特征峰分别向低角度方向移动到 11.2°和 22.4°，意味着制备的 LDH 相的层间距增大，且层间的阴离子不是碳酸根离子[4]。

在 FTIR 光谱中，波数为 3701 cm^{-1} 处的强吸收峰对应于与金属相连—OH 的伸缩振动［图 5-4（b）］[5]；在 2850 cm^{-1} 和 2929 cm^{-1} 处的弱吸收峰对应于水和硝酸盐之间的氢键；在 3452 cm^{-1} 和 1632 cm^{-1} 处的吸收带分别对应于层间水分子中的 O—H 键的伸缩振动和弯曲振动[6]；在 1385 cm^{-1} 和 860 cm^{-1} 处的吸收峰对应于 NO_3^- 中 N—O 键的不对称伸缩和弯曲振动；在 610 cm^{-1} 和 440 cm^{-1} 处的吸收峰分别对应于 Al—O 和 Mg—O 键的振动。因此，根据 XRD 谱图和 EDS 结果，所制备 LDH 的化学式应为 $Mg_6Al_2CO_3(OH)_{16}\cdot 4H_2O$。

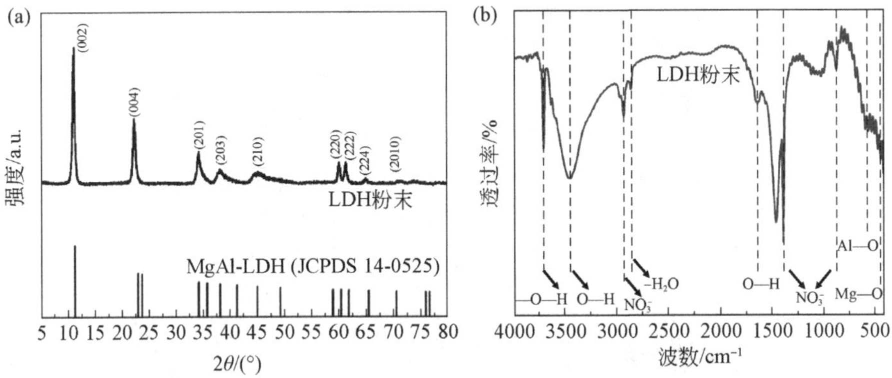

图 5-4　LDH 粉末的（a）XRD 谱图和（b）FTIR 谱图

5.1.4　LDH 掺杂和 8HQ 改性 MAO 复合涂层的形貌、组成和结构

图 5-5（a）为在含有 LDH 纳米颗粒的电解液中，制备的 LDH/MAO 复合涂层的表面形貌。利用 Image J 软件进行分析得出［图 5-5（a1）］，LDH/MAO 复合涂层的孔隙率为 9.62%，低于单一 MAO 涂层［12.58%，图 5-6（a）］，表明复合涂层的致密性更好。经过放大后，可以观察到在 LDH/MAO 复合涂层的表面甚至孔隙内有许多片状物，证明 LDH 纳米片嵌入到 MAO 涂层中。值得注意的是，引入 LDH 也增加了 MAO 涂层的厚度[1]。含 LDH 的涂层厚度约为 4.6 μm（图 5-7），比单一 MAO 涂层（～3.0 μm，图 5-8）厚约 1.6 μm。涂层的厚度和致密度的增加有助于阻隔腐蚀介质的渗透，从而提高耐蚀性。将纯 MAO 涂层浸泡在 8HQ 乙醇溶液中 48 h 后，得到 8HQ/MAO 涂层的 SEM 图像为花状表面形貌［图 5-5（b）］[7]，并将 MAO 涂层中的微孔完全覆盖。8HQ/LDH/MAO 复合涂层的表面形貌与 8HQ/MAO 涂层相似，由平铺的片状物构成，表面没有明显的微孔［图 5-5（c）］。三种涂层表面形貌的变化表明，8HQ 膜层均匀地沉积在 MAO 和 LDH/MAO 涂层的表面。

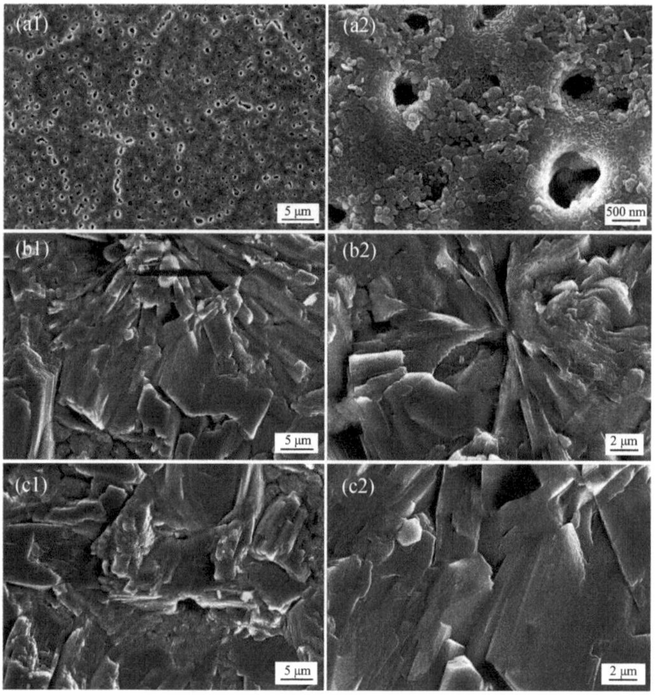

图 5-5 镁合金表面（a1）、（a2）LDH/MAO，（b1）、（b2）8HQ/MAO 和（c1）、（c2）8HQ/LDH/MAO 复合涂层的 SEM 图像

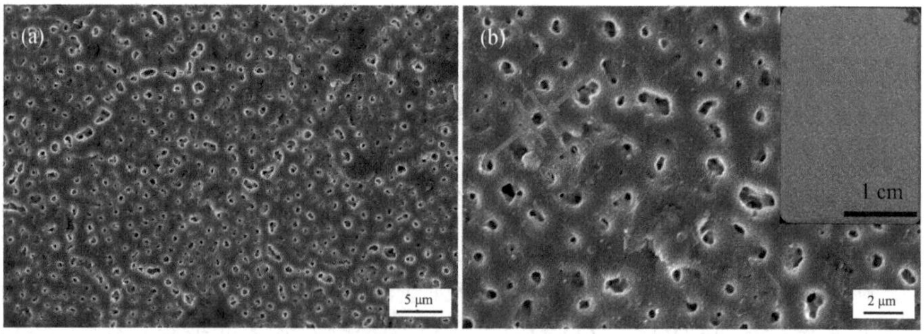

图 5-6 （a）、（b）裸 MAO 涂层的表面 SEM 图像；（b）图中的插图是 MAO 涂层浸泡在 3.5wt%NaCl 溶液中 14 天后的数码照片

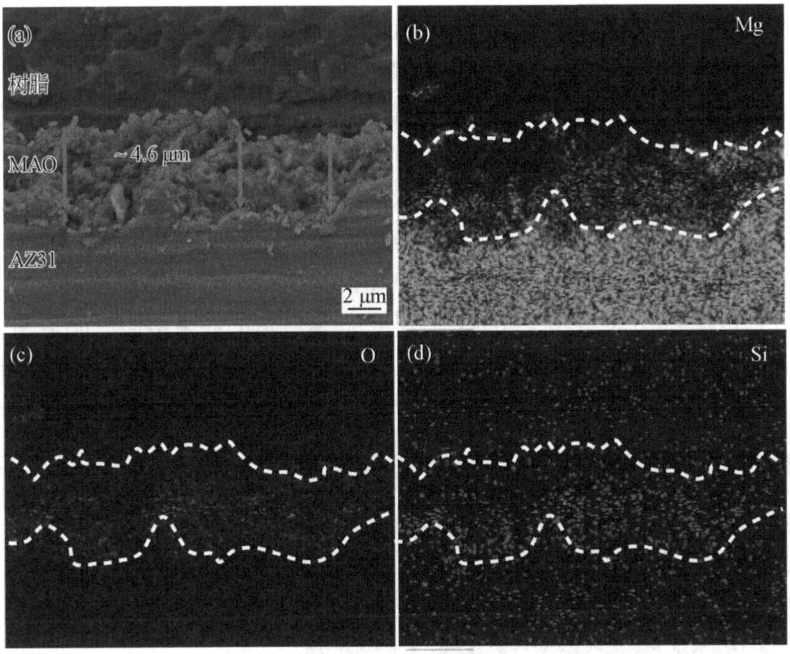

图 5-7　（a）LDH/MAO 复合涂层的横截面 SEM 图像及对应的典型元素（b）Mg、（c）O 和（d）Si 分布

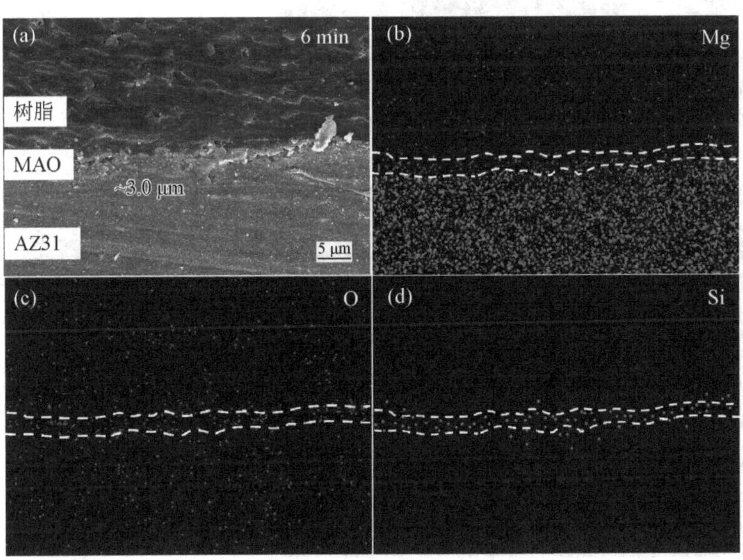

图 5-8　（a）纯 MAO 涂层的截面 SEM 图像，以及相应元素分布：（b）Mg、（c）O 和（d）Si

通过 EDS 元素分布图进一步分析 MAO、LDH/MAO 和 8HQ/LDH/MAO 涂层的元素组成。结果发现，与纯 MAO 涂层［图 5-9（a）］相比，LDH/MAO 复合涂层表面出现大量的 N 元素［图 5-9（b）］，这源于 LDH 纳米颗粒中的层间硝酸根离子。此外，Mg、Al 和 O 元素的含量也显著增加，这源于金属元素 Mg、Al 和非金属元素 O 在 LDH 相中的富集。由于 LDH 纳米片在 MAO 涂层表面的部分覆盖，引起底侧的 Si、C 和 Zn 元素的含量降低。根据 EDS 元素分布图可以看出［图 5-9（c1），（c2）］，与 MAO 和 LDH/MAO 涂层相比，8HQ/LDH/MAO 复合涂层的 C 和 N 元素的含量分别增加到 67.89%和 2.66%。表层 C 元素含量的显著增加，证实 SEM 图像中观察到的片状物为 8HQ［图 5-5（c2）］。因为 8HQ/LDH/MAO 复合涂层表面形成 8HQ 膜层，所以来自内层的元素如 Mg、Al、O、Si 和 Zn 的含量显著减少。

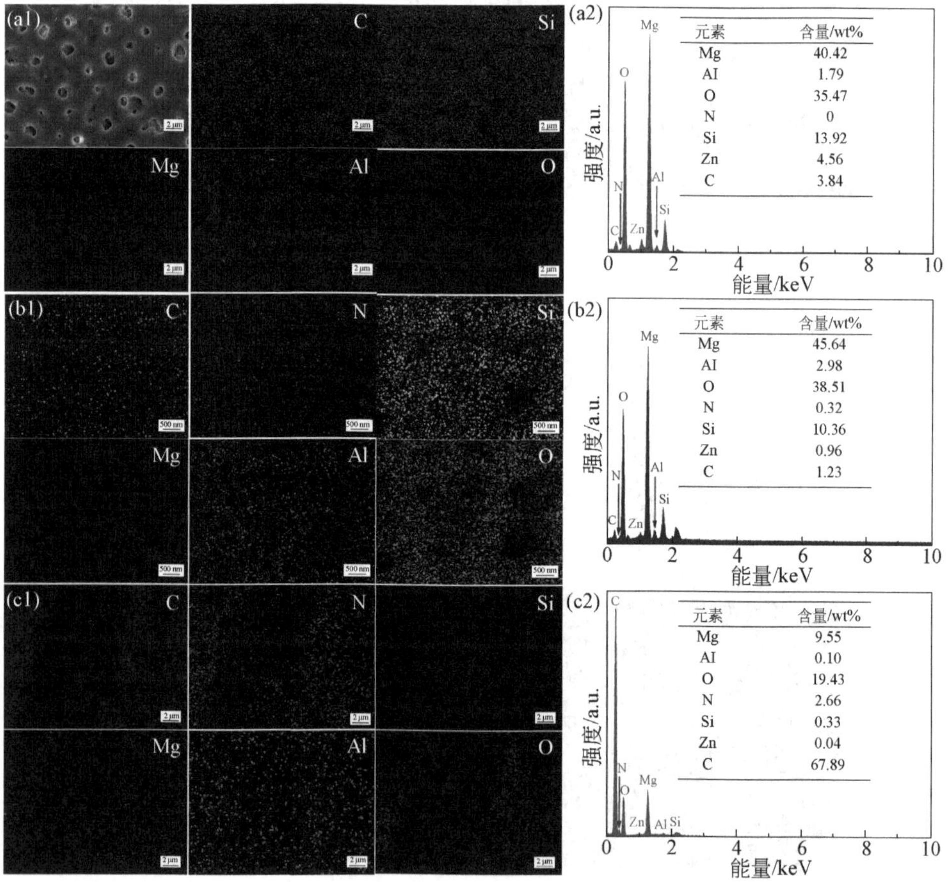

图 5-9　镁合金表面（a1）、（a2）MAO，（b1）、（b2）LDH/MAO 和（c1）、（c2）8HQ/LDH/MAO 涂层的（a1）～（c1）典型元素分布图和（a2）～（c2）EDS 谱图

通过 XRD 图谱和 FTIR 光谱确定 LDH/MAO 涂层的结构和官能团。LDH/MAO 复合涂层的 XRD 图谱在 2θ 为 32.4°、34.5°、36.7°和 48.0°处有明显的特征峰［图 5-10（a）］，与镁标准 PDF 卡（JCPDS NO.35-0821）匹配良好。在 2θ 为 43.0°、63.3°和 72.8°的峰来源于 MgO 相，在 2θ 为 57.6°和 70.3°的峰来源于 Mg_2SiO_4 相。上述镁的特征衍射峰皆源于镁合金基体。MgO 相和 Mg_2SiO_4 相则为以硅酸盐为主的电解液制备 MAO 涂层的典型成分[8]。在 MAO 涂层的形成过程中，Mg^{2+} 和 SiO_3^{2-} 在镁合金/电解液的界面上反应生成 Mg_2SiO_4 相。化学反应如式（5-2）[9,10]：

$$SiO_3^{2-} + 2Mg^{2+} + 2OH^- = Mg_2SiO_4 + H_2O \tag{5-2}$$

重要的是，在 XRD 图谱中发现了来自 LDH 相（002）、（004）、（220）和（2010）晶面的明显特征衍射峰，这还可通过 FTIR 光谱证实［图 5-10（b）］。当电解液中未加 LDH 纳米颗粒时，仅存在由 Mg—O 键（517 cm^{-1}）和 Si—O—Si 键（890 cm^{-1}）引起的对称伸缩振动特征峰[11]。加入 LDH 纳米颗粒后，所得 LDH/MAO 涂层在波数为 3695、3439、2927、2845、1635、1380 和 850 cm^{-1} 处出现了新的吸收带，分别对应于与 Mg 结合的—OH 和层间 H_2O 中—OH 的伸缩振动、H_2O 与硝酸根离子之间的氢键作用、插层中水的—OH 基团弯曲振动以及硝酸根离子中 N—O 键的不对称伸缩和弯曲振动，这些结果证实 LDH/MAO 涂层表面存在 LDH 相。

8HQ 溶液处理的 8HQ/MAO 和 8HQ/LDH/MAO 膜层的 XRD 图谱显示［图 5-10（c）］，在 MAO 膜层中除了 Mg、MgO 和 Mg_2SiO_4 相外，在 2θ 为 6.6°、13.4°、16.4°、20.3°和 29.4°处存在与 $Mg(HQ)_2$ 特征峰一致的新衍射峰。我们推测所形成的稳定 $Mg(HQ)_2$ 层是由于乙醇溶液中的 8HQ 阴离子与基体中游离的 Mg^{2+} 反应而得，见式（5-3）[12]。对于 8HQ/LDH/MAO 涂层，8HQ 也会与 LDH 相中的阴离子 NO_3^- 发生离子交换，从而使缓蚀剂阴离子被 LDH 相固定。只有当腐蚀发生时，才会释放缓蚀剂修复缺陷，减少缓蚀剂的过度释放与无效消耗[13]。

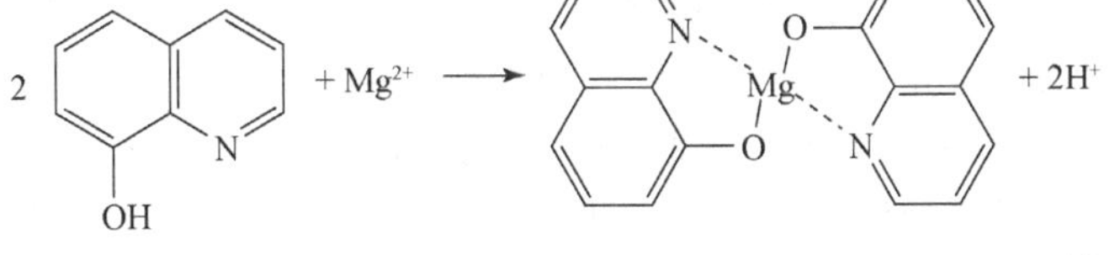

（5-3）

FTIR 光谱证实 $Mg(HQ)_2$ 存在于 8HQ/MAO 和 8HQ/LDH/MAO 涂层中［图 5-10（d）］。与 MAO 涂层相比［图 5-10（b）］，8HQ/MAO 和 8HQ/LDH/MAO 涂层的 FTIR 谱在 1605、1578、1386 和 1328 cm^{-1} 处出现源于 $Mg(HQ)_2$ 中喹啉基团的振动吸收峰。8HQ 修饰 MAO 涂层在波数为 3100～3400 cm^{-1} 范围内存在的明显吸收带源于 8HQ 分子的缔合[14]。

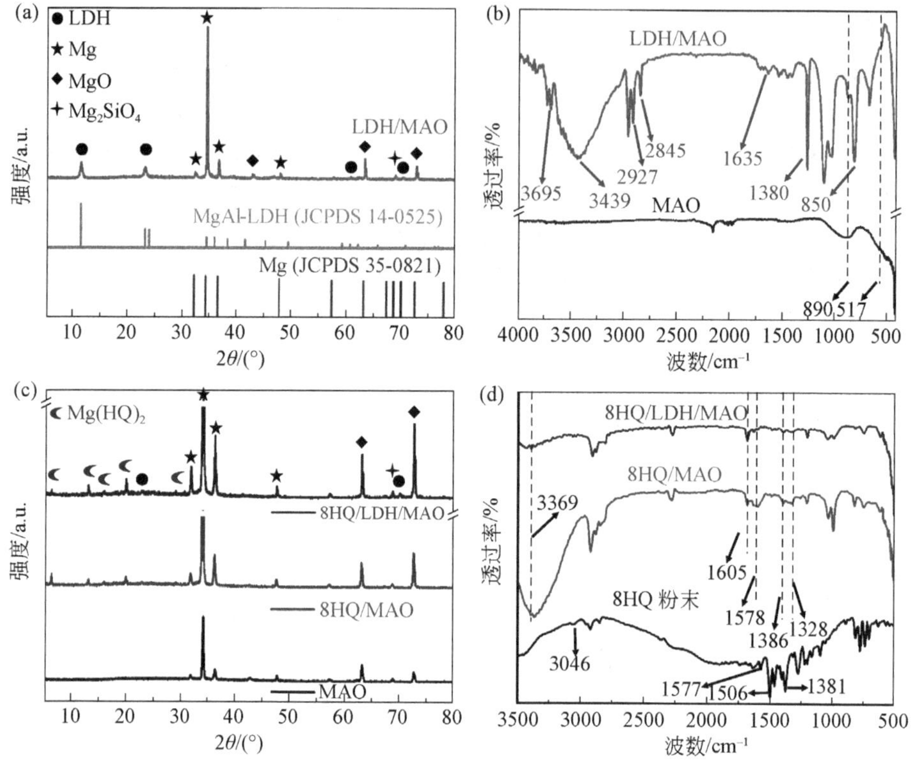

图 5-10　镁合金表面 MAO、LDH/MAO、8HQ/MAO 和 8HQ/LDH/MAO 涂层的（a）、（c）XRD 图和（b）、（d）FTIR 谱图

5.1.5　不同 MAO 基复合涂层的耐腐蚀性能比较

通过对比镁合金、LDH/MAO、8HQ/MAO 和 8HQ/LDH/MAO 膜层在 3.5wt%NaCl 溶液中的 EIS 和 Tafel 曲线，分析 LDH 掺杂和 8HQ 封孔处理对 MAO 膜层耐蚀性的影响[15]。EIS 谱图低频区（10^{-2}～10^{-1} Hz）的阻抗模值和高频区（10^{-4}～10^{-5} Hz）的最大相位角是定性评价涂层耐蚀性的两个常用参数。我们选择$|Z|_{f=0.1\ \mathrm{Hz}}$来比较不同样品的阻抗，因为在更低频率（0.01 Hz）时数据不太稳定。低频区的阻抗模值越高，涂层的耐腐蚀性能越好。根据 Bode 幅频图［图 5-11（a）］，LDH/MAO 涂层的$|Z|_{f=0.1\ \mathrm{Hz}}$的值比镁合金（209.3 $\Omega\cdot cm^2$）提高 3 个数量级以上，达到 1.39 $M\Omega\cdot cm^2$。对单一 MAO 涂层进行 8HQ 封孔处理后，得到 8HQ/MAO 的$|Z|_{f=0.1\ \mathrm{Hz}}$为 1.71 $M\Omega\cdot cm^2$，相比镁合金也提高 3 个数量级以上。当对含有 LDH 的 MAO 涂层进行 8HQ 封孔处理时，8HQ/LDH/MAO 复合涂层的$|Z|_{f=0.1\ \mathrm{Hz}}$达到 3.04 $M\Omega\cdot cm^2$，相比镁合金提高 4 个数量级以上，比单一 MAO 涂层（781.9 $k\Omega\cdot cm^2$）提高近 4 倍。

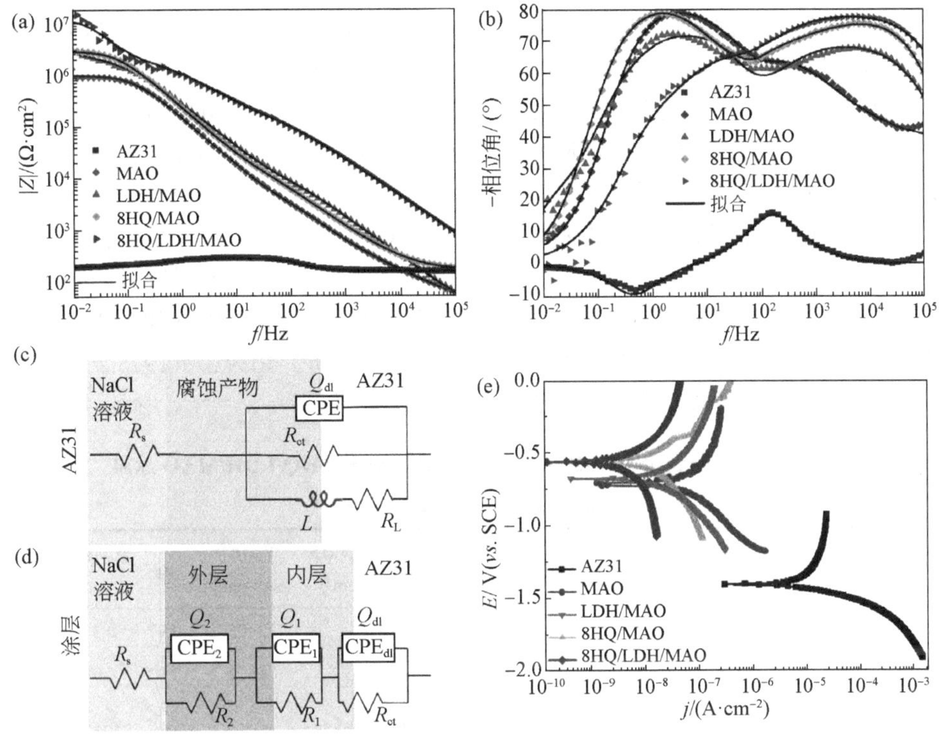

图 5-11　镁合金、LDH/MAO、8HQ/MAO 和 8HQ/LDH/MAO 涂层在 3.5wt%NaCl 溶液中的（a）Bode 幅频图，（b）Bode 相频图和用于（c）裸镁合金和（d）不同 MAO 涂层 EIS 图拟合的等效电路模型，以及（e）塔菲尔曲线

Bode 相频图［图 5-11（b）］也可证实上述 LDH 掺杂和 8HQ 封闭对 MAO 膜耐蚀性能的增强作用。一般而言，在高频区（10^{-4}～10^{-5} Hz）相位角（$\varPhi$）的绝对值越高，也即越接近 90°，涂层越接近完好状态，受腐蚀介质的影响越小。图 5-11（b）显示，镁合金基体高频区相位角的绝对值接近于 0°，防腐效果很差。在 MAO 电解液中加入 LDH 粉末或用 8HQ 缓蚀剂封孔后，复合涂层高频区域的相位角绝对值逐渐增大。以频率为 10 kHz 时的相位角（$\varPhi_{f=10\ \mathrm{kHz}}$）的绝对值为例，MAO 涂层的 $\varPhi_{f=10\ \mathrm{kHz}}$ 为 47.2°。相比之下，加入 LDH 纳米片后获得的 LDH/MAO 涂层的 $\varPhi_{f=10\ \mathrm{kHz}}$ 增加到 66.8°。经 8HQ 封孔后，8HQ/LDH/MAO 复合涂层的 $\varPhi_{f=10\ \mathrm{kHz}}$ 增加至 76.9°。

利用图 5-11（c）和图 5-11（d）所示的 EC 图对镁合金和不同 MAO 涂层的 EIS 曲线进行拟合，结果见表 5-1。图 5-11（c）中显示的用于镁合金的 EC 图包括溶液电阻（R_s），双电层的 CPE（Q_{dl}）和电荷转移电阻（R_{ct}），以及腐蚀产物诱导的电感（L）和感抗（R_L）[16]。图 5-11（d）所示的 EC 图适用于不同的 MAO 涂层，可以表示为 R_s（Q_2R_2）（Q_1R_1）（$Q_{dl}R_{ct}$），n 是 CPE 元件指数。对于单一 MAO 涂层和 LDH/MAO 复合涂层的 EC 图，其中 Q_1 和 R_1 分别代表 MAO 涂层致密内层的CPE和电阻，Q_2和R_2分别代表MAO涂层外多孔层的CPE和电阻。对于8HQ/MAO和 8HQ/LDH/MAO 复合涂层的 EC 图，其中 Q_1 和 R_1 表示 MAO 或 LDH/MAO 涂层的 CPE 和电阻，Q_2 和 R_2 分别表示 8HQ 外层的 CPE 和电阻。由表 5-1 可知，掺入 LDH 或 8HQ 封孔后复合涂层的（R_1+R_2）值显著增加，表明涂层的抗腐蚀介质渗透性能显著增强。其中，单一 MAO 涂层的（R_1+R_2）和 R_{ct} 值分别为 69.66 和 830 kΩ·cm²。相比之下，8HQ/LDH/MAO 复合涂层数值最大，分别达到了 1059.3 和 1975.2 kΩ·cm²，其 R_{ct} 值是 MAO 涂层的 2 倍，表明耐腐蚀性能的增强。

表 5-1　基于镁合金、LDH/MAO、8HQ/MAO 和 8HQ/LDH/MAO 涂层 EIS 谱图拟合的电化学参数

样品	R_s/(Ω·cm²)	Y_2/10^{-8} (S·s^n·cm^{-2})	n_2	R_2/(kΩ·cm²)	Y_1/10^{-8} (S·s^n·cm^{-2})	n_1	R_1/(kΩ·cm²)	Y_{dl}/10^{-8} (S·s^n·cm^{-2})	n_{dl}	R_{ct}/(kΩ·cm²)	χ^2/10^{-3}
AZ31	1.5	—		—	—		—	1405	0.97	0.371	1.51
MAO	5.7	208.20	0.52	50.30	56.00	0.73	19.36	43.21	0.80	830.0	2.71
LDH/MAO	2.4	137.20	0.64	72.95	38.43	0.78	250.70	53.39	0.85	1237.9	2.92
8HQ/MAO	2.1	70.02	0.68	73.17	38.53	0.72	438.10	28.78	0.79	1367.9	1.13
8HQ/LDH/MAO	1.9	19.97	0.72	79.23	26.42	0.86	980.10	11.20	0.88	1975.2	3.93

Tafel 曲线测试结果也证实了复合涂层对镁合金耐蚀性能的增强。与镁合金和单一 MAO 涂层相比，掺入 LDH 和 8HQ 封孔后的复合涂层的 j_{corr} 更低，E_{corr} 更高（表 5-2）。一般来说，E_{corr} 越正，j_{corr} 越小，耐腐蚀性能越好[17]。从 Tafel 曲线［图 5-11（e）］拟合参数（表 5-2）可以看出，单一镁合金的 E_{corr} 最负，为−1407 mV，j_{corr} 最大，为 1.899×10^{-5} A/cm²。生长单一 MAO 膜镁合金的 E_{corr} 增加到−714 mV，j_{corr} 降低到 2.14×10^{-7} A/cm²。在电解液中加入 LDH 纳米颗粒得到的 LDH/MAO 复合涂层的 E_{corr} 提高到−692 mV，j_{corr} 降低到 5.78×10^{-8} A/cm²。经过 8HQ 封孔后，8HQ/LDH/MAO 涂层的 E_{corr} 进一步增加至−563 mV。与单一 MAO 涂层的镁合金相比，8HQ/LDH/MAO 涂层的 j_{corr} 降低了 1 个数量级，达到 1.28×10^{-8} A/cm²，表现出最好的耐腐蚀性。

根据在 NaCl 溶液中浸泡 14 天后的 Tafel 曲线，分析不同复合涂层的耐久性和耐腐蚀性[图 5-12（a）]。单一 MAO、LDH/MAO、8HQ/MAO 和 8HQ/LDH/MAO 复合涂层的 j_{corr} 分别从最初的 0.214、0.0578、0.0357 和 0.0128 μA/cm^2 增加到 0.404、0.154、0.294 和 0.0722 μA/cm^2。E_{corr} 由最初的−714、−692、−558 和−563 mV 减少到最终的−897、−720、−626 和−613 mV。与单一 MAO 涂层相比，8HQ/LDH/MAO 复合涂层长期暴露后的 j_{corr} 仍然最低。单一 MAO 涂层在暴露 7 天后在右上角出现少量的腐蚀斑点。相比之下，从图 5-12（b）可以看出，LDH/MAO，8HQ/MAO 和 8HQ/LDH/MAO 复合涂层在相同的浸泡时间后均没有出现明显腐蚀。浸泡 7 天后，8HQ/MAO 涂层表面的绿色变浅，甚至在部分区域消失。暴露第 14 天，8HQ/MAO 涂层表面局部出现大量腐蚀。由 Tafel 曲线可知，新制备的 8HQ/MAO 的 j_{corr} 低于 LDH/MAO 涂层（表 5-2），但在浸泡 14 天后，前者的 j_{corr} 高于后者（表 5-3）。此外，暴露后 LDH/MAO 涂层右下角的腐蚀面积也远小于前者，说明 LDH/MAO 涂层比 8HQ/MAO 涂层耐腐性能更好。

表 5-2　基于镁合金、LDH/MAO、8HQ/MAO 和 8HQ/LDH/MAO 涂层 Tafel 曲线得出的电化学参数

样品	E_{corr}/mV	j_{corr}/(μA·cm^{-2})	$-\beta_c$/(mV·dec^{-1})
AZ31	−1407	18.99	159.5
MAO	−714	0.214	242.5
LDH/MAO	−692	0.0578	293.1
8HQ/MAO	−558	0.0357	337.1
8HQ/LDH/MAO	−563	0.0128	320.4

8HQ/LDH/MAO 复合涂层在浸泡 14 天后，仅在左下角出现极微小斑点。浸泡前后颜色变化不明显，说明腐蚀性介质对涂层影响不大。几种涂层经过长时间浸没后的 Tafel 曲线和表面数码图像变化表明，分散 LDH 和 8HQ 处理提高了 MAO 涂层的防腐性能。一方面，引入的 LDH 可以增加膜层厚度、封闭微孔、降低孔隙率、提高涂层致密性；另一方面，当 LDH/MAO 浸泡在 8HQ 溶液中处理时，暴露在 MAO 表面的 LDH 相易与 8HQ 阴离子交换，使 8HQ 阴离子进入 LDH 相中。发生离子交换的原因在于，相较于 8HQ$^-$，NO_3^- 与 LDH 相的亲和性更低。事实上，与许多缓蚀剂阴离子包括 8HQ$^-$相比，NO_3^- 与 LDH 相间的亲和性都偏低，这正是 NO_3^- 插层 LDH 相常作为制备缓蚀剂插层 LDH 前驱体的原因。对于经 8HQ 处理的 MAO 涂层（8HQ/MAO 和 8HQ/LDH/MAO），涂层表面的 $Mg(HQ)_2$ 沉淀和物理吸附的 8HQ 可以有效封闭表面微孔，对腐蚀介质渗透有一定的抵挡作用。然而，

在长时间浸泡中，吸附在 8HQ/MAO 涂层表面的 8HQ 容易发生大量的解吸并扩散到腐蚀介质中，进而降低对表面的防腐作用。在相同的浸泡条件下，尽管 8HQ/LDH/MAO 涂层表面物理吸附的 8HQ 也会部分解吸损失，大量 LDH 相中插层的 8HQ 阴离子处于固定状态，只有在 MAO 表面发生腐蚀反应而形成 Mg^{2+} 时才会释放。此外，释放的 Mg^{2+} 与 HQ^- 反应生成 $Mg(HQ)_2$ 沉淀并沉积在缺陷处，进一步抑制腐蚀，从而大大增强防腐性和耐久性[18]。

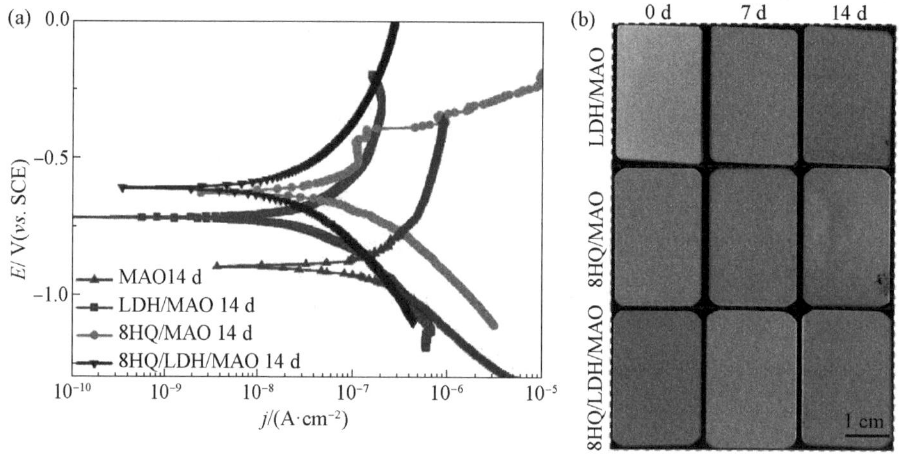

图 5-12　MAO、LDH/MAO、8HQ/MAO 和 8HQ/LDH/MAO 涂层在 3.5wt%NaCl 溶液中暴露后的（a）Tafel 曲线和（b）暴露不同天数时的照片

表 5-3　MAO、LDH/MAO、8HQ/MAO 和 8HQ/LDH/MAO 涂层在 3.5wt%NaCl 溶液中浸泡 14 天后的 Tafel 曲线参数

样品	E_{corr}/mV	j_{corr}/（μA·cm^{-2}）	$-\beta_c$/（mV·dec^{-1}）
MAO 14 d	−897	0.404	358.4
LDH/MAO 14 d	−720	0.154	289.5
8HQ/MAO 14 d	−626	0.294	306.4
8HQ/LDH/MAO 14 d	−613	0.0722	326.6

5.1.6　小结

在电解液中加入 LDH 纳米颗粒可增加 MAO 涂层厚度，提高致密性。将 LDH/MAO 涂层浸泡在 8HQ 乙醇溶液中，8HQ 沉积在 MAO 涂层表面，可封闭表面微孔。同时，8HQ 阴离子会与硝酸根离子进行离子交换，插入 LDH 相层间，

达到固定 8HQ 阴离子的作用，减少缓蚀剂向周围环境的无效释放，增加腐蚀部位的修复能力，强化涂层的耐蚀性和耐久性。与裸镁合金和单一 MAO 涂层相比，本节制备的 8HQ/LDH/MAO 复合涂层的 j_{corr} 分别降低 3 个数量级和 1 个数量级；与仅加入 LDH 或仅使用 8HQ 改性的 MAO 涂层相比，防腐性能也有显著提高。相比较而言，本节研究的 8HQ/LDH/MAO 复合涂层表现出最好的防腐性能。在腐蚀介质中暴露 14 天后，8HQ/LDH/MAO 复合涂层也未发现明显的腐蚀点，且 j_{corr} 一直较低，说明该涂层能在较长的时间内保持良好的防腐性能，为在镁铝合金表面制备高耐腐蚀性 MAO 涂层提供新思路。

5.2　分散 LDH 纳米片壳体纳米容器的镁合金自修复防腐涂层

5.2.1　引言

智能涂层用以解决缓蚀剂不可控释放的问题，自本世纪初提出后，引起了腐蚀防护领域的广泛关注[19-22]。用于腐蚀防护的容器型智能涂层通常是将负载有缓蚀剂的微纳米容器分散至有机或无机如 PEO 涂层之中[23]。迄今，已经开发出多种存储缓蚀剂的容器，包括介孔二氧化硅、埃洛石纳米管[22]、沸石纳米颗粒[24]、石墨烯[25]、木质素[26]和微胶囊[27]。其中，微胶囊直径在几十微米，体积过大，不适宜用于厚度小于 100 微米的防腐涂层[28,29]。相比之下，介孔二氧化硅纳米粒子（MSN）具有较大的比表面积（约 1000 m^2/g），非常适于缓蚀剂载体。为了获得良好修复效果，通常要求纳米容器能对各种外部和内部刺激（如涂层缺陷处的 pH 变化、光照及温度的影响）具有灵敏的响应性，且应避免腐蚀未开始前缓蚀剂就缓慢发生释放。介孔二氧化硅上丰富的硅醇基（Si—OH）有助于实现各种有机硅烷的修饰，以控制缓蚀剂的智能释放，如安装准轮烷纳米阀[30]。不过，二氧化硅表面硅烷化改性存在制备超分子过程中试剂成本高、合成工艺复杂且耗时等缺点，这对于智能涂层的实际应用非常不利。此外，目前文献主要集中在刺激响应型纳米颗粒的构建上，而忽略了纳米阀对生态环境和涂层特性的潜在影响。如果纳米阀能够在提供可控释放功能的同时，具有额外的保护功能，将有助于改善涂层性能，而这在现有报道中较为罕见。

前文我们介绍了 LDH 在镁合金腐蚀防护中最主要的两种应用形式，即直接在基底表面成膜和作为纳米容器分散于其他涂层，这都主要是利用 LDH 良好离子交换功能的优点。LDH 作为一种无机化合物，还有一个显著的缺点是在酸性溶液中不稳定，其结构容易因氢氧化物层和碳酸根离子的溶解而遭到破坏，这在很多腐蚀防护研究中常常被忽视。本小节拟利用 LDH 不稳定的缺点，制备 MSN 核@LDH 壳纳米杂化物（MSN-MBT@LDH）。通过溶解 LDH 纳米片，实现负载缓蚀剂的控制释放，获得 pH 值响应的纳米容器，其制备示意图如图 5-13 所示。通过 MBT-负载和 LDH 纳米片简单吸附覆盖，可以低成本和较简单的方法实现 MSN 纳米粒子的功能化。利用吸附 LDH 纳米片作为 MSN 表面的阀门来制备负载缓蚀剂的纳米容器和用于镁合金腐蚀保护的智能涂层，到目前为止还没有报道。该方法中未充分剥离开的 LDH 纳米片可与 MSN-MBT@LDH 纳米容器一起嵌入涂层中，也充当纳米容器，有利于提升涂层在实际应用中的抗腐蚀性能。

5.2.2 纳米容器型镁合金自修复防腐涂层的制备和表征

材料和试剂：镁合金基材及前处理同前面章节。溴化十六烷基三甲基铵（CTAB，≥98%）、正硅酸四乙酯（TEOS，≥98%）、乙酸乙酯（EA，≥95%）、3-缩水甘油基丙基甲基二氧基硅烷（GPTMS，≥98%）、三乙烯四胺（TETA，≥98%）均购自 Sigma-Aldrich。用于合成 MgAl-LDH 的试剂主要购于阿拉丁公司。

MSN-MBT@LDH 纳米容器的合成：通过共沉淀法制备 MgAl-LDH 纳米粒子。首先，将 $Mg(NO_3)_2 \cdot 6H_2O$（3.82 g）和 $Al(NO_3)_3 \cdot 9H_2O$（2.70 g）溶于 240 mL 煮沸并冷却的去离子水中形成溶液。将该溶液转移到一个 1000 mL 的圆底三颈烧瓶中，再加入约 240 mL 的氢氧化钠溶液（0.175 mol/L），直到溶液的 pH 值接近于 10。然后，将该溶液在 N_2 气氛下于 100℃回流 16 h，并在空气中冷却至室温。最后，通过离心得到 MgAl-LDH 粉末，用蒸馏水洗涤，并在 65℃真空条件下将沉淀物过夜干燥（约 12 h）。

MSN 的合成过程可参阅相关文献[31]。主要步骤包括，将 3.5 mL NaOH 溶液（2 mol/L）加入到 480 mL CTAB（1.0 g）水溶液中，在 70℃下持续搅拌 30 min。然后，加入 5.5 mL TEOS，并于一分钟后，在剧烈搅拌下加入 5 mL EA，直到出现大量白色沉淀。过滤沉淀物，用乙醇和蒸馏水反复冲洗，并在 50℃下干燥 10 h。再将获得的产物在乙醇∶盐酸=10∶1（v/v，170 mL）混合溶液中回流，以除去 CTAB 模板。最后，经过过滤、洗涤和干燥，得到不含缓蚀剂的白色 MSN 粉末。

MSN-MBT@LDH 纳米容器的制备：首先，将 1.0 g 上述空白 MSN 超声分散在含有 1.0 g MBT 的 50 mL 乙醇溶液（70%）中，并持续超声 20 分钟。在低真空条件下，用振荡器振荡吸附 12 h，并让悬浮液在室温下静置 4 h。重复振荡步骤两次，以负载更多的 MBT 并达到吸附平衡。将 MgAl-LDH 粉末（100 mg）添加在甲酰胺溶液（5 mL，0.05%）中超声分散 1.0 h，以剥离 LDH 相，得到 MgAl-LDH 纳米片分散液。将纳米片分散液加入上述混合物中，持续振荡 4.0 h。经离心后，在 65℃下干燥 12 h，得到 MSN-MBT@LDH 纳米容器（图 5-13）。示意图中仅给出 3 层 LDH 纳米片。

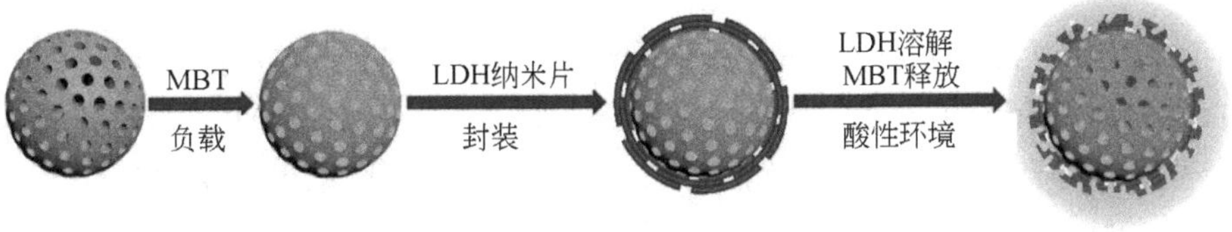

图 5-13　智能 MSN-MBT@LDH 纳米容器的合成示意图

制备掺有 MSN-MBT@LDH 的镁合金涂层：将乙酸溶液（4.5 mL，0.05 mol/L）滴加到 TEOS（4.54 mL）和 GPTMS（13.48 mL）的混合物中，在密封容器中磁力搅拌 3.0 h，老化 4 d，产生自组装纳米相粒子（SNAP）溶胶。将 MSN-MBT@LDH 纳米容器（45 mg）加入到 SNAP 溶胶中，超声分散 10 s。然后，再加入 0.55 mL 的 TETA 作为交联剂，并在室温下连续搅拌 10 min，使用自动浸涂机（SYDC-100，上海三研科技有限公司）在镁合金表面进行浸涂。浸涂工艺如下：将经过前处理的镁合金浸入上述混合物中 180 s，再以 350 μm/s 的上升速度进行涂覆。涂覆过程重复 1 次，涂覆后的试样在空气中凝固，最后在 100℃下固化 1.0 h，得到 SNAP-MM@L 涂层。为了比较，同时制备对照样品 SNAP、SNAP-M 和 SNAP-M@L 涂层，分别表示没有纳米颗粒的空白 SNAP 涂层、有空白 MSN 的 SNAP 涂层以及有 MSN@LDH（用 LDH 纳米片包覆 MSN，但没有负载 MBT）纳米粒子的 SNAP 涂层。

表征和电化学测试：采用 SEM（SU8020，3 kV）、TEM（Tecnai G2 F20，2000 kV）、STEM-EDS 观察和分析 MSN、MSN-MBT@LDH 纳米容器的表面形态、组成和不同 SNAP 涂层的厚度。纳米粒子的特征衍射峰由 XRD 获得。热重分析仪（TGA/SDTA851e）分析不同纳米粒子在升温下的重量损失。热重测试在 N_2 气氛下进行，温度范围为 25～600℃，加热速率为 10.0℃/min。MSN 和 MSN-MBT@LDH 纳米容器的比表面积、平均孔径和孔体积根据 77 K 下 N_2 吸附/解吸等温线获得（Mike ASAP 2460，America）。Brunauer-Emmett-Teller（BET）方法用以计算低压范围内等温线的表面积（$0.05 \leqslant P/P_0 \leqslant 0.2$）。根据 Barret-Joyner-Halenda（BJH）方法计算平均孔径和孔体积[32]。紫外可见分光光度计（Shimadzu UV-1800）用于测定 MSN-MBT@LDH 纳米容器中释放 MBT 的浓度。

根据 Gamry 电化学工作站（Interface，1010E）在 25℃的 NaCl 溶液（3.5wt%）中测定 EIS[33]和动电位极化曲线[34]，以评估 SNAP 涂层的耐腐蚀性。工作电极为带涂层的镁合金（1.0 cm^2），辅助电极是铂金电极，参比电极是 SCE。电化学阻抗测试在 10^5～10^{-2} Hz 频率范围内进行，交流电压振幅为 30 mV。不同暴露时间下 SNAP 涂层的相对抑制效率（η）由 EIS 得出的电荷转移电阻（R_{ct}）值计算，如式（5-4）：

$$\eta\%=[(R_{ct,t}-R_{ct,0})/R_{ct,t}]\times100\% \quad (5\text{-}4)$$

其中，$R_{ct,t}$和 $R_{ct,0}$ 分别是在 NaCl 溶液中浸泡不同时间的 SNAP 涂层和浸泡 10 天后的裸 SNAP 涂层的 R_{ct} 值。需要注意的是，此处采用空白 SNAP 涂层而不是 Mg 合金基底作对照样品，以评估涂层在加入刺激性响应型的纳米容器后的自修复效率。极化测试时，不同 SNAP 涂层以 5.0 mV/s 的扫描速度相对 OCP，从−500～500 mV 的电位区间进行极化测试。

5.2.3　LDH、MSN 和 MSN-MBT@LDH 纳米粒子的表征

MgAl-LDH 白色粉末的表面形貌通过 SEM 和 TEM 进行表征（图 5-14）。图 5-14 清楚显示 MgAl-LDH 的典型纳米片结构，与厚度（沿 *c* 轴方向的尺寸）相比，MgAl-LDH 晶体因 *ab* 面（长度和宽度）的优先取向尺寸更长。根据 SEM 图像［图 5-14（b）］，MgAl-LDH 的尺寸在厚度上接近 20 nm。根据 TEM 图像［图 5-14（d）］，其 *ab* 面的尺寸为 75 nm。图 5-14（d）还显示，尽管有几片 MgAl-LDH 纳米片呈典型的六边形形状，但大多数 MgAl-LDH 晶体 *ab* 面的形状并不规则，表明这种共沉淀方法制备的大多数 MgAl-LDH 晶体沿 *ab* 面不同方向的生长速率接近。

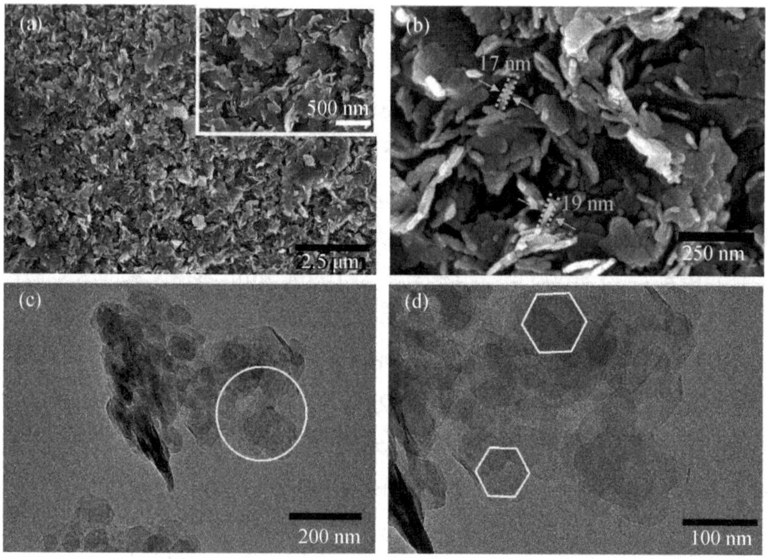

图 5-14　MgAl-LDH 纳米片在不同放大倍数下的（a）、（b）SEM 图像和（c）、（d）TEM 图像。图（a）、图（a）中的插图和图（b）的放大倍数分别为 10 000、50 000 和 100 000 倍，（d）为（c）中圆圈部分放大后的形貌

为了观察 MSN 在修饰前后的表面形态变化，图 5-15 给出了 MSN 和 MSN-MBT@LDH 纳米容器的 SEM 和 TEM 图像。如图 5-15（a）所示，空白 MSN 呈现均匀球状，平均直径为（80±5）nm。相应 TEM 图像（插图）显示有序的六方介孔结构，平均孔径为（2.3±0.1）nm，与后面基于 N_2 吸附/脱附试验计算的结果以及已有报道一致[35,36]。MSN-MBT@LDH 纳米容器保持均匀球状，但在负载 MBT 和 LDH 纳米片封装后，颗粒表面更粗糙，直径更大［(88±5) nm，图 5-15（b）］，在 MSN 表面通过静电吸附作用形成了厚度约为 4 nm 的纳米壳以封闭纳米孔。假设单层 LDH 纳米片的厚度约为 0.5 nm，则纳米壳的层数约为 8 层[37]。同时，从图 5-15（b）的 TEM 图像可以看出，MSN 原有的中孔变得模糊不清，说明 MSN 中的通道被 MBT 缓蚀剂填充，MSN 的外表面被 LDH 纳米片很好包裹。白色圆圈区域显示少量的 LDH 没有完全剥离，仍然以纳米片形式存在。单个 MSN-MBT@LDH 纳米容器不同元素的 STEM-EDS 图清楚地表明［图 5-15（c）］，除 Si 元素外，还存在 Mg、Al、N 和 S 元素并均匀地分布在纳米容器表面。N 和 S 元素的存在源于 MBT 的噻唑环和硫醇基团，而 Mg 和 Al 元素则源于 MgAl-LDH 纳米片，这也证实了缓蚀剂在中孔中的成功装载以及 LDH 纳米片对负载 MBT 的 MSN 的包覆。

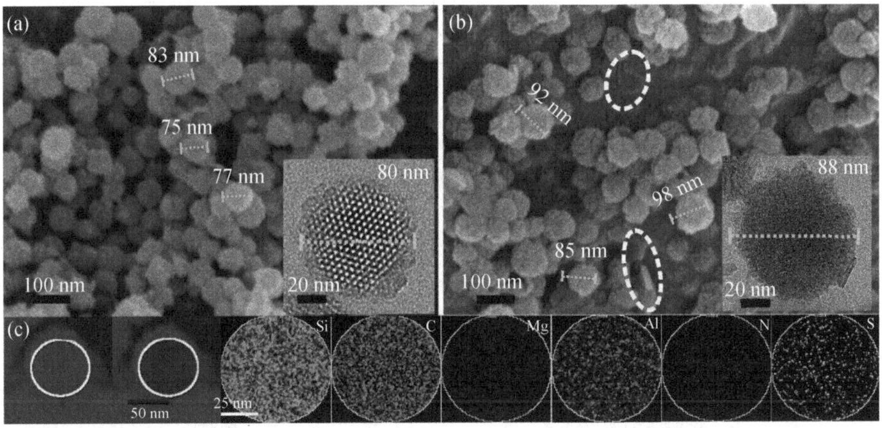

图 5-15　（a）MSN 和（b）MSN-MBT@LDH 的 SEM 形貌图（放大倍数为 100 000），插图分别为单个纳米粒子的 TEM 形貌。（c）MSN-MBT@LDH 的 STEM-EDS 图谱以及 Si、C、Mg、Al、N 和 S 元素的面分布图

为定量测量 MSN 和 MSN-MBT@LDH 纳米容器在封装前后的比表面积和孔径的变化，测定了 N_2 吸附/解吸等温曲线（图 5-16），并将基于 BET 和 BJH 方法计算的结果列于表 5-4。图 5-16（a）显示，未修饰 MSN 呈现典型的Ⅳ型等温线，在 P/P_0 的中间区域，即 0.3～0.4，有一个小的吸附步骤，源于 N_2 在介孔通道中的

毛细管凝结，证实 MSN 粉末的介孔结构。图 5-16（a）中的小回滞环和较小的孔径分布证实均匀圆柱形介孔的存在。基于 BJH 方法得到纯 MSN 的孔隙体积和孔隙直径分别为 1.9 cm^3/g 和 2.4 nm（表 5-4），与 TEM 结果［图 5-15（a）］一致。对于 MSN-MBT@LDH，比表面积从 925 m^2/g 明显下降到 64 m^2/g，孔隙体积下降至 0.14 cm^3/g，表明 MBT 的成功负载和 MgAl-LDH 纳米片的包覆。如图 5-16（b）的插入图所示，在 MSN-MBT@LDH 纳米容器的孔径分布曲线中观察到几个不同的峰值，意味着在装载和包裹过程中形成了新类型的纳米孔隙。考虑到改性后，比表面积和孔隙体积的明显减少，MSN-MBT@LDH 纳米容器中的这些非均匀纳米孔不太可能源于空白 MSN 中的介孔，而是由分散的 LDH 纳米片和纳米容器之间的间隙造成，这可以从高压（P/P_0=0.9～1.0）范围内 N_2 吸收的突然增加得到证明[38]。

表 5-4　通过 N_2 吸附/脱附等温线计算得出的 MSN 和 MSN-MBT@LDH 纳米容器的比表面积、孔径和孔体积

样品	MSN	MSN-MBT@LDH
BET 比表面积	925 m^2/g	64 m^2/g
BJH 孔径	2.4 nm	2.0/2.4/3.7/4.7 nm
BJH 孔体积	1.9 cm^3/g	0.14 cm^3/g

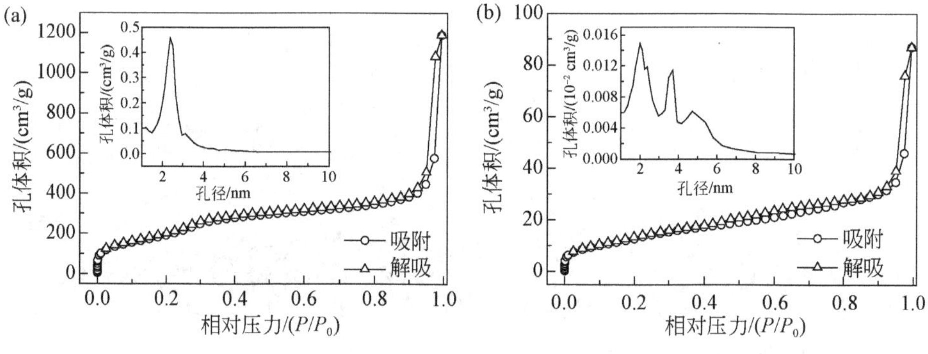

图 5-16　（a）MSN 和（b）MSN-MBT@LDH 的氮气吸附和脱附等温线以及相应的孔径分布（插图）

XRD 图谱和 TG 曲线证实，纳米 LDH 外壳的成功形成和 MBT 在 MSN 表面的负载（图 5-17）。图 5-17（a）清楚显示，位于 11.33°、22.80°和 34.74°的几个强而尖锐的特征峰，分别归属于典型 LDH 相（003）、（006）和（012）晶面的衍射，证明 LDH 纳米相的层状结构（JCPDS NO.35-0965）[38,39]。与空白 MSN 仅在 21.98°

处出现非晶态二氧化硅的宽峰相比（JCPDS NO.29-0085），在 MSN-MBT@LDH 的 XRD 图谱中，位于 LDH 晶相（003）晶面同一峰位上观察到一个新的峰，证明 MSN 表面存在 LDH 层。在 MSN-MBT@LDH 纳米容器的 XRD 图谱中，很难识别出对应于（006）和（012）晶面的峰，特别是 LDH 相中 2θ 值较高的其他晶面，这是因为在超声剥离和包覆过程中，LDH 失去了原有的晶体结构，LDH 纳米片的含量极低以及在 21.98°处 MSN 宽峰的掩盖。TG 曲线显示，当温度低于 100℃时，所有纳米粒子的重量损失都小于 2.2%［图 5-17（b）］，这主要是由于纳米粒子表面物理吸附水分子的蒸发。MSN、MSN@LDH 和 MSN-MBT@LDH 的 TG 曲线在温度升高到 200℃左右时差异较小。当温度上升到 600℃时，空白 MSN 的最终失重率为 8.23%，这源于制备过程中残留的 CTAB 模板和 EA 等有机物质。与 MSN 相比，MSN@LDH 样品的最终失重值较高（14.73%），包括 LDH 表面吸附和 LDH 层间水分子的蒸发、LDH 脱羟基作用和碳酸盐（CO_3^{2-}）分解产生 H_2O 蒸气和 CO_2 气体而损失。对于 MSN-MBT@LDH 纳米容器来说，当温度高于 200℃时，重量损失开始急剧提升。随着温度持续提高至 600℃时，因 MBT 缓蚀剂的分解，失重率最终增加至 19.6%。

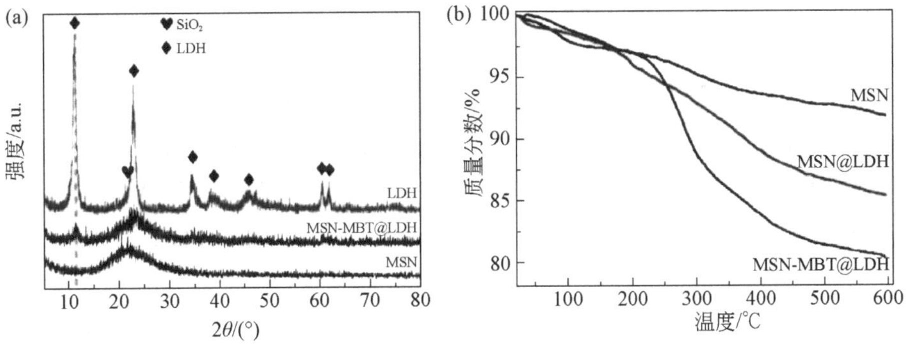

图 5-17　（a）MSN、LDH、MSN-MBT@LDH 固体粉末的广角 XRD 谱图；（b）MSN、MSN@LDH、MSN-MBT@LDH 的热重曲线

5.2.4　MSN-MBT@LDH 纳米容器的控制释放试验

图 5-18 为紫外可见光谱，用以研究 MSN-MBT@LDH 纳米容器在不同酸性条件下，缓冲溶液中 MBT 的浓度情况。MBT 最大吸收波长（λ_{max}）出现在 308 nm［图 5-18（a）］。在 MBT 浓度为 1.25～7.5 μg/mL 范围内，将 λ_{max} 吸光度值与浓度关系绘制成曲线。此时，决定系数（R^2=0.99971，≥0.999）极其接近于 1，具有很好的线性关系［图 5-18（b）］，表明该测试方法可准确测定 MBT 浓度。

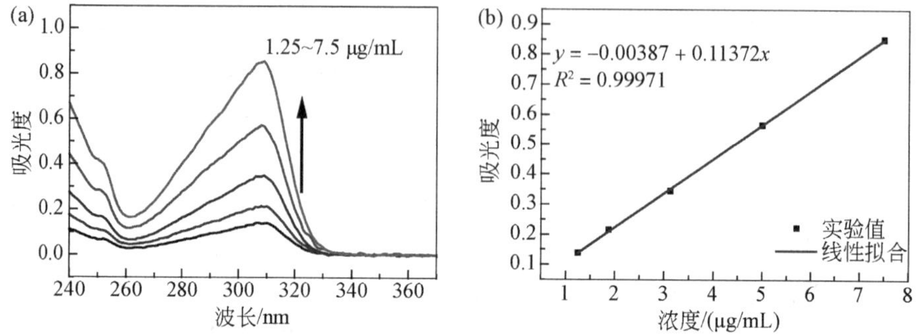

图 5-18　(a) 不同 MBT 浓度下吸收光谱的变化，(b) 吸光值与 MBT 浓度之间的线性关系

根据紫外可见光谱，从 MSN-MBT@LDH 纳米容器中释放 MBT 浓度与释放时间（t）的关系如图 5-19 所示。图 5-19（a）显示，不同 pH 值下，释放浓度具有明显差异，除了对照曲线（pH=7，洗净），所有释放曲线至少可以分为两个阶段。一个是 7.5 h 内的快速释放阶段，另一个则是在剩余时间段内的持续释放阶段。对于制备 MSN-MBT@LDH 纳米容器时，最后一步没有进行洗涤的样品。经过 30 h 的释放，当 pH=2 时，MBT 浓度为 5.40 μg/mL，而当 pH=7 时，该值为 3.42 μg/mL。在制备 MSN-MBT@LDH 过程中，若最后一步用去离子水彻底清洗纳米容器，其 MBT 释放曲线如图 5-19（a）中"水洗"曲线所示。MBT 浓度与时间的变化表明，在中性环境下，只有少量的 MBT 进行释放。为了进一步分析不同 pH 值下的释放曲线，将 MBT 的释放百分比相对时间作图［图 5-19（b）］。在快速释放阶段结束时（t=7.5 h），在 pH 值为 2.0 的缓冲溶液中，MBT 释放百分

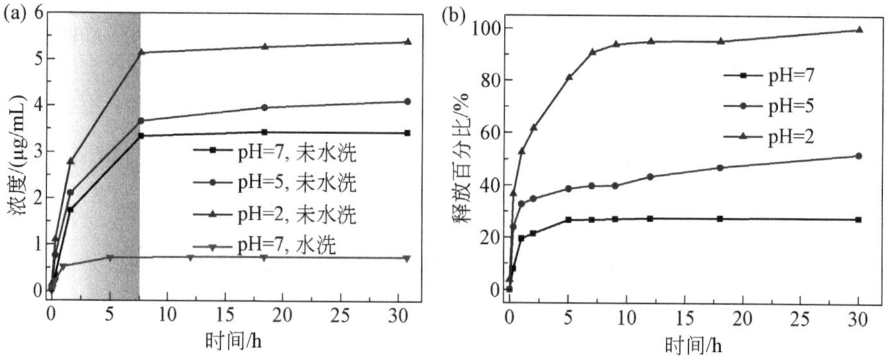

图 5-19　(a) 通过紫外吸收光谱计算的 MSN-MBT@LDH 纳米容器在不同 pH 值下的释放量与时间的关系曲线。(b) 在 pH 值为 7.0 时，扣除水洗样品与未水洗样品之间差值后的释放百分比曲线，假设 pH=2.0、t=30 h 时，MBT 的浓度为可释放 MBT 的总量

比约为 92%。同一时刻，当溶液 pH 值为 5.0 和 7.0 时，释放百分比约为 40%和 27%，说明不同酸度下 MSN-MBT@LDH 纳米容器中 MBT 的释放百分比具有明显差异。

MBT 的释放与 pH 值有关，可以用 MSN、MBT 分子和 LDH 纳米片之间的相互作用解释。MBT 分子通常通过弱的非共价作用，如物理吸附、静电作用、氢键和π-π堆积负载于 MSN 的纳米孔内[40]。中性环境下，由于 MSN 表面丰富的 Si—OH，MSN 表面带有负电荷，而剥离的 LDH 纳米片表面带有正电荷。当将 LDH 纳米片添加到负载 MBT 的 MSN 溶胶中时，LDH 纳米片将通过静电作用吸附在 MSN 表面以密封 MBT 和孔隙。同时，没有吸附在孔隙内的自由 MBT 分子将与未剥离、没有吸附在 MSN 表面的多余 LDH 纳米块体相互作用。MBT 分子和 LDH 纳米粒子之间的相互作用包括两种形式，即物理的表面吸附和离子交换插层[41,42]。当存在浓度梯度时，物理吸附 MBT 分子因不受约束，即使没有酸性刺激也能自由扩散。换句话说，MSN-MBT@LDH 纳米容器在未经洗涤的情况下，在释放实验中获得的 MBT 浓度包含一定数量并非由 MSN 介孔中释放出来的缓蚀剂。然而，LDH 纳米片上物理吸附的 MBT 可能被去离子水洗掉，显示出在相同的 pH 值下[pH=7.0，图 5-19(a)]，与未经洗涤的样品相比，经洗涤的 MSN-MBT@LDH 纳米容器的 MBT 释放速率要低很多。LDH 纳米片中插层 MBT 可以通过离子交换释放，因为与 MBT 相比，缓冲溶液中存在的磷酸根阴离子对 MgAl-LDH 相有更高的亲和力[43,44]。正因如此，即使在中性环境下排除物理吸附的 MBT 后，也有一定比例的 MBT 释放[pH=7.0，图 5-19(b)]。在弱酸性环境下(pH=5.0)，MSN 表面的 LDH 纳米片溶解缓慢，MSN 和 MBT 都带有正的表面电荷，导致 MSN 和 MBT 之间有较大的静电排斥力，因此观察到 MBT 从 MSN 纳米孔中较快地释放[45]。当 pH 值降低到 2.0 时，MSN 表面的 LDH 纳米壳和多余堆积的未剥离的 LDH 纳米块体也可以快速溶解[46]，与 pH 值为 5.0 时相比，释放比例翻倍。MBT 释放速率依赖于 pH 值的结果表明，通过利用不同酸性环境下 LDH 纳米片溶解速率的不同，可以实现 LDH 纳米片的纳米阀功能。

值得注意的是，药物输送系统通常要求在生理 pH 值(7.4)时为零释放，以保护健康组织不受有毒药物的影响以及避免药物在到达目标细胞之前发生分解或变性[47]。不过，在腐蚀防护涂层系统中，同缓蚀剂只储存在纳米容器的纳米孔中的情况相比，未封闭 MBT 分子发生的释放同样可以接受，因为即使将没有负载的缓蚀剂直接加入有机涂层中，也有利于提高耐腐蚀性能。也就是说，在制备 MSN-MBT@LDH 纳米容器时，在最后一步应有意避免清洗，在降低污染的同时，可以实现涂层体系的高防腐效果。因此，在以下评估抗腐蚀能力的研究中，MSN-MBT@LDH 纳米容器在加入 SNAP 涂层前都未经洗涤。

5.2.5　纳米容器型镁合金自修复涂层的耐腐蚀性能

涂层的厚度对耐腐蚀性有重要影响，电化学试验测试前，用 SEM 对涂层厚度进行测试（图 5-20）[16]。四种不同涂层的横截面形态非常相似，尽管 SNAP-M、SNAP-M@L 和 SNAP-MM@L 涂层的厚度在引入二氧化硅纳米颗粒后略有下降。SNAP、SNAP-M、SNAP-M@L 和 SNAP-MM@L 涂层的厚度分别为 237、220、226 和 222 μm，表明从涂层厚度角度考虑，加入二氧化硅纳米颗粒不利于耐腐蚀性。但是，三种含有不同二氧化硅纳米颗粒的涂层的厚度差异非常小，可以认为近似相等。

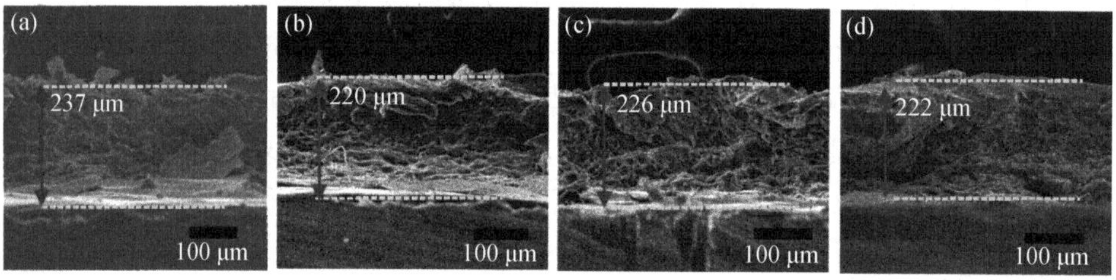

图 5-20　（a）SNAP、（b）SNAP-M、（c）SNAP-M@L 和（d）SNAP-MM@L 涂层的横截面形貌和厚度的 SEM 图像

图 5-21 为 25℃的 NaCl 溶液中测试的不同涂层的动电位极化曲线。考虑到异常大的阳极 Tafel 斜率，只对极化曲线的阴极 Tafel 区域进行外推至 OCP 以得到 j_{corr}。与镁合金基体相比，不同 SNAP 涂层的 E_{corr} 和 j_{corr} 都分别明显向电位更正和电流密度更低的方向移动。其中，j_{corr} 下降三个数量级以上，说明无论从热力学，还是动力学的角度，耐腐蚀性都有明显提升。与纯涂层（−0.73 V）以及含有 MSN（−0.63 V）和 MSN@LDH（−0.65 V）纳米颗粒的对照涂层相比，SNAP-MM@L 涂层显示出最正的 E_{corr} 值（−0.39 V *vs*. SCE）。SNAP-MM@L 涂层 E_{corr} 值的正向移动源于 MBT 是一种主要以阳极反应控制的混合型缓蚀剂。纯 SNAP、SNAP-M 和 SNAP-M@L 涂层的 j_{corr} 值分别为 1.13、0.98 和 1.02 nA/cm^2。SNAP 涂层极低的 j_{corr} 值源于通过溶胶-凝胶技术制备的有机涂层具有良好绝缘性，与其他研究人员在类似的腐蚀保护系统中观察到的结果一致[48,49]。三种不同涂层的 j_{corr} 值接近，可能是由于涂层厚度降低和致密性增加对耐腐蚀性能的贡献相反。毫无疑问，如图 5-20 所示，涂层厚度的减少对耐腐蚀性不利。但当加入合适浓度的纳米粒子时，往往会提升复合涂层的致密性，有利于腐蚀保护[50]。换句话说，加入 MSN 和 MSN@LDH 纳米颗粒后，导致厚度减薄对耐腐蚀性的不利影响，可以通过获得更高的致密性得以补偿，甚至因引入负载缓蚀剂的纳米颗粒，即 MSN-MBT@LDH 纳米容器后，显示出降低的 j_{corr} 值（0.74 nA/cm^2）。总之，根据动电位极化曲线，

不同新制涂层 j_{corr} 值的差异，特别是在引入缓蚀剂之前，非常小。

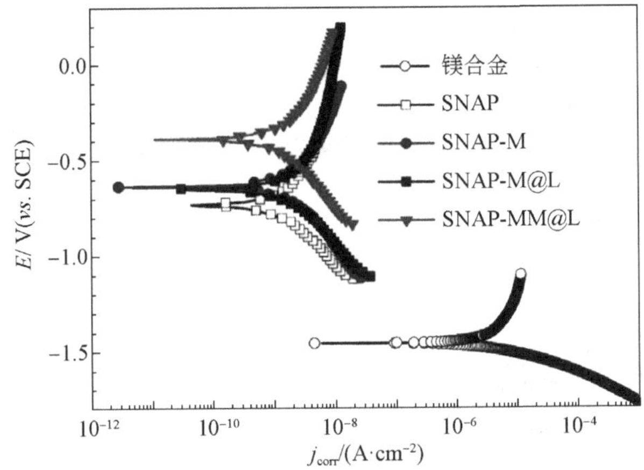

图 5-21　镁合金、SNAP、SNAP-M、SNAP-M@L 和 SNAP-MM@L 涂层在 298 K、3.5wt%NaCl 介质中的动电位极化曲线

基于动电位极化曲线得到的 E_{corr} 和 j_{corr} 值显示，不同新制 SNAP 基涂层对基体具备有效腐蚀保护能力。不过，这些数据并不能评估涂层长期暴露过程中耐腐蚀性能的稳定性。为验证新设计 SNAP-MM@L 涂层的优异抗腐蚀性能，测定不同涂层在 NaCl 溶液中暴露不同天数后的 EIS 曲线（图 5-22）。上文已介绍，$|Z|_{f=0.01\ Hz}$ 通常可以用来定性评估涂层的腐蚀保护能力 [51,52]。图 5-22（a）和图 5-23（a）显示，空白 SNAP 涂层的初始 $|Z|_{f=0.01\ Hz}$ 远高于镁合金，其余涂层的 $|Z|_{f=0.01\ Hz}$ 值在引入二氧化硅纳米颗粒后增加。基体的 $|Z|_{f=0.01\ Hz}$ 值仅约为 574 $\Omega\cdot cm^2$，而 SNAP 涂层的 $|Z|_{f=0.01\ Hz}$ 增加 4 万倍，达到 23.8 $M\Omega\cdot cm^2$，而 SNAP-M、SNAP-M@L 和 SNAP-MM@L 涂层的该值分别上升到 55.8、80.8 和 103.3 $M\Omega\cdot cm^2$。不同涂层的初始 $|Z|_{f=0.01\ Hz}$ 证明耐腐蚀性顺序为：SNAP<SNAP-M≈SNAP-M@L<SNAP-MM@L。耐腐蚀性的增强也可通过 Bode 图低频率区相位角证实。裸露镁合金在低频区具有较正的相位角［图 5-22（b）］，表明存在中间物如 $Mg(OH)^+_{ads}$ 的弛豫过程导致的感抗弧 [53]。随着在 NaCl 溶液中暴露天数的增加，SNAP、SNAP-M 和 SNAP-M@L 涂层的 $|Z|_{f=0.01\ Hz}$ 值逐渐下降，并在浸泡时间增加到第 10 天时［图 5-23（a），（c），（e），（j）］降低至很低水平，接近甚至低于 10^6 $\Omega\cdot cm^2$，表明涂层在浸泡期间逐渐退化。对于 SNAP-MM@L 涂层，$|Z|_{f=0.01\ Hz}$ 的值在暴露一天后增加 2 倍多，达到 259.8 $M\Omega\cdot cm^2$。在暴露 4 天后回落到初始水平 103.9 $M\Omega\cdot cm^2$，甚至在暴露于 NaCl 溶液 10 天后不减反增，达到 107.2 $M\Omega\cdot cm^2$，表明 MBT 的成功释放和在缺陷处形成保护性膜层抑制了腐蚀的进行 [54,55]。

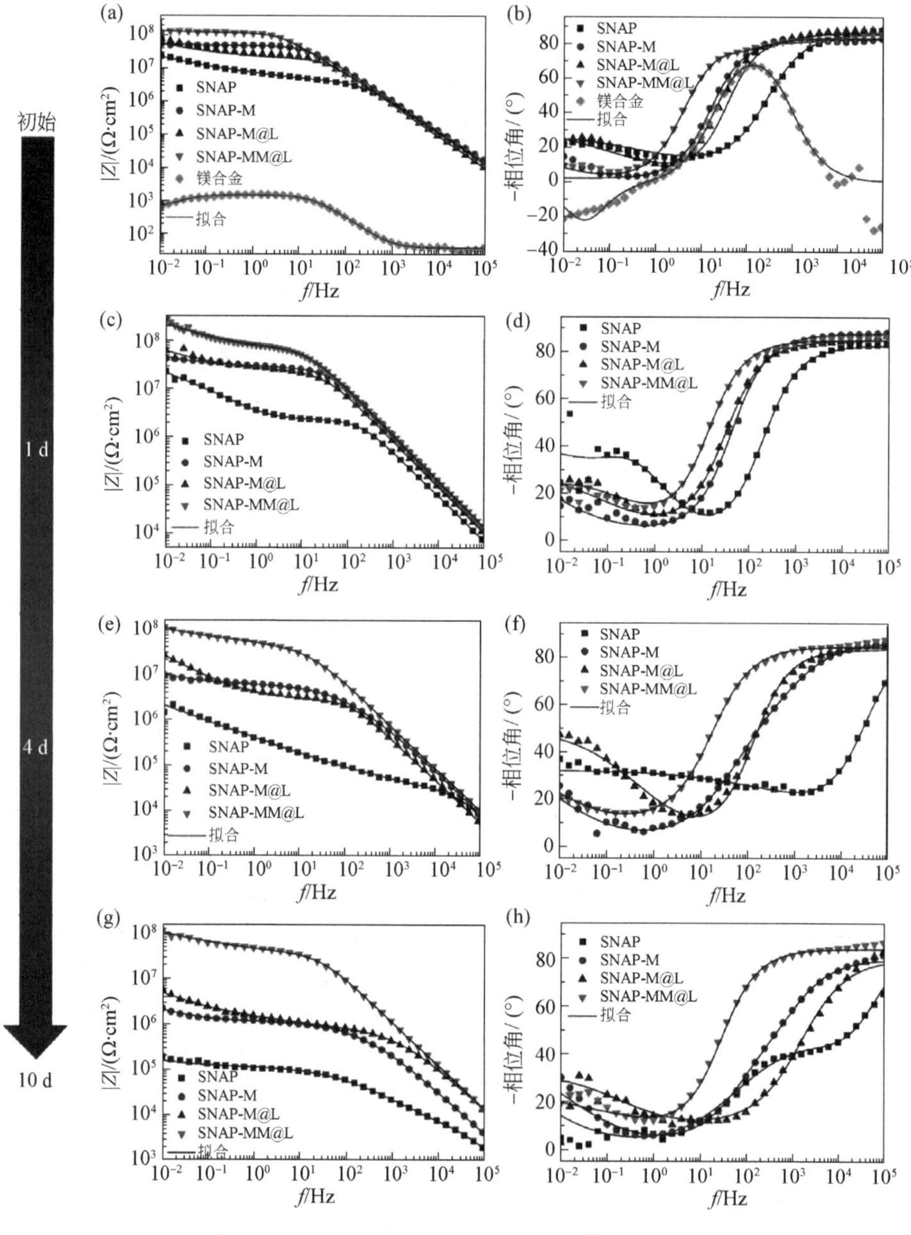

图 5-22　空白 SNAP 涂层和含有不同类型 MSN 纳米颗粒的 SNAP 涂层的（a）、（c）、（e）、（g）阻抗模值和（b）、（d）、（f）、（h）相位角随频率的变化。（a）、（b）新制涂层；在 NaCl 溶液中浸泡（c）、（d）1 d，（e）、（f）4 d 和（g）、（h）10 d 后

不同涂层的腐蚀保护能力也可以通过 Bode 图中相位角的变化来确定[图 5-22（b），（d），（f），（h），以及图 5-23（b）]。研究表明，Bode 图中高频区（$f>10^4$ Hz）的相位角，即电压和电流之间的相位差，反映了电容、电阻并联电路中电流的主要流向[56]。因为电阻代表的是对电流的阻碍作用，而电容则代表了储存电荷的能力，所以对于具有很大电阻和/或很大电容并联的电路，电流主要从电容支路通过，电路整体表现为电容性质，因而相位角接近-90°；否则，对于具有较小电阻和/或较小电容的电路，电流主要从电阻支路通过，电路整体表现为电阻性质，相位角接近 0°。图 5-22（b）显示高频下镁合金的相位角位于 0°附近，而不同 SNAP 涂层则在-90°附近，表明在中性环境下与只有多孔氧化层而几乎没有腐蚀保护能力的基材相比，SNAP 涂层具有很高的电阻。图 5-23（b）为不同 SNAP 涂层高频相位角（$\Phi_{f=10\ \mathrm{kHz}}$）随腐蚀介质中暴露时间的变化。最初，导电通道没有形成，所有新制涂层的相位角都高于 82°（绝对值）。随着暴露时间增加，腐蚀介质逐渐渗透至涂层中，将引起涂层电阻降低和电容增加[57,58]。根据上述 $\Phi_{f=10\ \mathrm{kHz}}$ 和电阻/电容之间关系的分析可知，涂层电阻减少和涂层电容增加将引起相位角发生相反变化，即电阻减少导致相位角（绝对值）的降低，而电容增加导致相位角增加。不过，在同一时间内，通常电阻的减少比电容的增加更加显著。因此，相位角的变化方向主要由电阻的变化主导。当涂层系统逐渐降解时，显示出相位角的逐渐降低。如图 5-23（b）所示，暴露 10 天后，纯 SNAP 涂层的相位角从 84.1°急剧下降到 45.6°；同时，SNAP-M 和 SNAP-M@L 涂层该值也从 87.5°和 82.1°分别明显下降到 75.4°和 68.1°，而 MSN-MBT@LDH 涂层该值在暴露期间则位于 84.6°～88.1°之间波动，表明新设计涂层在中性腐蚀环境中具有很高的稳定性。

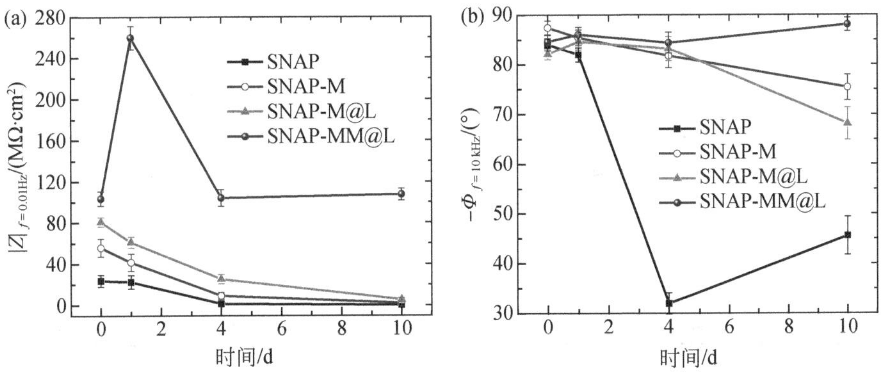

图 5-23　根据 SNAP、SNAP-M、SNAP-M@L 和 SNAP-MM@L 涂层的 Bode 图获得的（a）低频时的阻抗模量（$|Z|_{f=0.01\ \mathrm{Hz}}$）和（b）高频时的相位角（$\Phi_{f=10\ \mathrm{kHz}}$）与浸泡时间的关系

为了定量分析 EIS 数据，结合 Nyquist（图 5-24）和 Bode 图，使用两种不同的 EC 模型（如图 5-25 所示），分别对裸镁合金和不同 SNAP 涂层的 EIS 谱图进行拟合。裸镁合金的 EC 模型由溶液电阻（R_s）、电感（L）、感抗（R_L）、双电层 CPE（Q_{dl}）和电荷转移电阻（R_{ct}）组成［图 5-25（a）］。除了 R_s，R_{ct} 和 Q_{dl}，用于涂层的等效电路还有三个新的电路元件，即涂层的电阻（$R_{coating}$）和 CPE（$Q_{coating}$）以及 Warburg 阻抗（Z_w），如图 5-25（b）所示。Z_w 元件的存在可由 Nyquist 图中低频区域的直线证实。Z_w 元件与溶解氧向金属表面或溶解的镁阳离子从基材表面向本体溶液中的传质过程受扩散控制有关，这与已有研究中使用 MBT 作为缓蚀剂保护铜板免受腐蚀时观察到的现象一致。表 5-5 中列出了基于四种涂层的 EC 模型的电化学参数。所有的新涂层都显示出非常高的 $R_{coating}$ 和 R_{ct} 值。SNAP-M 和 SNAP-M@L 涂层的 $R_{coating}$ 和 R_{ct} 值高于纯 SNAP 涂层，再次表明 MSN 对耐腐蚀性能的有利影响。

表 5-5　SNAP、SNAP-M、SNAP-M@L 和 SNAP-MM@L 涂层 EIS 谱图的电化学参数

涂层	时间/d	R_s /($\Omega\cdot cm^2$)	$Y_{coating}/10^{-10}$ ($S\cdot s^n\cdot cm^{-2}$)	$R_{coating}$ /($M\Omega\cdot cm^2$)	$Y_{dl}/10^{-8}$ ($S\cdot s^n\cdot cm^{-2}$)	R_{ct}/($M\Omega\cdot cm^2$)	η/%	$\lvert Z\rvert_{f=0.01Hz}$ /($M\Omega\cdot cm^2$)	$\chi^2/10^{-3}$
SNAP	0	4.3	2.27	2.60	7.59	18.89	99.40	23.77	1.11
	1	6.0	6.00	2.93	8.27	10.06	98.87	22.57	7.46
	4	6.6	7.68	0.031	76.77	0.793	85.62	1.38	7.35
	10	7.8	9.98	0.005	28.64	0.114	0	0.18	4.43
SNAP-M	0	6.4	3.17	10.75	2.46	41.00	99.72	55.81	3.65
	1	4.2	1.91	12.4	8.25	33.50	99.66	41.64	4.31
	4	6.9	3.36	1.01	49.49	5.80	98.03	9.10	1.68
	10	6.7	5.40	0.80	18.55	0.98	88.37	2.08	1.23
SNAP-M@L	0	4.1	3.01	17.33	6.70	32.13	99.65	80.8	3.42
	1	3.1	3.18	13.35	5.38	30.56	99.63	61.01	4.30
	4	5.4	7.55	2.61	20.02	6.37	98.21	25.26	1.89
	10	5.5	4.70	0.216	19.6	1.90	94.00	5.36	6.69
SNAP-MM@L	0	5.6	4.09	57.40	0.16	149.70	99.92	103.3	1.48
	1	4.8	3.91	45.34	1.92	95.42	99.88	259.8	2.22
	4	4.8	4.07	31.43	3.98	72.23	99.84	103.9	0.50
	10	6.2	2.47	27.64	3.32	55.70	99.80	107.2	1.02

随着 MSN-MBT@LDH 纳米容器的引入，$R_{coating}$ 和 R_{ct} 的初始值分别从纯 SNAP 涂层的 2.60 $M\Omega\cdot cm^2$ 和 18.89 $M\Omega\cdot cm^2$ 显著增加到 SNAP-MM@L 涂层的 57.40 $M\Omega\cdot cm^2$ 和 149.70 $M\Omega\cdot cm^2$。不同的 $R_{coating}$ 和 R_{ct} 值表明，纯 SNAP 涂层具有良好的防腐性

能，但在引入 MSN 和 MSN@LDH 纳米颗粒后，特别是引入 MSN-MBT@LDH 纳米容器后，防腐性能得到最大程度强化。随着浸泡天数增加，四种不同涂层的 $R_{coating}$ 和 R_{ct} 值都明显下降，但下降的幅度有很大不同。裸露 SNAP 涂层的 $R_{coating}$ 从 2.6 MΩ·cm^2 急剧下降，10 天后只有～5000 Ω·cm^2。根据已有研究，阻抗低于 10^6 Ω·cm^2 的有机涂层系统一般不能提供良好的腐蚀保护[59]。在腐蚀环境中暴露 4 天后，裸 SNAP 涂层的阻抗低于 31 kΩ·cm^2，这意味着涂层已经过度降解，有效腐蚀保护的寿命短于 4 天。与裸露的 SNAP 涂层相比，SNAP-M 和 SNAP-M@L 涂层随着浸泡时间的增加都表现出类似的变化趋势，但 $R_{coating}$ 和 R_{ct} 的值要高得多，浸泡 4 天后仍大于 10^6 Ω·cm^2，说明加入二氧化硅纳米颗粒有利于提高涂层的腐蚀保护。经过 10 天浸泡，SNAP-M 和 SNAP-M@L 涂层的 $R_{coating}$ 和 R_{ct} 值都接近甚至小于 10^6 Ω·cm^2，说明涂层几乎失去了防腐效果。对于 SNAP-MM@L 涂层，即使经过 10 天浸泡，其 $R_{coating}$ 和 R_{ct} 分别只减少二分之一至 27.6 MΩ·cm^2 和不到三分之二至 55.7 MΩ·cm^2。SNAP-MM@L 涂层在浸泡 10 天后的 $R_{coating}$ 和 R_{ct} 都比对照涂层暴露前相应值还高很多。

涂层的 $Y_{coating}$ 和 Y_{dl} 值分别与涂层中渗入的水量和暴露在腐蚀性电解液中的基材面积直接相关[60]。涂层吸水率越高，金属暴露面积越大，分别导致 $Y_{coating}$ 和 Y_{dl} 数值越高。如表 5-5 所示，除了 SNAP-MM@L 样品，所有涂层的 $Y_{coating}$ 和 Y_{dl} 值在暴露 10 天后明显增加，表明三种涂层逐渐降解。相比之下，对于 SNAP-MM@L 涂层，在长期暴露后 $Y_{coating}$ 值基本稳定，Y_{dl} 的增量非常小。此外，如图 5-24（a）所示的 Nyquist 图清楚表明，SNAP-MM@L 涂层的感抗弧非常大，以至于将其他涂层的感抗弧完全掩盖。SNAP-MM@L 涂层的阻抗比其他涂层高得多，并且在暴露 10 天后仍然保持在一个非常高的水平，说明新设计自修复涂层在抗腐蚀能力方面具有稳定性和优势。

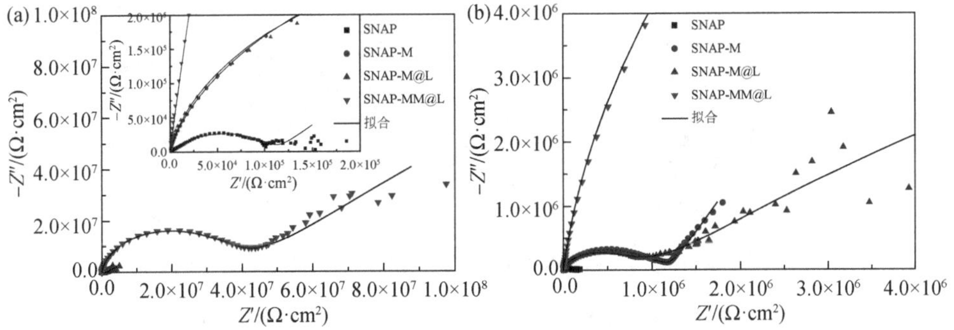

图 5-24　SNAP、SNAP-M、SNAP-M@L 和 SNAP-MM@L 涂层在 NaCl 溶液中暴露 10 天后的 Nyquist 图谱

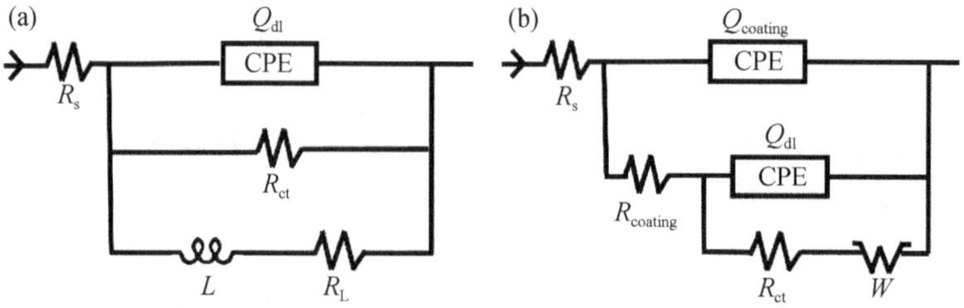

图 5-25　用于模拟（a）镁合金基材和（b）不同 SNAP 涂层的 EIS 结果的等效电路

自愈涂层对镁合金的良好腐蚀保护也表现在不同浸泡天数的 η 值上(表 5-5)。所有新制涂层都显示出非常高的 η 值，超过 99.40%，表明新制涂层对基材良好的腐蚀保护。未掺入纳米粒子 SNAP 涂层的 η 值在浸泡 1 天后保持相对稳定，但当浸泡时间延长到 4 天时，η 值急剧下降到 85.62%，表明涂层快速降解。暴露 10 天后，SNAP-M 和 SNAP-M@L 涂层的 η 值也明显下降，而 SNAP-MM@L 涂层的 η 值仅从初始值 99.92%略微下降到 99.80%，说明自愈涂层即使在长期暴露后也具有良好的腐蚀保护能力。

四种不同类型 SNAP 涂层的数码照片如图 5-26 所示。在 NaCl 溶液中暴露 10 天后，纯 SNAP 涂层的表面可以发现明显的腐蚀区域和腐蚀坑［图 5-26（a）中圆圈］。SNAP-M 涂层的优势不明显，因为在长期暴露后也可以发现几个明显腐蚀区

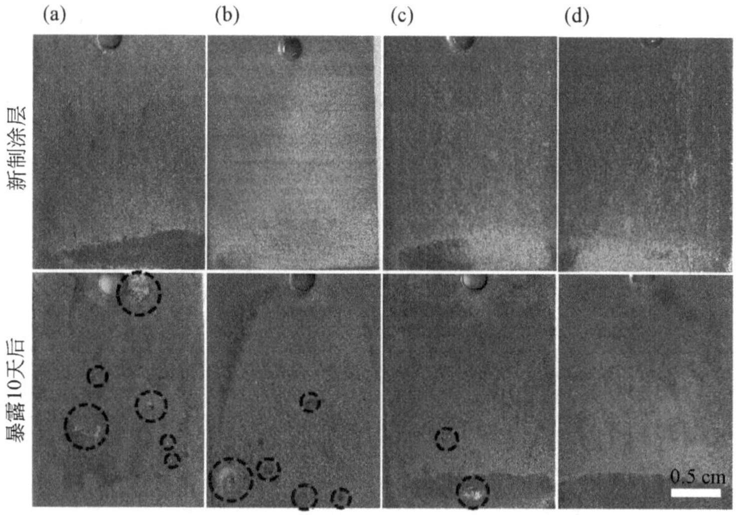

图 5-26　（a）SNAP、（b）SNAP-M、（c）SNAP-M@L 和（d）SNAP-MM@L 涂层在 298 K 的 3.5wt%NaCl 溶液中暴露 10 天前和后的数码照片。虚线圈显示暴露后视觉上可观察到涂层有明显腐蚀区域和腐蚀坑的地方

域［图 5-26（b）］，意味着在涂层中嵌入未修饰的 MSN 时对腐蚀防护的效果非常有限。相比之下，SNAP-M@L 涂层只发现两个明显腐蚀点［图 5-26（c）］，表明未剥离 LDH 纳米块体对腐蚀保护有一定程度贡献。特别地，对于 SNAP-MM@L 涂层［图 5-26（d）］，在研究时间内未观察到腐蚀坑，表明新制备 SNAP 涂层在腐蚀保护方面具有良好的阻隔性能和稳定性。

5.2.6　纳米容器型镁合金自修复涂层腐蚀防护机理

图 5-27 为纳米容器掺杂 SNAP 涂层愈合机制示意图。没有彻底剥离的多余 LDH 纳米块体与 MSN-MBT@LDH 纳米容器一起掺入到 SNAP 基涂层中，形成了 SNAP 复合涂层。其中，MSN-MBT@LDH 作为主纳米容器，LDH 纳米板作为次纳米容器［图 5-27（a）］。涂层中未剥离 LDH 的数量在很大程度上取决于剥离条件和甲酰胺溶液中 MgAl-LDH 粉末的数量。吸附过程中，如果 LDH 数量很低，会导致 MSN 纳米孔包裹不完全，MBT 过早从 MSN-MBT@LDH 纳米容器中释放，降低智能涂层长期防腐能力。尽管分散的未剥离 LDH 纳米块体也可以作为 MBT 的纳米储存器以增加涂层的抗腐蚀性。但如果 LDH 数量很高，会增加 MSN 表面 LDH 纳米壳的厚度和 SNAP 涂层中 LDH 纳米壳浓度。LDH 壳厚度增加会使得溶解速度变慢，降低释放 MBT 的响应速度。

当复合涂层暴露在 NaCl 溶液中足够长时间，自然会形成腐蚀介质扩散的通道，如图 5-27（a）所示。侵蚀性 Cl^-从外部环境向涂层/金属界面扩散过程中，可能会遭遇分散的 LDH 纳米片。后者通过离子交换可捕获 Cl^-，并同时释放层间和物理吸附的 MBT，降低局部环境中侵蚀性离子的浓度，削弱对镁合金的侵蚀［图 5-27（b），（c）］，这就是 SNAP-M@L 涂层$|Z|_{f=0.01\ \mathrm{Hz}}$值高于 SNAP-M 涂层的原因。然而，由于本研究中 SNAP 涂层内分散 LDH 纳米片的浓度相对较低，SNAP-M@L 涂层与 SNAP-M 涂层相比，在抗腐蚀方面的优势较小。当腐蚀性 Cl^-和水分子突破分散 LDH 纳米片的阻隔后，到达涂层/金属界面时，通过水和溶解氧发生的还原反应［式（5-5）和式（5-6）］可产生氢氧根离子，导致微阴极区域发生析氢反应和局部碱化（pH 值可高于 10～11）[61]：

$$2H_2O+2e^- \longrightarrow H_2\uparrow +2OH^- \tag{5-5}$$

$$2H_2O+O_2+4e^- \longrightarrow 4OH^- \tag{5-6}$$

而微阳极区的 pH 值变化在很大程度上取决于微缺陷中的金属和腐蚀电解液的组成。在没有缓蚀剂的腐蚀介质中，纯镁的主要阳极反应见式（5-7）：

$$Mg \longrightarrow Mg^{2+}+2e^- \tag{5-7}$$

或者式（5-8）和式（5-9）[62]：

$$Mg \longrightarrow Mg^{+} + e^{-} \tag{5-8}$$

$$Mg^{+} + H_2O \longrightarrow Mg^{2+} + OH^{-} + 1/2H_2 \uparrow \tag{5-9}$$

这也会产生氢气和羟基，从而导致在阳极部位的轻微碱化。不过，腐蚀的 AZ31 镁合金的微阳极区域的 pH 值由于存在合金铝（约 2.5%～3.5%）的共同溶解和水解［见式（5-10）］可轻微下降到 5.3［63,64］：

$$Al + nH_2O \longrightarrow Al(OH)_n^{(3-n)+} + nH^{+} + 3e^{-}, \quad n=1\sim3 \tag{5-10}$$

此外，如果在 NaCl 腐蚀介质中引入适当的缓蚀剂，AZ31 镁合金的阳极溶解可以得到明显的抑制，即使暴露几天后，pH 值也可以保持在相当窄的酸性范围内，即 5.3±0.5［62］。

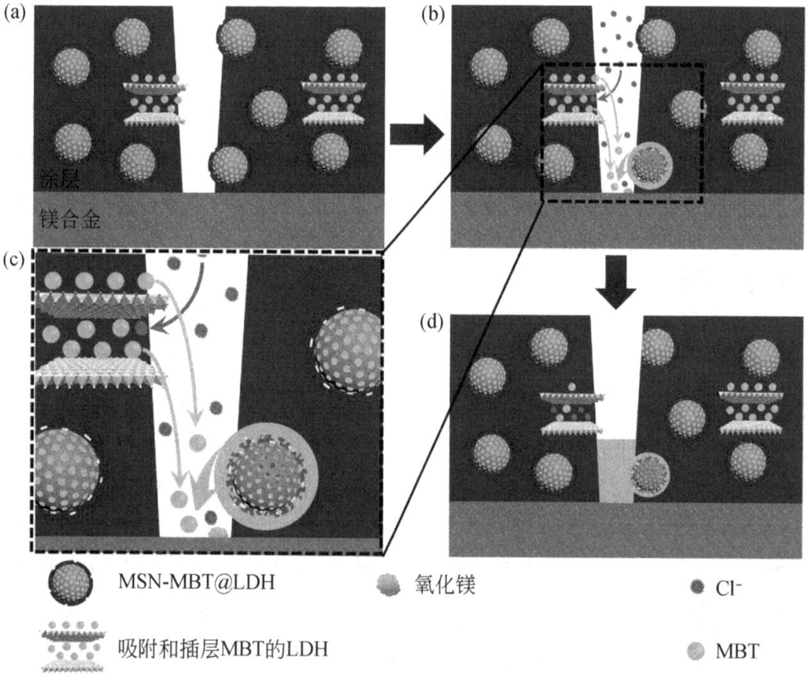

图 5-27　MSN-MBT@LDH 纳米容器掺杂 SNAP 涂层对镁合金的腐蚀保护机制示意图：（a）形成局部损伤的纳米容器掺杂复合涂层，（b）、（c）愈合过程，包括物理吸附 MBT 的解吸，通过离子交换释放插层 MBT 和通过 LDH 纳米壳溶解使 MBT 从 MSN 释放以及（d）自愈合后的 SNAP 涂层

因此，腐蚀保护机制可以简单概括为：大气中的二氧化碳溶解在水中并形成碳酸，导致 pH 值下降（～5.6），纳米容器的 LDH 纳米壳首先释放出一定量的 MBT。从 MSN-MBT@LDH 纳米容器中释放的 MBT 分子可以通过强共价 Mg—S 键立即

吸附并沉积在镁合金缺陷处，形成稳定的薄膜，减缓阳极和阴极反应，确保缺陷处 pH 值接近中性，而不会导致溶液快速碱化而造成相对高的 pH 值。如果释放 MBT 的浓度不够高，不能有效地抑制腐蚀过程，镁和铝就会发生溶解。随着溶解的镁和铝阳离子的水解，特别是后者，阳极区的 pH 值进一步降低，可能降至 4.8。pH 值的降低加速 LDH 纳米壳的溶解，促使更多 MBT 分子释放，因此在 NaCl 环境中为基材提供良好的长期腐蚀保护性能［图 5-27（d）］。

已有研究表明，在 pH 为 5.0 的缓冲溶液中，客体分子很难在几十个小时内从重量比为 8∶1（MSN∶LDH）的纳米容器中释放。考虑到未剥离 LDH 纳米块体比 MSN 表面的纳米壳厚得多，而且微阳极区的 pH 值不能因镁和铝阳离子的水解而降低到很低的水平，因此插层 MBT 不会因未剥离 LDH 纳米块体的溶解而明显释放。换句话说，起腐蚀抑制的 MBT 主要通过溶解 MSN-MBT@LDH 纳米容器表面的 LDH 纳米壳而释放。

5.2.7　小结

通过合成由负载 MBT 的 MSN 核和 LDH 纳米片壳组成的 pH 响应型 MSN-MBT@LDH 纳米容器，并将其加入到 SNAP 涂层中，可以在镁合金表面制备出具有高度耐腐蚀性能的复合涂层。MSN-MBT@LDH 纳米容器的功能化可通过简单的两步吸附过程轻松实现。缓蚀剂 MBT 在酸性条件下从 MSN 中的释放依赖于 pH 值的大小。与纯 SNAP 涂层相比，分散 MSN-MBT@LDH 纳米容器的 SNAP 复合涂层在 NaCl 溶液中表现出明显增强的耐腐蚀能力。原因主要在于 MBT 对涂层/基体界面发生缺陷时的腐蚀抑制，也包括 MSN 表面未吸附的多余 LDH 纳米片对侵蚀性 Cl^- 的捕获。

参 考 文 献

[1] Li Y, Lu X, Serdechnova M, Blawert C, Zheludkevich M L, Qian K, Zhang T, Wang F. Incorporation of LDH nanocontainers into plasma electrolytic oxidation coatings on Mg alloy. Journal of Magnesium and Alloys, 2023, 11: 1236-1246.

[2] Chen Y, Ren B, Gao S, Cao R. The sandwich-like structures of polydopamine and 8-hydroxyquinoline coated graphene oxide for excellent corrosion resistance of epoxy coatings. Journal of Colloid and Interface Science, 2020, 565: 436-448.

[3] Ma L, Qiang Y, Zhao W. Designing novel organic inhibitor loaded MgAl-LDHs nanocontainer for enhanced corrosion resistance. Chemical Engineering Journal, 2021, 408: 127367.

[4] Liu G, Lu X, Zhang X, Zhang T, Wang F. Improvement of corrosion resistance of PEO coatings on Al alloy by formation of ZnAl layered double hydroxide. Surface and Coatings Technology, 2022,

441: 128528.

[5] Hu T, Ouyang Y, Xie Z H, Wu L. One-pot scalable in situ growth of highly corrosion-resistant MgAl-LDH/MBT composite coating on magnesium alloy under mild conditions. Journal of Materials Science & Technology, 2021, 92: 225-235.

[6] Li Y, Ouyang Y, Fang R, Jiang X, Xie Z H, Wu L, Long J, Zhong C J. A nickel-underlayer/LDH-midlayer/siloxane-toplayer composite coating for inhibiting galvanic corrosion between Ni layer and Mg alloy. Chemical Engineering Journal, 2022, 430: 132776.

[7] Kaseem M, Ko Y G. Formation of flower-like structures for optimizing the corrosion resistance of Mg alloy. Materials Letters, 2018, 221: 196-200.

[8] Yang S, Sun R, Chen K. Self-healing performance and corrosion resistance of phytic acid/cerium composite coating on microarc-oxidized magnesium alloy. Chemical Engineering Journal, 2022, 428: 131198.

[9] Askarnia R, Fardi S R, Sobhani M, Staji H, Aghamohammadi H. Effect of graphene oxide on properties of AZ91 magnesium alloys coating developed by micro-arc oxidation process. Journal of Alloys and Compounds, 2022, 892: 162106.

[10] Fattah-alhosseini A, Sabaghi Joni M. Effect of KOH concentration on the microstructure and electrochemical properties of MAO-coated Mg alloy AZ31B. Journal of Materials Engineering and Performance, 2015, 24: 3444-3452.

[11] Liu S, Qi Y, Peng Z, Liang J. A chemical-free sealing method for micro-arc oxidation coatings on AZ31 Mg alloy. Surface and Coatings Technology, 2021, 406: 126655.

[12] Zong Q, Wang L, Sun W, Liu G. Active deposition of bis (8-hydroxyquinoline) magnesium coating for enhanced corrosion resistance of AZ91D alloy. Corrosion Science, 2014, 89: 127-136.

[13] Tarzanagh Y J, Seifzadeh D, Samadianfard R. Combining the 8-hydroxyquinoline intercalated layered double hydroxide film and sol—gel coating for active corrosion protection of the magnesium alloy. International Journal of Minerals, Metallurgy and Materials, 2022, 29: 536-546.

[14] Zhang R F, Zhang S F, Yang N, Yao L J, He F X, Zhou Y P, Xu X, Chang L, Bai S J. Influence of 8-hydroxyquinoline on properties of anodic coatings obtained by micro arc oxidation on AZ91 magnesium alloys. Journal of Alloys and Compounds, 2012, 539: 249-255.

[15] Chen Y, Wu L, Yao W, Zhong Z, Chen Y, Wu J, Pan F. One-step in situ synthesis of graphene oxide/MgAl-layered double hydroxide coating on a micro-arc oxidation coating for enhanced corrosion protection of magnesium alloys. Surface and Coatings Technology, 2021, 413: 127083.

[16] Gan R, Wang D, Xie Z H, He L. Improving surface characteristic and corrosion inhibition of coating on Mg alloy by trace stannous (II) chloride. Corrosion Science, 2017, 123: 147-157.

[17] Ouyang Y, Li L X, Xie Z H, Tang L, Wang F, Zhong C J. A self-healing coating based on facile pH-responsive nanocontainers for corrosion protection of magnesium alloy. Journal of Magnesium and Alloys, 2022, 10: 836-849.

[18] Obot I B, Ankah N K, Sorour A A, Gasem Z M, Haruna K. 8-Hydroxyquinoline as an alternative green and sustainable acidizing oilfield corrosion inhibitor. Sustainable Materials and Technologies, 2017, 14: 1-10.

[19] Dong Q, Zhou X, Feng Y, Qian K, Liu H, Lu M, Chu C, Xue F, Bai J. Insights into self-healing behavior and mechanism of dicalcium phosphate dihydrate coating on biomedical Mg. Bioactive Materials, 2021, 6: 158-168.

[20] Zhou C, Li Z, Li J, Yuan T, Chen B, Ma X, Jiang D, Luo X, Chen D, Liu Y. Epoxy composite coating with excellent anticorrosion and self-healing performances based on multifunctional zeolitic imidazolate framework derived nanocontainers. Chemical Engineering Journal, 2020, 385: 123835.

[21] Zhang F, Ju P, Pan M, Zhang D, Huang Y, Li G, Li X. Self-healing mechanisms in smart protective coatings: a review. Corrosion Science, 2018, 144: 74-88.

[22] Tan Z, Wang S, Hu Z, Chen W, Qu Z, Xu C, Zhang Q, Wu K, Shi J, Lu M. pH-responsive self-healing anticorrosion coating based on a lignin microsphere encapsulating inhibitor. Industrial and Engineering Chemistry Research, 2020, 59: 2657-2666.

[23] Gnedenkov A S, Sinebryukhov S L, Mashtalyar D V, Gnedenkov S V. Localized corrosion of the Mg alloys with inhibitor-containing coatings: SVET and SIET studies. Corrosion Science, 2016, 102: 269-278.

[24] Liu C, Zhao H, Hou P, Qian B, Wang X, Guo C, Wang L. Efficient graphene/cyclodextrin-based nanocontainer: synthesis and host-guest inclusion for self-healing anticorrosion application. ACS Applied Materials and Interfaces, 2018, 10: 36229-36239.

[25] Leal D A, Riegel-Vidotti I C, Ferreira M G S, Marino C E B. Smart coating based on double stimuli-responsive microcapsules containing linseed oil and benzotriazole for active corrosion protection. Corrosion Science, 2018, 130: 56-63.

[26] Xie Z H, Shan S. Nanocontainers-enhanced self-healing Ni coating for corrosion protection of Mg alloy. Journal of Materials Science, 2018, 53: 3744-3755.

[27] Eivaz Mohammadloo H, Mirabedini S M, Pezeshk-Fallah H. Microencapsulation of quinoline and cerium based inhibitors for smart coating application: Anti-corrosion, morphology and adhesion study. Progress in Organic Coatings, 2019, 137: 105339.

[28] Wei H, Wang Y, Guo J, Shen N Z, Jiang D, Zhang X, Yan X, Zhu J, Wang Q, Shao L, Lin H, Wei S, Guo Z. Advanced micro/nanocapsules for self-healing smart anticorrosion coatings. Journal of Materials Chemistry A, 2015, 3: 469-480.

[29] Shchukin D, Möhwald H. A coat of many functions. Science, 2013, 341: 1458-1459.

[30] Mohamad Rodzi S N H, Zuhailawati H, Dhindaw B K. Mechanical and degradation behaviour of biodegradable magnesium-zinc/hydroxyapatite composite with different powder mixing techniques. Journal of Magnesium and Alloys, 2019, 7: 566-576.

[31] Xie Z H, Wu L. Corrosion inhibition of layered double hydroxide coating for Mg alloy in acidic corrosive environments. Materials and Corrosion, 2020, 71: 118-124.

[32] Kameda T, Tochinai M, Yoshioka T. Treatment of hydrochloric acid using Mg-Al layered double hydroxide intercalated with carbonate. Journal of Industrial and Engineering Chemistry, 2016, 39: 21-26.

[33] Barrett E P, Joyner L G, Halenda P P. The determination of pore volume and area distributions in porous substances. i. computations from nitrogen isotherms. Journal of the American Chemical Society, 1951, 73: 373-380.

[34] Punith Kumar M K, Rekha M Y, Agrawal J, Agarwal T M, Srivastava C. Microstructure, morphology and electrochemical properties of ZnFe-graphene composite coatings. Journal of Alloys and Compounds, 2019, 783: 820-827.

[35] Rekha M, Srivastava C. Microstructure and corrosion properties of zinc-graphene oxide composite coatings. Corrosion Science, 2019, 152: 234-248.

[36] Rostamizadeh S, Estiri H, Azad M. Ullmann homocoupling of aryl iodides catalyzed by gold nanoparticles stabilized on magnetic mesoporous silica. Journal of the Iranian Chemical Society, 2017, 14: 1005-1010.

[37] Kim H J, Lee G J, Choi A J, Kim T H, Kim T I, Oh J M. Layered double hydroxide nanomaterials encapsulating angelica gigas nakai extract for potential anticancer nanomedicine. Frontiers in Pharmacology, 2018, 9: 723.

[38] Teixeira T P F, Aquino S F, Pereira S I, Dias A. Use of calcined layered double hydroxides for the removal of color and organic matter from textile effluents: kinetic, equilibrium and recycling studies. Brazilian Journal of Chemical Engineering, 2014, 31: 19-26.

[39] Abo El-Reesh G Y, Farghali A A, Taha M, Mahmoud R K. Novel synthesis of Ni/Fe layered double hydroxides using urea and glycerol and their enhanced adsorption behavior for Cr (VI) removal. Scientific Reports, 2020, 10: 587.

[40] Hussein A M A, Burra K G, Bassioni G, Hammouda R M, Gupta A K. Production of CO from CO_2 over mixed-metal oxides derived from layered-double-hydroxides. Applied Energy, 2019, 235: 1183-1191.

[41] Zheng Q, Hao Y, Ye P, Guo L, Wu H, Guo Q, Jiang J, Fu F, Chen G. A pH-responsive controlled release system using layered double hydroxide (LDH)-capped mesoporous silica nanoparticles.

Journal of Materials Chemistry B, 2013, 1: 1644-1648.
[42] Serdechnova M, Salak A N, Barbosa F S, Vieira D E L, Tedim J, Zheludkevich M L, Ferreira M G S. Interlayer intercalation and arrangement of 2-mercaptobenzothiazolate and 1, 2, 3-benzotriazolate anions in layered double hydroxides: in situ X-ray diffraction study. Journal of Solid State Chemistry, 2016, 233: 158-165.
[43] Ishizaki T, Chiba S, Watanabe K, Suzuki H. Corrosion resistance of Mg-Al layered double hydroxide container-containing magnesium hydroxide films formed directly on magnesium alloy by chemical-free steam coating. Journal of Materials Chemistry A, 2013, 1: 8968-8977.
[44] Sokol D, Vieira D E L, Zarkov A, Ferreira M G S, Beganskiene A, Rubanik V V, Shilin A D, Kareiva A, Salak A N. Sonication accelerated formation of Mg-Al-phosphate layered double hydroxide via sol-gel prepared mixed metal oxides. Scientific Reports, 2019, 9: 10419.
[45] Jin L, Huang Q J, Zeng H Y, Du J Z, Xu S, Chen C R. Hydrotalcite-gated hollow mesoporous silica delivery system for controlled drug release. Microporous and Mesoporous Materials, 2019, 274: 304-312.
[46] Mirzakhanzadeh Z, Kosari A, Moayed M H, Naderi R, Taheri P, Mol J M C. Enhanced corrosion protection of mild steel by the synergetic effect of zinc aluminum polyphosphate and 2-mercaptobenzimidazole inhibitors incorporated in epoxy-polyamide coatings. Corrosion Science, 2018, 138: 372-379.
[47] McCafferty E. Validation of corrosion rates measured by the Tafel extrapolation method. Corrosion Science, 2005, 47: 3202-3215.
[48] Kallappa D, Venkatarangaiah V T. Synthesis of CeO_2 doped ZnO nanoparticles and their application in Zn-composite coating on mild steel. Arabian Journal of Chemistry, 2020, 13: 2309-2317.
[49] Calado L M, Taryba M G, Morozov Y, Carmezim M J, Montemor M F. Novel smart and self-healing cerium phosphate-based corrosion inhibitor for AZ31 magnesium alloy. Corrosion Science, 2020, 170: 108648.
[50] King A D, Birbilis N, Scully J R. Accurate electrochemical measurement of magnesium corrosion rates; a combined impedance, mass-loss and hydrogen collection study. Electrochimica Acta, 2014, 121: 394-406.
[51] Mahdavian M, Attar M M. Another approach in analysis of paint coatings with EIS measurement: phase angle at high frequencies. Corrosion Science, 2006, 48: 4152-4157.
[52] Song J, She J, Chen D, Pan F. Latest research advances on magnesium and magnesium alloys worldwide. Journal of Magnesium and Alloys, 2020, 8: 1-41.
[53] Akbarinezhad E, Ebrahimi M, Faridi H R. Corrosion inhibition of steel in sodium chloride

solution by undoped polyaniline epoxy blend coating. Progress in Organic Coatings, 2009, 64: 361-364.

[54] Borisova D, Akçakayiran D, Schenderlein M, Möhwald H, Shchukin D G. Nanocontainer-based anticorrosive coatings: effect of the container size on the self-healing performance. Advanced Functional Materials, 2013, 23: 3799-3812.

[55] Zuo Y, Pang R, Li W, Xiong J P, Tang Y M. The evaluation of coating performance by the variations of phase angles in middle and high frequency domains of EIS. Corrosion Science, 2008, 50: 3322-3328.

[56] Shoghi P, Seifzadeh D, Gholizadeh-Gheshlaghi M, Habibi-Yangjeh A. Pretreatment-free Ni-P plating on magnesium alloy at low temperatures. Transactions of Nonferrous Metals Society of China, 2018, 28: 2478-2488.

[57] Kermannezhad K, Najafi Chermahini A, Momeni M M, Rezaei B. Application of amine-functionalized MCM-41 as pH-sensitive nano container for controlled release of 2-mercaptobenzoxazole corrosion inhibitor. Chemical Engineering Journal, 2016, 306: 849-857.

[58] Gnedenkov A S, Mei D, Lamaka S V, Sinebryukhov S L, Mashtalyar D V, Vyaliy I E, Zheludkevich M L, Gnedenkov S V. Localized currents and pH distribution studied during corrosion of MA8 Mg alloy in the cell culture medium. Corrosion Science, 2020, 170: 108689.

[59] Kang Z, Mori K, Oishi Y. Surface modification of magnesium alloys using triazine dithiols. Surface and Coatings Technology, 2005, 195: 162-167.

[60] Yang J, Yang Y, Balaskas A, Curioni M. Development of a chromium-free post-anodizing treatment based on 2-mercaptobenzothiazole for corrosion protection of AA2024T3. Journal of the Electrochemical Society, 2017, 164: C376-C382.

[61] Xu P, Lu X, Cheng H, Feng X, Zhao Z, Ding Y, Shen Y, Shi X. Investigation of the surface modification of magnesium particles with stannate on the corrosion resistance of a Mg-rich epoxy coating on AZ91D magnesium alloy. Progress in Organic Coatings, 2019, 135: 591-600.

[62] Karavai O V, Bastos A C, Zheludkevich M L, Taryba M G, Lamaka S V, Ferreira M G S. Localized electrochemical study of corrosion inhibition in microdefects on coated AZ31 magnesium alloy. Electrochimica Acta, 2010, 55: 5401-5406.

[63] Lamaka S, Souto R M, Ferreira M G. In-situ visualization of local corrosion by scanning ion-selective electrode technique (SIET). Microscopy: Science, technology, applications and education, 2010, 3: 2162-2173.

[64] Lamaka S V, Karavai O V, Bastos A C, Zheludkevich M L, Ferreira M G S. Monitoring local spatial distribution of Mg^{2+}, pH and ionic currents. Electrochemistry Communications, 2008, 10: 259-262.

第6章 结　　语

层状双（金属）氢氧化物（LDH）因层间阴离子可交换、结构可调控、表面易功能化和良好热稳定性等优点，近年在腐蚀与防护领域得到了广泛关注和许多研究报道。相较于其他代铬化学转化膜（如磷化膜），LDH 膜层具备类似于铬转化膜的自修复功能，在镁合金的腐蚀防护中表现出极好的应用前景。

自 2008 年 LDH 以膜层的形式应用于镁合金的腐蚀防护以来，经过十余年的发展，LDH 在镁合金的腐蚀防护中取得了很大的进步。通过不同的制备方法，包括水热合成法、蒸汽覆膜法（只需纯水为蒸汽源）、共沉淀法、旋涂法、离子交换法和电沉积法等都能够制备适用于镁合金腐蚀防护的 LDH 基材料。共沉淀法和旋涂法等方法在镁合金表面制备 LDH 膜层时最大的问题是结合力不好。采用水热合成法和蒸汽覆膜法最有利于在镁合金表面直接原位生长均匀性好、结合力强、结晶性和耐腐蚀性良好的 LDH 膜层。不过，后面两种方法都通过高温高压的反应釜实现，在工业应用中需要使用特种设备，不利于规模化生产。最近，作者课题组利用缓蚀剂和螯合剂的辅助作用，通过一锅法或者先制备 MgAl-LDH 前驱体再改性的方法，成功在常压、低于 100℃的水溶液中，于镁合金表面制备了强结合力和优异耐腐蚀性能的 LDH 膜层。我们相信这将有力地促进镁合金 LDH 膜层的工业化应用进程。近年研究还表明，LDH 在镁合金腐蚀防护中的应用也不局限于仅在基底表面生长或沉积膜层，还包括在镁合金涂镀层（如化学镀镍层、MAO 膜）表面生长 LDH 膜以降低较大尺寸孔隙缺陷的不利影响，以及以负载缓蚀剂的纳米容器的形式分散于其他膜层，特别是有机涂层中，以提升复合涂层的防护性能。

尽管近年镁合金 LDH 防腐蚀材料的研究取得了显著的进步，但仍存在一些有待进一步明确和亟待解决的问题：

（1）LDH 层间阴离子的交换机制仍待澄清。LDH 层间阴离子与环境中阴离子的可交换特性，是其表现出自修复功能的基础，是其能够在腐蚀防护领域成功引起广泛关注的根本原因。目前，一般认为高价阴离子易于将 LDH 层间的低价阴离子交换出来。对于常见的无机阴离子，其与 LDH 之间的亲和力顺序通常为 PO_4^{3-} $>CO_3^{2-}>SO_4^{2-}>OH^->Cl^->Br^->HCOO^->NO_3^-$。不过，这种排序非常粗略，不能体现出不同阴离子与 LDH 层间的亲和力究竟有多大差异。在某些情况下，根据该顺序甚至会得到错误的结论。例如，按照上述顺序，CO_3^{2-} 和 SO_4^{2-} 插层的 LDH 在含 Cl^-的环境中应不能表现出离子交换和自修复功能。但是，根据文献和作者课题组的研究表明，当将 LDH 膜层应用于镁合金表面，或者当腐蚀环境中存在足够浓度的镁离子时，Cl^-甚至可以将 LDH 中插层的 PO_4^{3-} 交换出来。可能的原因是 PO_4^{3-} 可与镁离子形成溶度积常数极低的 $Mg_3(PO_4)_2$ 沉淀。然而，对于很多缓蚀剂阴离子，特别是有机缓蚀剂阴离子，它们与 LDH 层间阴离子的交换能力以及从微观层面上决定阴离子交换能力、插层速率和释放速率的关键因素尚不清楚。因而，在今后的研究中，需要从分子层面弄清 LDH 层间阴离子与缓蚀剂阴离子的作用机制。只有这样，才能够明确地选择或合成高效的缓蚀剂，实现其从 LDH 层间可控地插入或释放，获得高耐腐蚀的 LDH 材料，并为其他金属的腐蚀防护提供指导。

（2）合成条件对 LDH 成分、形貌和结构的调控作用以及与腐蚀防护性能间的关系。制备 LDH 膜层或纳米粒子时，反应条件（如温度、时间和 pH），溶液中金属阳离子和阴离子的种类和浓度，是否惰性气体保护，甚至配制溶液时化学试剂的添加顺序等诸多因素都可能对 LDH 主层板阳离子、层板间距、插层阴离子、生长取向和耐腐蚀性能造成影响。

本书重点介绍了本课题组在镁合金 MgAl-LDH 方面的工作，实际我们在镁合金表面制备的 NiAl-LDH 涂层也表现出良好的耐腐蚀能力。通过将不同的二价和三价阳离子进行组合，开发更多具备不同主层板阳离子种类、比例的 LDH 材料，对于拓宽 LDH 的应用范围以及在其他金属腐蚀防护中的应用非常重要。

层板间距以及插层阴离子的种类和数量直接影响 LDH 的耐腐蚀能力。如果 LDH 层板间距够大，则有利于获得更高的负载量和分子直径较大的缓蚀剂，特别是有机缓蚀剂的插层，提高缓蚀剂释放量和腐蚀抑制能力。在制备 LDH 前，需要先思考拟使用的缓蚀剂和拟应用环境中的腐蚀介质。通过改变反应条件确保缓蚀剂在 LDH 层间的高负载量，并且侵蚀性离子能够与层间阴离子之间轻松实现离子交换。

反应条件会影响 LDH 晶体的择优取向和膜层的形貌和结构。通过控制反应条件，可使 LDH 纳米片平铺或者垂直于基体平面生长。当 LDH 纳米片平铺于镁合金表面时，有利于提升物理屏障能力，但不利于后期的改性；当 LDH 纳米片垂直于基底平面生长时，虽有利于后处理改性，但暴露出无数有利于腐蚀介质渗透的微纳米级孔隙，对腐蚀防护不利。能否通过对反应条件的精细控制，实现 LDH 纳米片的纵横交错生长，获得足够致密的高耐腐蚀膜层还待进一步研究。

（3）温和条件下镁合金表面 LDH 膜层的原位生长机理有必要进一步研究。通过近年努力，我们已经能够在相对温和的条件下实现镁合金表面强结合、耐腐蚀 LDH 膜层的原位生长，也已经弄清镁合金表面通过先形成 $Mg(OH)_2$ 相再向 LDH 相转变的成膜机制。但是，什么因素决定了上述相变过程并不清楚。而且，在制备的 LDH 膜层的底侧，还有丰富的 $Mg(OH)_2$ 相。因此，如果能弄清楚是何种因素促成了上述相变过程，则可通过控制相应的反应参数，使更多的 $Mg(OH)_2$ 相向 LDH 相转变，尝试在更低的温度、更短的时间高效得到高纯度、高耐腐蚀的 LDH 膜层。另外，镁合金表面原位生长 LDH 膜层时，涉及基底氧化和溶解元素的参与，直接影响到膜层的结构和性能。采用原位生长法制备 LDH 膜层时，还有必要探究不同镁合金型号的成分和组织结构差异对成膜机理的影响。

（4）LDH 的表面改性和多功能化。首先，如果难以在制备 LDH 的同时，实现缓蚀剂阴离子在层板间的高效插入，则需要先制备 LDH 前驱体，再通过离子交换等方法对 LDH 进行改性处理，以提升缓蚀剂的负载量。通过前驱体改性，实现高效缓蚀剂的高负载是有效提升 LDH 防腐蚀效率的典型方法。其次，在水性腐蚀介质中，无论是 LDH 纳米粒子（片）还是 LDH 膜层，其表面因存在大量羟基而表现出的强亲水性都不利于腐蚀防护。如果 LDH 是以纳米容器的形式分散于其他涂层，特别是有机涂层时，则 LDH 的亲水性还会对其在有机涂层中的分散性及其与有机涂层间的界面相容性和界面结合力造成不利影响。再次，作为一种无机矿物，纯相 LDH 在酸性条件下很容易溶解，形成的膜层耐磨损能力也不够优异。另外，除了控制腐蚀速率外，镁合金在实际应用中，还需要结合具体环境，考虑很多其他方面的因素。例如，在生物医疗应用中，需要考虑生物兼容性和组织再生能力；在航空航天领域，需要考虑导电能力和热控性能；以及在海洋环境需要考虑防污和抗菌能力等。针对上述问题，目前已有很多有关 LDH 改性和功能化的报道，但集中在部分领域或功能上。比如，多数研究主要是实现涂层超疏水、自清洁、摩擦磨损和孔隙封闭处理等功能，且多数仍处于实验室阶段，距离工业化应用还有一定距离。相比之下，对于镁合金 LDH 膜层改性在生物医学中的应用研究，特别是涉及体内实验的研究则少得多，这可能与其实验条件的要求和比较耗时有关。

（5）表征技术和研究方法。LDH 用于腐蚀防护的基础是离子交换功能和物理屏障作用。离子交换功能是对 LDH 前驱体改性和实现智能修复的基础，在文献中也普遍将其作为 LDH 具备良好防腐性能的最主要原因。但是，很多文献中，LDH 前驱体改性实现缓蚀剂阴离子插入以及缓蚀剂阴离子从层间脱出实现修复过程的证据并不充分。LDH 前驱体经某些离子改性后，可以直接观察到 XRD 谱图中相应衍射峰位置的偏移，这是一种较好证明阴离子成功插层的依据。不过，LDH 经某些缓蚀剂处理后，XRD 谱图中相应衍射峰位置并无明显变化。此时，通过 FTIR 谱图虽可以证实改性后的 LDH 中存在缓蚀剂中相应的基团，但缓蚀剂阴离子究竟是成功插入层间或者只以物理吸附为主，则很难判断。当将缓蚀剂改性的 LDH 纳米容器分散至有机涂层，或者使用缓蚀剂对镁合金 LDH 膜层改性后，一般都可以得到耐腐蚀性能显著增加的复合涂层。通过划伤部位的元素分析，还可以说明缓蚀剂与基底之间产生了相互作用。但是，产生抑制作用的缓蚀剂究竟来自 LDH 层间插层阴离子的脱出，还是仅仅源于 LDH 表面物理吸附缓蚀剂的脱附，也鲜有文献进行深入研究。另外，为了便于工业化生产，作者认为温和条件 LDH 的制备将是未来该领域的主要发展方向。然而，上文已阐述，温和条件下镁合金表面 LDH 膜层的原位生长机理并不清晰。利用一些现代原位测试技术（如原位 TEM），实现原位生长过程中 LDH 膜层成分、形貌和结构的精确采集和分析。同时，结合一些理论模拟和计算方法，从分子层面阐释 LDH 的成膜机制、从热力学和动力学的角度分析缓蚀剂与 LDH 间的相互作用，值得深入思考和研究。

通过本书以上章节的介绍，旨在对即将或刚进入金属腐蚀与防护领域研究的学生，特别是对镁合金腐蚀与防护有研究兴趣的科技工作者提供一定的帮助。希望通过本书，能够使材料、化学等专业的高年级本科生或相关领域低年级研究生对金属腐蚀与防护研究中的一些基本概念、表征技术、测试方法和研究思路有基本的认识。本书结语部分对当前镁合金 LDH 腐蚀防护材料研究中面临的问题以及未来可能发展的方向进行了简要总结和展望。期望通过该引玉之砖能够为科技人员研发长效、多功能、高耐腐蚀的镁合金防护涂层提供参考和借鉴作用，推动 LDH 材料在镁合金腐蚀防护中的工业化进程。